11G101 图集应用系列丛书

11G101 平法系列图集要点解读与规范对照

高少霞　主编

中国建筑工业出版社

图书在版编目（CIP）数据

11G101 平法系列图集要点解读与规范对照/高少霞主编. —北京：中国建筑工业出版社，2013.8
11G101 图集应用系列丛书
ISBN 978-7-112-15628-3

Ⅰ. ①1… Ⅱ. ①高… Ⅲ. ①钢筋混凝土结构-建筑制图 Ⅳ. ①TU375.04

中国版本图书馆 CIP 数据核字（2013）第 163937 号

本书以 11G101 系列图集为主线，参考其他相关标准规范，采用对条文解释的方式对知识进行归纳，条文下的内容为对应的现行相关标准规范条文，同时列示条文中未提及但内容相近的规范内容。本书对涉及内容进行简要讲解，主要强调标准的相关性。本书可供设计人员、施工技术人员、工程造价人员以及相关专业大中专的师生学习参考。

* * *

责任编辑：岳建光 张 磊
责任设计：董建平
责任校对：陈晶晶 赵 颖

11G101 图集应用系列丛书
11G101 平法系列图集要点解读与规范对照
高少霞 主编
*
中国建筑工业出版社出版、发行（北京西郊百万庄）
各地新华书店、建筑书店经销
霸州市顺浩图文科技发展有限公司制版
北京市密东印刷有限公司印刷
*
开本：787×1092 毫米 1/16 印张：12 字数：300 千字
2013 年 9 月第一版 2014 年 2 月第二次印刷
定价：**32.00** 元
ISBN 978-7-112-15628-3
（24142）

11G101平法系列图集要点解读与规范对照

编委会

主　编　高少霞

参　编（按姓氏笔画排序）

王　园　　牛云博　　白雪影　　刘　虎

孙　喆　　李冬云　　杨蝉玉　　邹　雯

郭天琦　　韩　旭　　温晓杰

前　言

平法是“混凝土结构施工图平面整体表示方法制图规则和构造详图”的简称，是对结构设计技术方法理论化、系统化，是一种科学合理、简洁高效的结构设计方法。为了贯彻落实和执行新版规范，并使 11G101 系列图集尽快服务于行业，让工程技术人员更快、更正确的理解和应用该系列图集，进而达到提高建筑工程的设计水平和创新能力，确保和提高工程建设质量的目的，我们组织编写了这本书。

本书主要包括钢筋通用构造、基础构造、柱构造、剪力墙构造、梁构造以及板构造等内容。

本书以 11G101 系列图集为主线，参考其他相关标准规范，采用对条文解释的方式对知识进行归纳，条文下的内容为对应的现行相关标准规范条文，同时列示条文中未提及但内容相近的规范内容。本书对涉及内容进行简要讲解，主要强调标准的相关性。本书可供设计人员、施工技术人员、工程造价人员以及相关专业大中专师生学习参考。

由于时间仓促，编者水平有限，书中缺陷乃至错误在所难免，望广大读者给予批评、指正。

编者

2013 年 4 月

目　　录

1　钢筋通用构造 ………………………………………………………… 1
1.1　钢筋的锚固 ………………………………………………………… 1
1.2　钢筋的连接 ………………………………………………………… 7
1.3　钢筋的混凝土保护层……………………………………………… 11
1.4　箍筋及拉筋弯钩构造……………………………………………… 13
2　基础构造…………………………………………………………… 36
2.1　独立基础构造……………………………………………………… 36
2.2　条形基础构造……………………………………………………… 47
2.3　筏形基础构造……………………………………………………… 56
2.4　桩基承台构造……………………………………………………… 78
3　柱构造……………………………………………………………… 92
3.1　抗震 KZ、QZ、LZ 钢筋构造 ……………………………………… 92
3.2　地下室抗震 KZ 钢筋构造 ……………………………………… 109
3.3　非抗震 KZ、QZ、LZ 钢筋构造………………………………… 112
3.4　芯柱 XZ 配筋构造 ……………………………………………… 120
4　剪力墙构造 ……………………………………………………… 122
4.1　剪力墙身水平和竖向钢筋构造 ………………………………… 122
4.2　剪力墙边缘构件钢筋构造 ……………………………………… 130
4.3　剪力墙 LL、AL、BKL 钢筋构造 ……………………………… 138
4.4　剪力墙洞口补强构造 …………………………………………… 146
5　梁构造 …………………………………………………………… 151
5.1　框架梁的构造 …………………………………………………… 151
5.2　悬挑梁的构造 …………………………………………………… 169
5.3　KZZ、KZL 钢筋构造 …………………………………………… 172
6　板构造 …………………………………………………………… 176
参考文献…………………………………………………………… 186

1 钢筋通用构造

1.1 钢筋的锚固

为保证构件内的钢筋能够很好地受力，当钢筋伸入支座或在跨中截断时，必须伸出一定长度，依靠这一长度上的粘结力把钢筋锚固在混凝土中，此长度称为锚固长度。

11G101-1、11G101-2、11G101-3 中作出如下规定：

受拉钢筋基本锚固长度 l_{ab}、l_{abE} **表 1-1**

钢筋种类	抗震等级	混凝土强度等级								
		C20	C25	C30	C35	C40	C45	C50	C55	≥C60
HPB300	一、二级(l_{abE})	45d	39d	35d	32d	29d	28d	26d	25d	24d
	三级(l_{abE})	41d	36d	32d	29d	26d	25d	24d	23d	22d
	四级(l_{abE}) 非抗震(l_{ab})	39d	34d	30d	28d	25d	24d	23d	22d	21d
HRB335 HRBF335	一、二级(l_{abE})	44d	38d	33d	31d	29d	26d	25d	24d	24d
	三级(l_{abE})	40d	35d	31d	28d	26d	24d	23d	22d	22d
	四级(l_{abE}) 非抗震(l_{ab})	38d	33d	29d	27d	25d	23d	22d	21d	21d
HRB400 HRBF400 RRB400	一、二级(l_{abE})	—	46d	40d	37d	33d	32d	31d	30d	29d
	三级(l_{abE})	—	42d	37d	34d	30d	29d	28d	27d	26d
	四级(l_{abE}) 非抗震(l_{ab})	—	40d	35d	32d	29d	28d	27d	26d	25d
HRB500 HRBF500	一、二级(l_{abE})	—	55d	49d	45d	41d	39d	37d	36d	35d
	三级(l_{abE})	—	50d	45d	41d	38d	36d	34d	33d	32d
	四级(l_{abE}) 非抗震(l_{ab})	—	48d	43d	39d	36d	34d	32d	31d	30d

受拉钢筋锚固长度 l_a、抗震锚固长度 l_{aE} **表 1-2**

非抗震	抗震	
$l_a=\zeta_a l_{ab}$	$l_{aE}=\zeta_{aE} l_a$	1. l_a 不应小于 200mm。 2. 锚固长度修正系数 ζ_a 按表 1-3 取用，当多于一项时，可按连乘计算，但不应小于 0.60。 3. ζ_{aE}为抗震锚固长度修正系数，对一、二级抗震等级取 1.15，对三级抗震等级取 1.05，对四级抗震取 1.00

注：1. HPB300 级钢筋末端应做 180°弯钩，弯后平直段长度不应小于 3d，但作受压钢筋时可不做弯钩。

2. 当锚固钢筋的保护层厚度不大于 5d 时，锚固钢筋长度范围内应设置横向构造钢筋，其直径不应小于 $d/4$（d 为锚固钢筋的最大直径）；对梁、柱等构件间距不应大于 5d，对板、墙等构件间距不应大于 10d，且均不应大于 100mm（d 为锚固钢筋的最小直径）。

受拉钢筋锚固长度修正系数 ζ_a **表 1-3**

锚固条件		ζ_a	
带肋钢筋的公称直径大于 25		1.10	—
环氧树脂涂层带肋钢筋		1.25	
施工过程中易受扰动的钢筋		1.10	
锚固区保护层厚度	$3d$	0.80	中间时按内插值。d 为锚固钢筋直径
	$5d$	0.70	

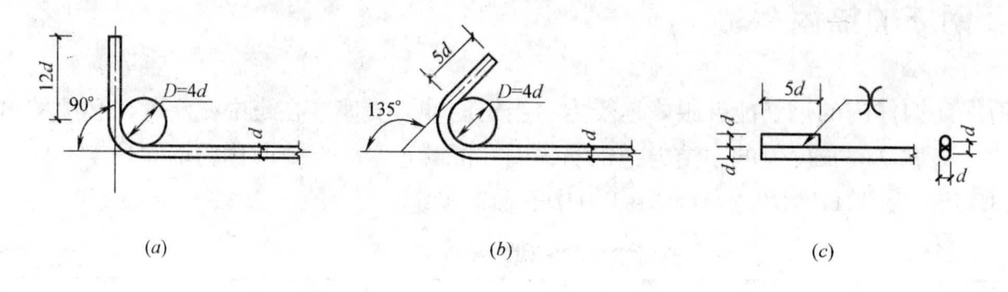

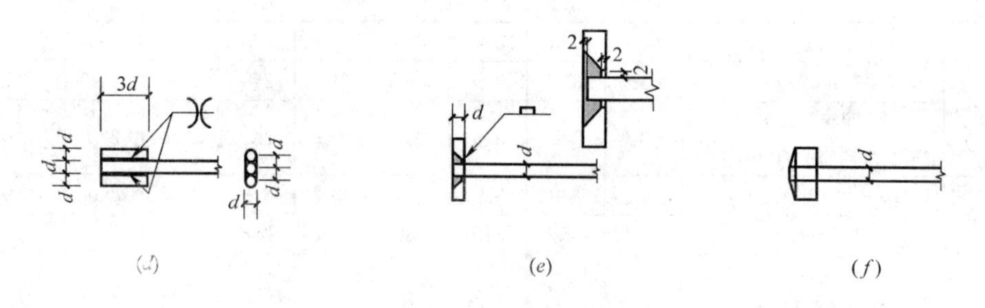

图 1-1 纵向钢筋弯钩与机械锚固形式

(*a*) 末端带 90°弯钩 (*b*) 末端带 135°弯钩 (*c*) 末端一侧贴焊锚筋
(*d*) 末端两侧贴焊锚筋 (*e*) 末端与钢板穿孔塞焊 (*f*) 末端带螺栓锚头

注：1. 当纵向受拉普通钢筋末端采用弯钩或机械锚固措施时，包括弯钩或锚固端头在内的锚固长度（投影长度）可取为基本锚固长度的 60%。
2. 焊缝和螺纹长度应满足承载力的要求；螺栓锚头的规格应符合相关标准的要求。
3. 螺栓锚头和焊接钢板的承压面积不应小于锚固钢筋截面积的 4 倍。
4. 螺栓锚头和焊接锚板的钢筋净距小于 $4d$ 时应考虑群锚效应的不利影响。
5. 截面角部的弯钩和一侧贴焊锚筋的布筋方向宜向截面内侧偏置。
6. 受压钢筋不应采用末端弯钩和一侧贴焊的锚固形式。

1. 受拉钢筋锚固长度的计算

锚固作用是通过钢筋和混凝土之间粘结，混凝土对钢筋表面产生的握裹力，从而使钢筋和混凝土共同作用，以抵抗外界作用的破坏，改善结构受力状态。如果钢筋的锚固失效，则可能会使结构丧失承载力而引起结构破坏。在抗震设计中提出“强锚固”，即要求在地震作用时钢筋的锚固可靠度应高于非抗震设计。在规范中，受拉钢筋的锚固长度属于构造要求范畴。

【规范链接】

《建筑地基基础设计规范》(GB 50007—2011)

8.2.2 钢筋混凝土柱和剪力墙纵向受力钢筋在基础内的锚固长度应符合下列规定：

1 钢筋混凝土柱和剪力墙纵向受力钢筋在基础内的锚固长度（l_a）应根据现行国家标准《混凝土结构设计规范》GB 50010 有关规定确定；

2 抗震设防烈度为 6 度、7 度、8 度和 9 度地区的建筑工程，纵向受力钢筋的抗震锚固长度（l_{aE}）应按下式计算：

1）一、二级抗震等级纵向受力钢筋的抗震锚固长度（l_{aE}）应按下式计算：

$$l_{aE}=1.15l_a \tag{8.2.2-1}$$

2）三级抗震等级纵向受力钢筋的抗震锚固长度（l_{aE}）应按下式计算：

$$l_{aE}=1.05l_a \tag{8.2.2-2}$$

3）四级抗震等级纵向受力钢筋的抗震锚固长度（l_{aE}）应按下式计算：

$$l_{aE}=l_a \tag{8.2.2-3}$$

式中：l_a——纵向受拉钢筋的锚固长度（m）。

3 当基础高度小于 l_a（l_{aE}）时，纵向受力钢筋的锚固总长度除符合上述要求外，其最小直锚段的长度不应小于 $20d$，弯折段的长度不应小于 150mm。

《混凝土结构设计规范》(GB 50010—2010)

8.3.1 当计算中充分利用钢筋的抗拉强度时，受拉钢筋的锚固应符合下列要求：

1 基本锚固长度应按下列公式计算：

普通钢筋

$$l_{ab}=\alpha\frac{f_y}{f_t}d \tag{8.3.1-1}$$

预应力筋

$$l_{ab}=\alpha\frac{f_{py}}{f_t}d \tag{8.3.1-2}$$

式中：l_{ab}——受拉钢筋的基本锚固长度；

f_y、f_{py}——普通钢筋、预应力筋的抗拉强度设计值；

f_t——混凝土轴心抗拉强度设计值，当混凝土强度等级高于 C60 时，按 C60 取值；

d——锚固钢筋的直径；

α——锚固钢筋的外形系数，按表 8.3.1 取用。

锚固钢筋的外形系数 α **表 8.3.1**

钢筋类型	光圆钢筋	带肋钢筋	螺旋肋钢丝	三股钢绞线	七股钢绞线
α	0.16	0.14	0.13	0.16	0.17

注：光面钢筋末端应做 180°弯钩，弯后平直段长度不应小于 $3d$，但作受压钢筋时可不做弯钩。

2 受拉钢筋的锚固长度应根据具体锚固条件按下列公式计算，且不应小于200mm：

$$l_a = \xi_a l_{ab} \tag{8.3.1-3}$$

式中：l_a——受拉钢筋的锚固长度；

ζ_a——锚固长度修正系数，按本规范第8.3.2条的规定取用，当多于一项时，可按连乘计算，但不应小于0.60；对预应力筋，可取1.0。

梁柱节点中纵向受拉钢筋的锚固要求应按本规范第9.3节（Ⅱ）中的规定执行。

3 当锚固钢筋保护层厚度不大于$5d$时，锚固长度范围内应配置横向构造钢筋，其直径不应小于$d/4$；对梁、柱、斜撑等构件间距不应大于$5d$，对板、墙等平面构件间距不应大于$10d$，且均不应大于100mm，此处d为锚固钢筋的直径。

8.3.2 纵向受拉普通钢筋的锚固长度修正系数ζ_a应按下列规定取用：

1 当带肋钢筋的公称直径大于25mm时取1.10；

2 环氧树脂涂层带肋钢筋取1.25；

3 施工过程中易受扰动的钢筋取1.10；

4 当纵向受力钢筋的实际配筋面积大于其设计计算面积时，修正系数取设计计算面积与实际配筋面积的比值，但对有抗震设防要求及直接承受动力荷载的结构构件，不应考虑此项修正；

5 锚固钢筋的保护层厚度为$3d$时修正系数可取0.80，保护层厚度为$5d$时修正系数可取0.70，中间按内插取值，此处d为锚固钢筋的直径。

《高层建筑混凝土结构技术规程》(JGJ 3—2010)

6.5.3 抗震设计时，钢筋混凝土结构构件纵向受力钢筋的锚固和连接，应符合下列要求：

1 纵向受拉钢筋的最小锚固长度l_{aE}应按下列规定采用：

一、二级抗震等级 $$l_{aE} = 1.15 l_a \tag{6.5.3-1}$$

三级抗震等级 $$l_{aE} = 1.05 l_a \tag{6.5.3-2}$$

四级抗震等级 $$l_{aE} = 1.00 l_a \tag{6.5.3-3}$$

6.5.4 非抗震设计时，框架梁、柱的纵向钢筋在框架节点区的锚固和搭接（图6.5.4）应符合下列要求：

1 顶层中节点柱纵向钢筋和边节点柱内侧纵向钢筋应伸至柱顶；当从梁底边计算的直线锚固长度不小于l_a时，可不必水平弯折，否则应向柱内或梁、板内水平弯折，当充分利用柱纵向钢筋的抗拉强度时，其锚固段弯折前的竖直投影长度不应小于$0.5l_{ab}$，弯折后的水平投影长度不宜小于12倍的柱纵向钢筋直径。此处，l_{ab}为钢筋基本锚固长度，应符合现行国家标准《混凝土结构设计规范》GB 50010的有关规定。

3 梁上部纵向钢筋伸入端节点的锚固长度，直线锚固时不应小于l_a，且伸过柱中心线的长度不宜小于5倍的梁纵向钢筋直径；当柱截面尺寸不足时，梁上部纵向钢筋应伸至节点对边并向下弯折，弯折水平段的投影长度不应小于$0.4l_{ab}$，弯折后竖直投影长度不应小于15倍纵向钢筋直径。

4 当计算中不利用梁下部纵向钢筋的强度时，其伸入节点内的锚固长度应取不小于12倍的梁纵向钢筋直径。当计算中充分利用梁下部钢筋的抗拉强度时，梁下部纵向钢筋可采用直线方式或向上90°弯折方式锚固于节点内，直线锚固时的锚固长度不应小于l_a；弯折锚固时，弯折水平段的投影长度不应小于$0.4l_{ab}$，弯折后竖直投影长度不应小于15倍纵向钢筋直径。

5 当采用锚固板锚固措施时，钢筋锚固构造应符合现行国家标准《混凝土结构设计规范》GB 50010 的有关规定。

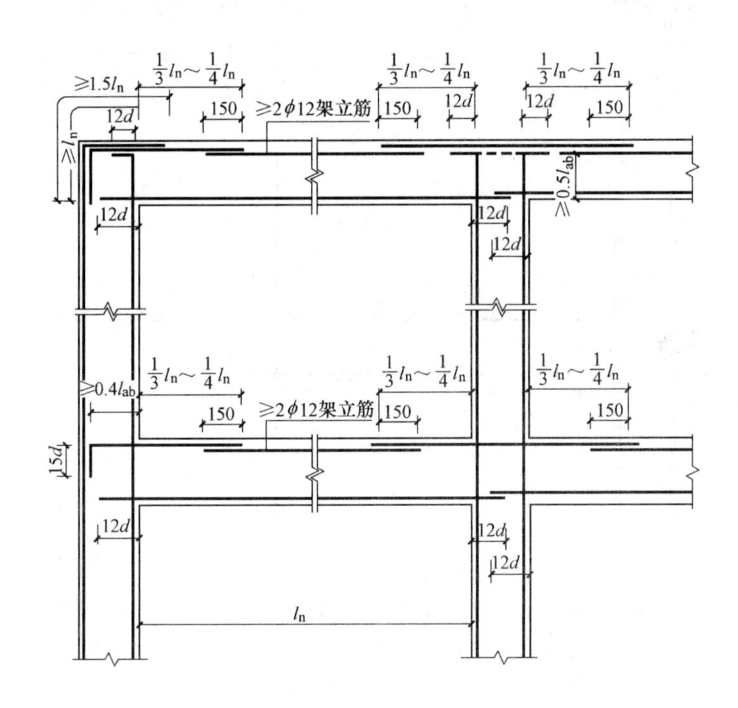

图 6.5.4 非抗震设计时框架梁、柱纵向钢筋在节点区的锚固示意

6.5.5 抗震设计时，框架梁、柱的纵向钢筋在框架节点区的锚固和搭接（图 6.5.5）应符合下列要求：

1 顶层中节点柱纵向钢筋和边节点柱内侧纵向钢筋应伸至柱顶。当从梁底边计算的直线锚固长度不小于 l_{aE}时，可不必水平弯折，否则应向柱内或梁内、板内水平弯折，锚固段弯折前的竖直投影长度不应小于 $0.5l_{abE}$，弯折后的水平投影长度不宜小于 12 倍的柱纵向钢筋直径。此处，l_{abE}为抗震时钢筋的基本锚固长度，一、二级取 $1.15l_{ab}$，三、四级分别取 $1.05l_{ab}$和 $1.00l_{ab}$。

3 梁上部纵向钢筋伸入端节点的锚固长度，直线锚固时不应小于 l_{aE}，且伸过柱中心线的长度不应小于 5 倍的梁纵向钢筋直径；当柱截面尺寸不足时，梁上部纵向钢筋应伸至节点对边并向下弯折，锚固段弯折前的水平投影长度不应小于 $0.4l_{abE}$，弯折后的竖直投影长度应取 15 倍的梁纵向钢筋直径。

4 梁下部的纵向钢筋的锚固与梁上部纵向钢筋相同，但采用 90°弯折方式锚固时，竖直段应向上弯入节点内。

2. 钢筋的机械锚固形式

当钢筋锚固长度有限而靠自身的锚固性能又无法满足受力钢筋承载力要求时，可以在钢筋末端配置弯钩或采用机械锚固。这是减小锚固长度的有效方式，其原理是利用受力钢筋端部锚头（弯钩、贴焊锚筋、焊接锚板或螺栓锚头）对混凝土的局部挤压作用加大锚固承载力。锚头对混凝土的局部挤压保证了钢筋不会发生锚固拔出破坏，但锚头前必须有一定的直段锚固长度，以控制锚固钢筋的滑移，使构件不致发生较大的裂缝和变形。

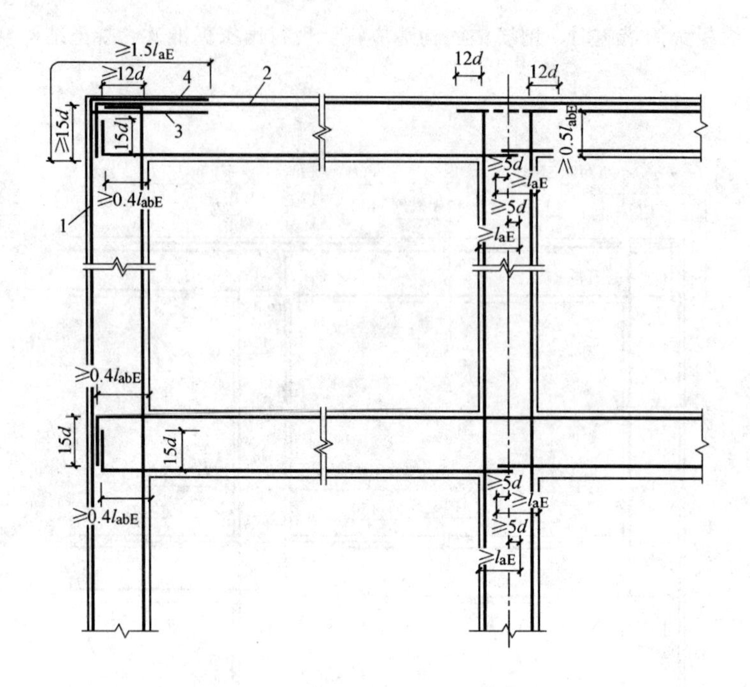

图 6.5.5　抗震设计时框架梁、柱纵向钢筋在节点区的锚固示意

1—柱外侧纵向钢筋；2—梁上部纵向钢筋；3—伸入梁内的柱外侧纵向钢筋；
4—不能伸入梁内的柱外侧纵向钢筋，可伸入板内

【规范链接】

《混凝土结构设计规范》(GB 50010—2010)

8.3.3　当纵向受拉普通钢筋末端采用钢筋弯钩或机械锚固措施时，包括弯钩或锚固端头在内的锚固长度（投影长度）可取为基本锚固长度 l_{ab} 的 60%。弯钩和机械锚固的形式（图 8.3.3）和技术要求应符合表 8.3.3 的规定。

钢筋弯钩和机械锚固的形式和技术要求　　表 8.3.3

锚固形式	技术要求
90°弯钩	末端 90°弯钩，弯钩内径 4d，弯后直段长度 12d
135°弯钩	末端 135°弯钩，弯钩内径 4d，弯后直段长度 5d
一侧贴焊锚筋	末端一侧贴焊长 5d 同直径钢筋
两侧贴焊锚筋	末端两侧贴焊长 3d 同直径钢筋
焊端锚板	末端与厚度 d 的锚板穿孔塞焊
螺栓锚头	末端旋入螺栓锚头

注：1　焊缝和螺纹长度应满足承载能力要求；
2　螺栓锚头或焊接锚板的承压净面积不应小于锚固钢筋截面积的 4 倍；
3　螺栓锚头的规格应符合相关标准的要求；
4　螺栓锚头和焊接锚板的钢筋净间距不宜小于 4d，否则应考虑群锚效应的不利影响；
5　截面角部的弯钩和一侧贴焊锚筋的布筋方向宜向截面内侧偏置。

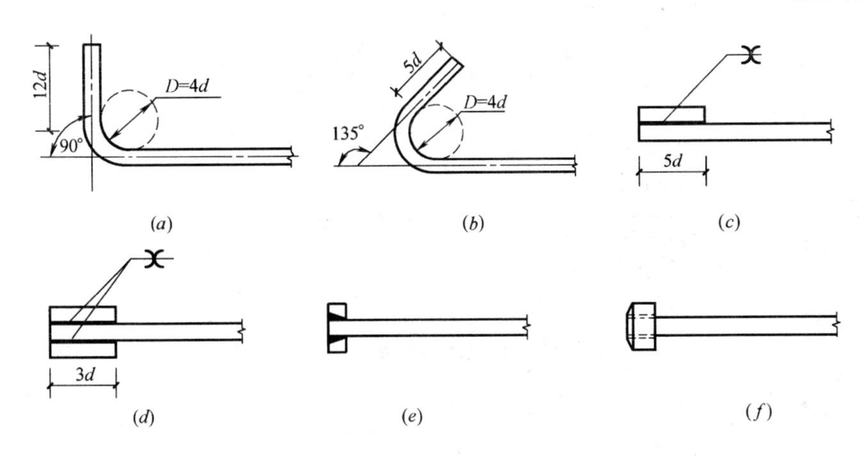

图 8.3.3 弯钩和机械锚固的形式和技术要求

(a) 90°弯钩；(b) 135°弯钩；(c) 一侧贴焊锚筋；(d) 两侧贴焊锚筋；(e) 穿孔塞焊锚板；(f) 螺栓锚头

8.3.4 混凝土结构中的纵向受压钢筋，当计算中充分利用其抗压强度时，锚固长度不应小于相应受拉锚固长度的 70%。

受压钢筋不应采用末端弯钩和一侧贴焊锚筋的锚固措施。

受压钢筋锚固长度范围内的横向构造钢筋应符合本规范第 8.3.1 条的有关规定。

8.3.5 承受动力荷载的预制构件，应将纵向受力普通钢筋末端焊接在钢板或角钢上，钢板或角钢应可靠地锚固在混凝土中。钢板或角钢的尺寸应按计算确定，其厚度不宜小于 10mm。

其他构件中的受力普通钢筋的末端也可通过焊接钢板或型钢实现锚固。

1.2 钢筋的连接

当钢筋长度不能满足混凝土构件的要求时，钢筋需要连接接长。连接的方式主要有：绑扎搭接、机械连接和焊接连接。

11G101-1、11G101-2、11G101-3 中作出如下规定：

表 1-4

<table>
<tr><td colspan="4">纵向受拉钢筋绑扎搭接长度 l_l、l_{lE}</td><td rowspan="6">1. 当直径不同的钢筋搭接时，l_l、l_{lE}按直径较小的钢筋计算。
2. 任何情况下不应小于 300mm。
3. 式中 ζ_l 为纵向受拉钢筋搭接长度修正系数。当纵向钢筋搭接接头百分率为表的中间值时，可按内插取值</td></tr>
<tr><td>抗震</td><td colspan="3">非抗震</td></tr>
<tr><td>$l_{lE}=\zeta_l l_{aE}$</td><td colspan="3">$l_l=\zeta_l l_a$</td></tr>
<tr><td colspan="4">纵向受拉钢筋搭接长度修正系数 ζ_l</td></tr>
<tr><td>纵向钢筋搭接接头面积百分率(%)</td><td>≤25</td><td>50</td><td>100</td></tr>
<tr><td>ζ_l</td><td>1.20</td><td>1.40</td><td>1.60</td></tr>
</table>

1. 绑扎搭接

纵向钢筋的绑扎搭接是纵向钢筋连接最常见的连接方式之一。搭接连接施工比较方便。

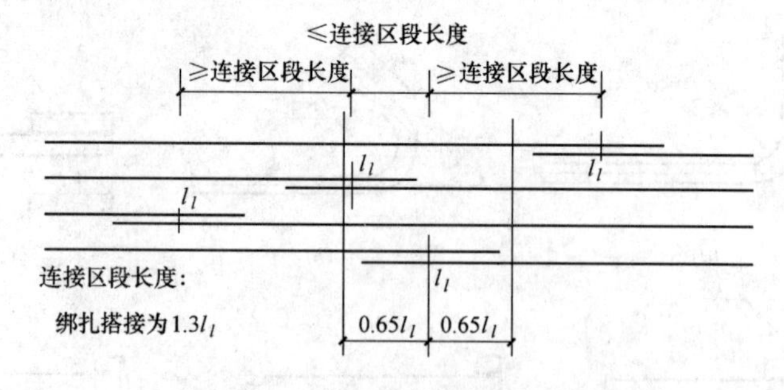

同一连接区段内纵向受拉钢筋绑扎搭接接头

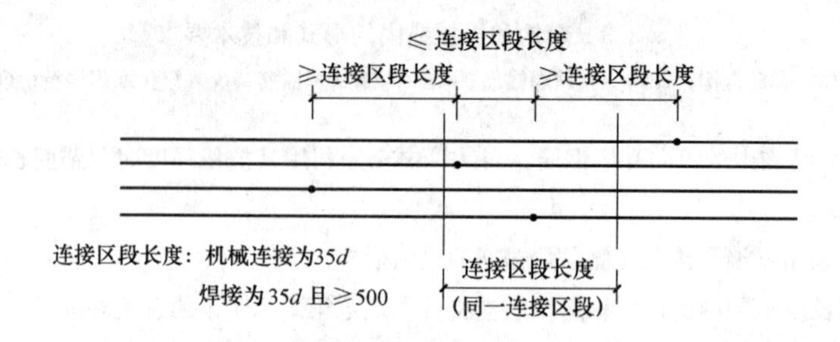

图 1-2 同一连接区段内纵向受拉钢筋机械连接、焊接接头

注：1. d为相互连接两根钢筋中较小直径；当同一构件内不同连接钢筋计算连接区段长度不同时取大值。

2. 凡接头中点位于连接区段长度内，连接接头均属同一连接区段。

3. 同一连接区段内纵向钢筋搭接接头面积百分率，为该区段内有连接接头的纵向受力钢筋截面面积与全部纵向钢筋截面面积的比值（当直径相同时，图示钢筋连接接头面积百分率为50%）。

4. 当受拉钢筋直径大于25mm及受压钢筋直径大于28mm时，不宜采用绑扎搭接。

5. 轴心受拉及小偏心受拉构件中纵向受力钢筋不应采用绑扎搭接。

6. 纵向受力钢筋连接位置宜避开梁端、柱端箍筋加密区。如必须在此连接时，应采用机械连接或焊接。

7. 机械连接和焊接接头的类型及质量应符合国家现行有关标准的规定。

8. 梁、柱类构件的纵向受力筋绑扎搭接区域内箍筋设置要求见图集11G101-3第55页。

【规范链接】

《混凝土结构设计规范》(GB 50010—2010)

8.4.2 轴心受拉及小偏心受拉杆件的纵向受力钢筋不得采用绑扎搭接；其他构件中的钢筋采用绑扎搭接时，受拉钢筋直径不宜大于25mm，受压钢筋直径不宜大于28mm。

8.4.3 同一构件中相邻纵向受力钢筋的绑扎搭接接头宜互相错开。钢筋绑扎搭接接头连接区段的长度为1.3倍搭接长度，凡搭接接头中点位于该连接区段长度内的搭接接头均属于同一连接区段（图8.4.3）。同一连接区段内纵向受力钢筋搭接接头面积百分率为该区段内有搭接接头的纵向受力钢筋与全部纵向受力钢筋截面面积的比值。当直径不同的钢筋搭接时，接直径较小的钢筋计算。

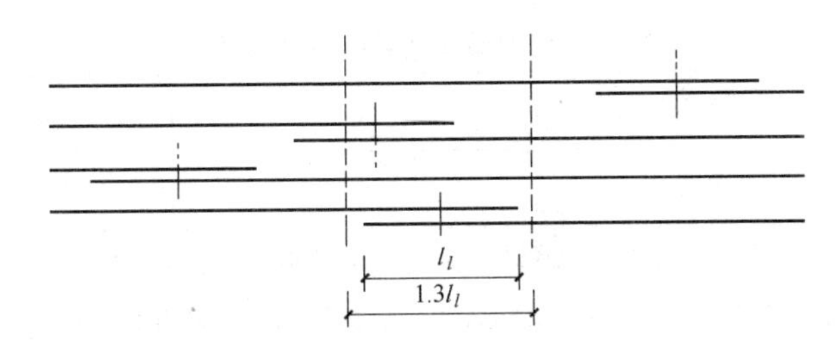

图 8.4.3 同一连接区段内纵向受拉钢筋的绑扎搭接接头

注：图中所示同一连接区段内的搭接接头钢筋为两根，当钢筋直径相同时，钢筋搭接接头面积百分率为 50%。

位于同一连接区段内的受拉钢筋搭接接头面积百分率：对梁类、板类及墙类构件，不宜大于 25%；对柱类构件，不宜大于 50%。当工程中确有必要增大受拉钢筋搭接接头面积百分率时，对梁类构件，不宜大于 50%；对板、墙、柱及预制构件的拼接处，可根据实际情况放宽。

并筋采用绑扎搭接连接时，应按每根单筋错开搭接的方式连接。接头面积百分率应按同一连接区段内所有的单根钢筋计算。并筋中钢筋的搭接长度应按单筋分别计算。

8.4.4 纵向受拉钢筋绑扎搭接接头的搭接长度，应根据位于同一连接区段内的钢筋搭接接头面积百分率按下列公式计算，且不应小于 300mm。

$$l_l=\zeta_l l_a \tag{8.4.4}$$

式中：l_l——纵向受拉钢筋的搭接长度；

ζ_l——纵向受拉钢筋搭接长度的修正系数，按表 8.4.4 取用。当纵向搭接钢筋接头面积百分率为表的中间值时，修正系数可按内插取值。

纵向受拉钢筋搭接长度修正系数 **表 8.4.4**

纵向搭接钢筋接头面积百分率(%)	≤25	50	100
ζ_l	1.20	1.40	1.60

8.4.5 构件中的纵向受压钢筋当采用搭接连接时，其受压搭接长度不应小于本规范第 8.4.4 条纵向受拉钢筋搭接长度的 70%，且不应小于 200mm。

8.4.6 在梁、柱类构件的纵向受力钢筋搭接长度范围内的构造钢筋应符合本规范第 8.3.1 条的要求。当受压钢筋直径大于 25mm 时，尚应在搭接接头两个端面外 100mm 的范围内各设置两道箍筋。

《高层建筑混凝土结构技术规程》(JGJ 3—2010)

6.5.2 非抗震设计时，受拉钢筋的最小锚固长度应取 l_a。受拉钢筋绑扎搭接的搭接长度，应根据位于同一连接区段内搭接钢筋截面面积的百分率按下式计算，且不应小于 300mm。

$$l_l=\zeta l_a \tag{6.5.2}$$

式中：l_l——受拉钢筋的搭接长度（mm）；

l_a——受拉钢筋的锚固长度（mm），应按现行国家标准《混凝土结构设计规范》GB 50010 的有关规定采用；

ζ——受拉钢筋搭接长度修正系数，应按表 6.5.2 采用。

纵向受拉钢筋搭接长度修正系数 ζ **表 6.5.2**

同一连接区段内搭接钢筋面积百分率(%)	≤25	50	100
受拉搭接长度修正系数 ζ	1.2	1.4	1.6

注：同一连接区段内搭接钢筋面积百分率取在同一连接区段内有搭接接头的受力钢筋与全部受力钢筋面积之比。

6.5.3 抗震设计时，钢筋混凝土结构构件纵向受力钢筋的锚固和连接，应符合下列要求：

2 当采用绑扎搭接接头时，其搭接长度不应小于下式的计算值：

$$l_{lE}=\zeta l_{aE} \tag{6.5.3}$$

式中：l_{lE}——抗震设计时受拉钢筋的搭接长度。

3 受拉钢筋直径大于25mm、受压钢筋直径大于28mm时，不宜采用绑扎搭接接头。

2. 机械连接

钢筋的机械连接是通过连贯于两根钢筋外的套筒来实现传力。套筒与钢筋之间力的过渡是通过机械咬合力。其形式包括：钢筋横肋与套筒的咬合；在钢筋表面加工出螺纹与套筒的螺纹之间的传力；在钢筋与套筒之间贯注高强的胶凝材料，通过中间介质来实现应力传递。机械连接的主要型式有挤压套筒连接，锥螺纹套筒连接，镦粗直螺纹连接，滚轧直螺纹连接等。

【规范链接】

《混凝土结构设计规范》(GB 50010—2010)

8.4.7 纵向受力钢筋的机械连接接头宜相互错开。钢筋机械连接区段的长度为35d，d为连接钢筋的较小直径。凡接头中点位于该连接区段长度内的机械连接接头均属于同一连接区段。

位于同一连接区段内的纵向受拉钢筋接头面积百分率不宜大于50%；但对板、墙、柱及预制构件的拼接处，可根据实际情况放宽。纵向受压钢筋的接头百分率可不受限制。

机械连接套筒的保护层厚度宜满足有关钢筋最小保护层厚度的规定。机械连接套筒的横向净间距不宜小于25mm；套筒处箍筋的间距仍应满足相应的构造要求。

直接承受动力荷载结构构件中的机械连接接头，除应满足设计要求的抗疲劳性能外，位于同一连接区段内的纵向受力钢筋接头面积百分率不应大于50%。

《高层建筑混凝土结构技术规程》(JGJ 3—2010)

6.5.3 抗震设计时，钢筋混凝土结构构件纵向受力钢筋的锚固和连接，应符合下列要求：

6 当接头位置无法避开梁端、柱端箍筋加密区时，应采用满足等强度要求的机械连接接头，且钢筋接头面积百分率不宜超过50%。

3. 焊接连接

钢筋的焊接接头是利用电阻、电弧或者燃烧的气体加热钢筋端头使之熔化，并采用加压或添加熔融金属焊接材料，使之连成一体的连接方式。纵向受力钢筋焊接连接的方法有闪光对焊、电渣压力焊等。

【规范链接】

《混凝土结构设计规范》(GB 50010—2010)

8.4.8 细晶粒热轧带肋钢筋以及直径大于 28mm 的带肋钢筋，其焊接应经试验确定；余热处理钢筋不宜焊接。

纵向受力钢筋的焊接接头应相互错开。钢筋焊接接头连接区段的长度为 35d 且不小于 500mm，d 为连接钢筋的较小直径，凡接头中点位于该连接区段长度内的焊接接头均属于同一连接区段。

纵向受拉钢筋的接头面积百分率不宜大于 50%，但对预制构件的拼接处，可根据实际情况放宽。纵向受压钢筋的接头百分率可不受限制。

1.3 钢筋的混凝土保护层

混凝土结构中，钢筋并不外露而被包裹在混凝土里面。由钢筋外边缘到混凝土表面的最小距离称为保护层厚度。

11G101-1、11G101-2、11G101-3 中作出如下规定：

混凝土保护层的最小厚度 (mm) **表 1-5**

环境类别	板、墙	梁、柱
一	15	20
二 a	20	25
二 b	25	35
三 a	30	40
三 b	40	50

注：1. 表中混凝土保护层厚度指最外层钢筋外边缘至混凝土表面的距离，适用于设计使用年限为 50 年的混凝土结构。
2. 构件中受力钢筋的保护层厚度不应小于钢筋的公称直径。
3. 设计使用年限为 100 年的混凝土结构，一类环境中，最外层钢筋的保护层厚度不应小于表中数值的 1.4 倍；二、三类环境中，应采取专门的有效措施。
4. 混凝土强度等级不大于 C25 时，表中保护层厚度数值应增加 5mm。
5. 基础地面钢筋的保护层厚度，有混凝土垫层时应从垫层顶面算起，且不应小于 40mm；无垫层时不应小于 70mm。

但混凝土保护层厚度并非越大越好，因此，在施工中不要随便增大混凝土保护层的厚度。因为，倘若增大了梁的上部纵筋和下部纵筋的保护层厚度，将会减小梁上部纵筋到梁底的高度或梁下部纵筋到梁顶的高度，从而降低了梁的“有效高度”。结构设计师是按照原定的有效高度计算梁的配筋，倘若在施工中降低了梁的有效高度，就等于违背了设计意图，降低了梁的承载能力，这是非常危险的事情。

此外，根据裂缝宽度计算理论中的无滑移概念，以及粘结滑移与无滑移相结合的概念，混凝土保护层厚度对平均裂缝宽度有比较明显的影响，保护层厚度大则平均裂缝宽度大。在裂缝宽度的半理论半经验计算方法中，混凝土保护层厚度对平均裂缝间距计算产生的影响，最终将影响最大裂缝宽度的计算结果。

确定构件的混凝土保护层厚度，应综合考虑混凝土与钢筋的粘结强度要求、构件的耐久性、构件截面的有效计算高度、构件种类以及我国的现有经济条件加以确定。规范规定的混凝土保护层最小厚度要求即为综合平衡但偏重经济性的结果。在具体工程中，除因构造需要加厚保护层外，可直接按照保护层最小厚度的要求进行设计和施工。

【规范链接】

《混凝土结构设计规范》(GB 50010—2010)

8.2.1 构件中普通钢筋及预应力筋的混凝土保护层厚度应满足下列要求。

1 构件中受力钢筋的保护层厚度不应小于钢筋的直径 d；

2 设计使用年限为50年的混凝土结构，最外层钢筋的保护层厚度应符合表8.2.1的规定；设计使用年限为100年的混凝土结构，最外层钢筋的保护层厚度不应小于表8.2.1中数值的1.4倍。

混凝土保护层的最小厚度 c (mm)　　表 8.2.1

环境类别	板、墙、壳	梁、柱、杆
一	15	20
二 a	20	25
二 b	25	35
三 a	30	40
三 b	40	50

注：1 混凝土强度等级不大于C25时，表中保护层厚度数值应增加5mm；

2 钢筋混凝土基础宜设置混凝土垫层，基础中钢筋的混凝土保护层厚度应从垫层顶面算起，且不应小于40mm。

8.2.2 当有充分依据并采取下列有效措施时，可适当减小混凝土保护层的厚度。

1 构件表面有可靠的防护层；

2 采用工厂化生产的预制构件；

3 在混凝土中掺加阻锈剂或采用阴极保护处理等防锈措施；

4 当对地下室墙体采取可靠的建筑防水做法或防护措施时，与土层接触一侧钢筋的保护层厚度可适当减少，但不应小于25mm。

8.2.3 当梁、柱、墙中纵向受力钢筋的保护层厚度大于50mm时，宜对保护层采取有效的构造措施。当在保护层内配置防裂、防剥落的钢筋网片时，网片钢筋的保护层厚度不应小于25mm。

1.4 箍筋及拉筋弯钩构造

1. 封闭箍筋及拉筋弯钩构造

11G101-1、11G101-3 中作出如下规定（图 1-3）。

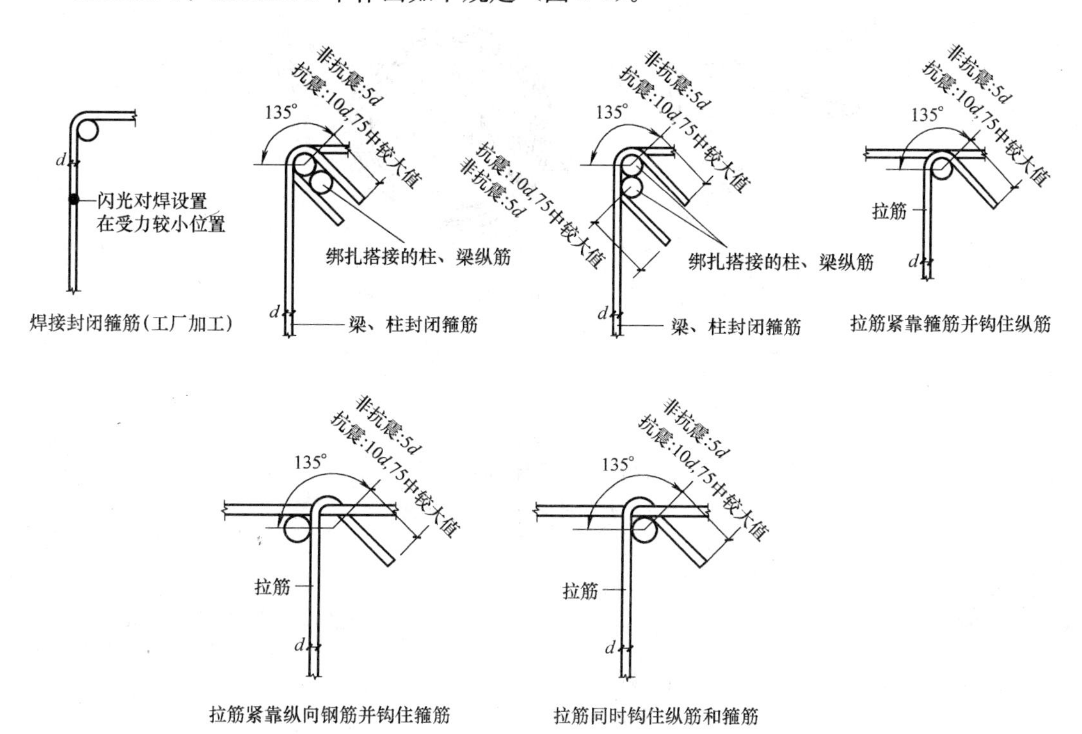

图 1-3 封闭箍筋及拉筋弯钩构造

注：非抗震设计时，当构件受扭或柱中全部纵向受力钢筋的配筋率大于 3%，箍筋及拉筋弯钩平直段长度应为 10d。

相对老平法增加焊接封闭箍筋、拉筋只钩住纵筋、拉筋只钩住箍筋的构造，属于按实际施工方式增加的内容。只钩住纵筋的拉筋会对造价有影响，拉筋计算的长度要短一点。

2. 螺旋箍筋构造

11G101-1 中作出如下规定（图 1-4）。

对于圆形构件环内定位筋，新平法定的是间距 1.5m；对于螺旋箍筋的收头弯钩长，区分了抗震和非抗震。环内定位筋，老平法定的是间距每隔 1～2m；对于螺旋箍筋的收头弯钩长不分抗震和非抗震，均为 10d。

圆柱箍筋构造，在“螺旋箍筋构造”标题横线的下方有“（圆柱环状箍筋搭接构造同螺旋箍筋）”的标注。新平法增加内容：要求对环状圆箍筋的搭接要像螺旋箍筋一样，搭接不小于 l_a 且不小于 300mm。

箍筋弯钩平直段长度的规定：非抗震为 5d，抗震为 10d 与 75mm 取较大值。

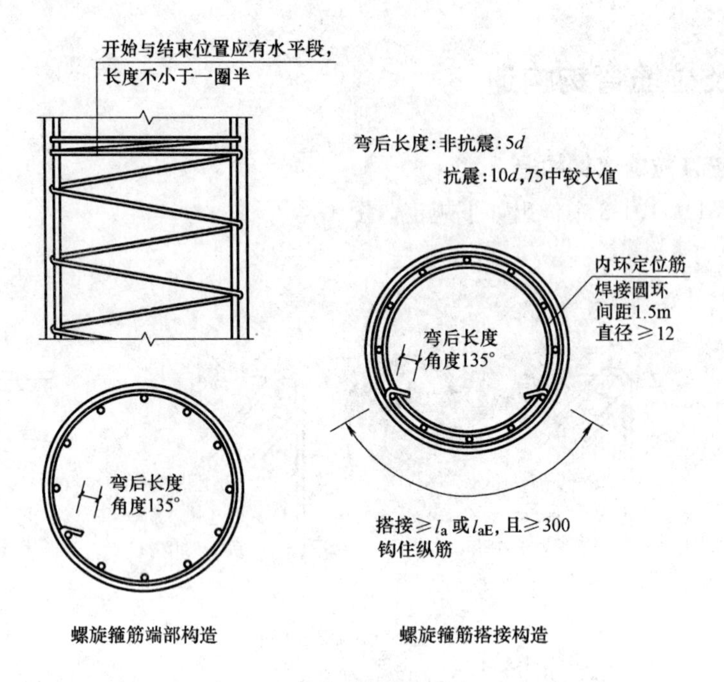

图 1-4 螺旋箍筋构造

（圆柱环状箍筋搭接构造同螺旋箍筋）

【规范链接】

《混凝土结构设计规范》(GB 50010—2010)

9.1.11 混凝土板中配置抗冲切箍筋或弯起钢筋时，应符合下列构造要求：

1 板的厚度不应小于 150mm；

2 按计算所需的箍筋及相应的架立钢筋应配置在与 45°冲切破坏锥面相交的范围内，且从集中荷载作用面或柱截面边缘向外的分布长度不应小于 $1.5h_0$（图 9.1.11*a*）；箍筋直径不应小于 6mm，且应做成封闭式，间距不应大于 $h_0/3$，且不应大于 100mm；

3 按计算所需弯起钢筋的弯起角度可根据板的厚度在 30°～45°之间选取；弯起钢筋的倾斜段应与冲切破坏锥面相交（图 9.1.11*b*），其交点应在集中荷载作用面或柱截面边缘以外（1/2～2/3）h 的范围内。弯起钢筋直径不宜小于 12mm，且每一方向不宜少于 3 根。

9.2.9 梁中箍筋的配置应符合下列规定：

1 按承载力计算不需要箍筋的梁，当截面高度大于 300mm 时，应沿梁全长设置构造箍筋；当截面高度 h=150～300mm 时，可仅在构件端部 $l_0/4$ 范围内设置构造箍筋，l_0 为跨度。但当在构件中部 $l_0/2$ 范围内有集中荷载作用时，则应沿梁全长设置箍筋。当截面高度小于 150mm 时，可以不设置箍筋。

2 截面高度大于 800mm 的梁，箍筋直径不宜小于 8mm；对截面高度不大于 800mm 的梁，不宜小于 6mm。梁中配有计算需要的纵向受压钢筋时，箍筋直径尚不应小于 $d/4$，d 为受压钢筋最大直径。

3 梁中箍筋的最大间距宜符合表 9.2.9 的规定；当 V 大于 $0.7f_tbh_0+0.05N_{p0}$ 时，箍筋的配筋率 ρ_{sv} [$\rho_{sv}=A_{sv}/(bs)$] 尚不应小于 $0.24f_t/f_{yv}$。

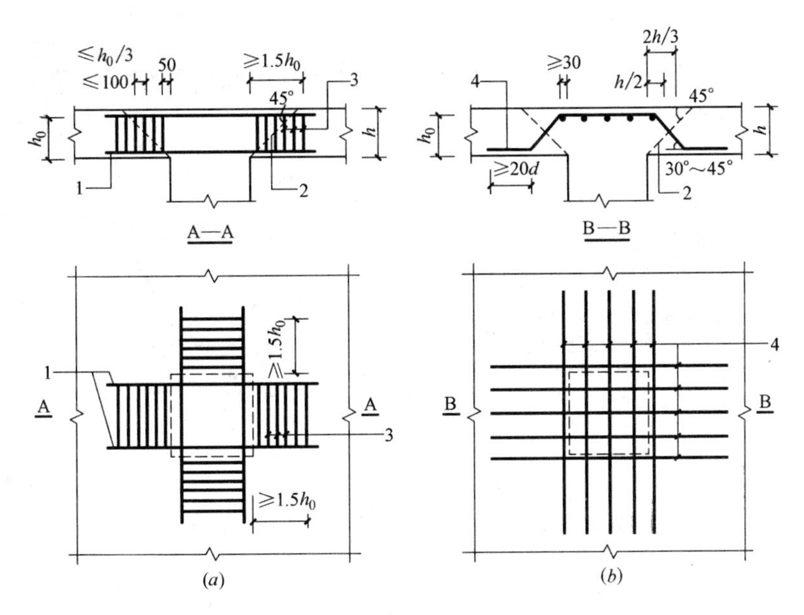

图 9.1.11 板中抗冲切钢筋布置

(*a*) 用箍筋作抗冲切钢筋；(*b*) 用弯起钢筋作抗冲切钢筋

1—架立钢筋；2—冲切破坏锥面；3—箍筋；4—弯起钢筋

注：图中尺寸单位 mm。

梁中箍筋的最大间距（mm） **表 9.2.9**

梁高 h	$V>0.7f_tbh_0+0.05N_{p0}$	$V\leqslant0.7f_tbh_0+0.05N_{p0}$
$150<h\leqslant300$	150	200
$300<h\leqslant500$	200	300
$500<h\leqslant800$	250	350
$h>800$	300	400

4 当梁中配有按计算需要的纵向受压钢筋时，箍筋应符合以下规定：

1）箍筋应做成封闭式，且弯钩直线段长度不应小于 $5d$，d 为箍筋直径。

2）箍筋的间距不应大于 $15d$，并不应大于 400mm。当一层内的纵向受压钢筋多于 5 根且直径大于 18mm 时，箍筋间距不应大于 $10d$，d 为纵向受压钢筋的最小直径。

3）当梁的宽度大于 400mm 且一层内的纵向受压钢筋多于 3 根时，或当梁的宽度不大于 400mm 但一层内的纵向受压钢筋多于 4 根时，应设置复合箍筋。

9.2.10 在弯剪扭构件中，箍筋的配筋率 ρ_{sv} 不应小于 $0.28f_t/f_{yv}$。

箍筋间距应符合本规范表 9.2.9 的规定，其中受扭所需的箍筋应做成封闭式，且应沿截面周边布置。当采用复合箍筋时，位于截面内部的箍筋不应计入受扭所需的箍筋面积。受扭所需箍筋的末端应做成 135°弯钩，弯钩端头平直段长度不应小于 $10d$，d 为箍筋直径。

在超静定结构中，考虑协调扭转而配置的箍筋，其间距不宜大于 $0.75b$，此处 b 按本规范第 6.4.1 条的规定取用，但对箱形截面构件，b 均应以 b_h 代替。

9.2.11 位于梁下部或梁截面高度范围内的集中荷载，应全部由附加横向钢筋承担；附加横向钢筋宜采用箍筋。

箍筋应布置在长度为 $2h_1$ 与 $3b$ 之和的范围内（图 9.2.11）。当采用吊筋时，弯起段应伸至梁的上边缘，且末端水平段长度不应小于本规范第 9.2.7 条的规定。

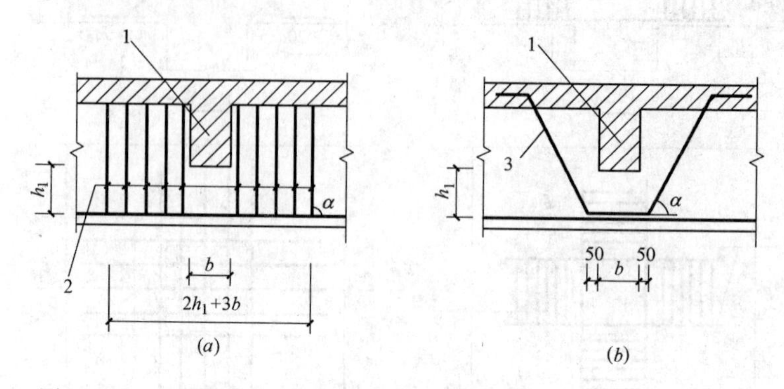

图 9.2.11 梁截面高度范围内有集中荷载作用时附加横向钢筋的布置

（a）附加箍筋；（b）附加吊筋

1—传递集中荷载的位置；2—附加箍筋；3—附加吊筋

注：图中尺寸单位 mm。

附加横向钢筋所需的总截面面积应符合下列规定：

$$A_{sv} \geqslant \frac{F}{f_{yv}\sin\alpha} \tag{9.2.11}$$

式中：A_{sv}——承受集中荷载所需的附加横向钢筋总截面面积；当采用附加吊筋时，A_{sv} 应为左、右弯起段截面面积之和；

F——作用在梁的下部或梁截面高度范围内的集中荷载设计值；

α——附加横向钢筋与梁轴线间的夹角。

9.2.12 折梁的内折角处应增设箍筋（图 9.2.12）。箍筋应能承受未在压区锚固纵向受拉钢筋的合力，且在任何情况下不应小于全部纵向钢筋合力的 35%。

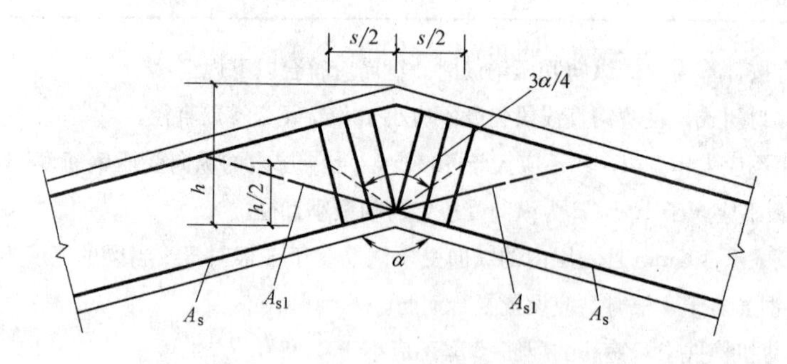

图 9.2.12 折梁内折角处的配筋

由箍筋承受的纵向受拉钢筋的合力按下列公式计算：

未在受压区锚固的纵向受拉钢筋的合力为：

$$N_{s1} = 2f_yA_{s1}\cos\frac{\alpha}{2} \tag{9.2.12-1}$$

全部纵向受拉钢筋合力的 35%为：

$$N_{s2}=0.7f_yA_s\cos\frac{\alpha}{2} \tag{9.2.12-2}$$

式中：A_s——全部纵向受拉钢筋的截面面积；

A_{s1}——未在受压区锚固的纵向受拉钢筋的截面面积；

α——构件的内折角。

按上述条件求得的箍筋应设置在长度 s 等于 $h\ \tan(3\alpha/8)$ 的范围内。

9.3.2 柱中的箍筋应符合下列规定：

1 箍筋直径不应小于 $d/4$，且不应小于 6mm，d 为纵向钢筋的最大直径；

2 箍筋间距不应大于 400mm 及构件截面的短边尺寸，且不应大于 $15d$，d 为纵向钢筋的最小直径；

3 柱及其他受压构件中的周边箍筋应做成封闭式；对圆柱中的箍筋，搭接长度不应小于本规范 8.3.1 条规定的锚固长度，且末端应做成 135°弯钩，弯钩末端平直段长度不应小于 $5d$，d 为箍筋直径；

4 当柱截面短边尺寸大于 400mm 且各边纵向钢筋多于 3 根时，或当柱截面短边尺寸不大于 400mm 但各边纵向钢筋多于 4 根时，应设置复合箍筋；

5 柱中全部纵向受力钢筋的配筋率大于 3%时，箍筋直径不应小于 8mm，间距不应大于 $10d$，且不应大于 200mm；箍筋末端应做成 135°弯钩，且弯钩末端平直段长度不应小于 $10d$，d 为纵向受力钢筋的最小直径；

6 在配有螺旋式或焊接环式箍筋的柱中，如在正截面受压承载力计算中考虑间接钢筋的作用时，箍筋间距不应大于 80mm 及 $d_{cor}/5$，且不宜小于 40mm，d_{cor} 为按箍筋内表面确定的核心截面直径。

9.3.9 在框架节点内应设置水平箍筋，箍筋应符合本规范第 9.3.2 条柱中箍筋的构造规定，但间距不宜大于 250mm。对四边均有梁的中间节点，节点内可只设置沿周边的矩形箍筋。当顶层端节点内有梁上部纵向钢筋和柱外侧纵向钢筋的搭接接头时，节点内水平箍筋应符合本规范第 8.4.6 条的规定。

9.3.13 牛腿应设置水平箍筋，箍筋直径宜为 6～12mm，间距宜为 100～150mm；在上部 $2h_0/3$ 范围内的箍筋总截面面积不宜小于承受竖向力的受拉钢筋截面面积的 1/2。

当牛腿的剪跨比不小于 0.3 时，宜设置弯起钢筋。弯起钢筋宜采用 HRB400 级或 HRB500 级热轧带肋钢筋，并宜使其与集中荷载作用点到牛腿斜边下端点连线的交点位于牛腿上部 $l/6\sim l/2$ 之间的范围内，l 为该连线的长度（图 9.3.13）。弯起钢筋截面面积不宜小于承受竖向力的受拉钢筋截面面积的1/2，且不宜少于 2 根直径 12mm 的钢筋。纵向受拉钢筋不得兼作弯起钢筋。

9.4.2 厚度大于 160mm 的墙应配置双排分布钢筋网；结构中重要部位的剪力墙，当其厚度不大于 160mm 时，也宜配置双排分布钢筋网。

双排分布钢筋网应沿墙的两个侧面布置，且应采用拉筋连系；拉筋直径不宜小于 6mm，间距不宜大于 600mm。

9.4.7 墙洞口连梁应沿全长配置箍筋，箍筋直径应不小于 6mm，间距不宜大于 150mm。在顶层洞口连梁纵向钢筋伸入墙内的锚固长度范围内，应设置间距不大于 150mm 的箍筋，箍筋直径宜与跨内箍筋直径相同。同时，门窗洞边的竖向钢筋应满足受拉钢筋锚固长度的要求。

墙洞口上、下两边的水平钢筋除应满足洞口连梁正截面受弯承载力的要求外，尚不应少于 2 根直径不小于 12mm 的钢筋。对于计算分析中可忽略的洞口，洞边钢筋截面面积分别不宜小于洞口截断的水平分布钢筋总截面面积的一半。纵向钢筋自洞口边伸入墙内的长度不应小于受拉钢筋的锚固长度。

11.1.8 箍筋宜采用焊接封闭箍筋、连续螺旋箍筋或连续复合螺旋箍筋。当采用非焊接封闭箍筋时，其末端应做成 135°弯钩，弯钩端头平直段长度不应小于箍筋直径的 10 倍；在纵向钢筋搭接长度范围内的箍筋间距不应大于搭接钢筋较小直径的 5 倍，且不宜大于 100mm。

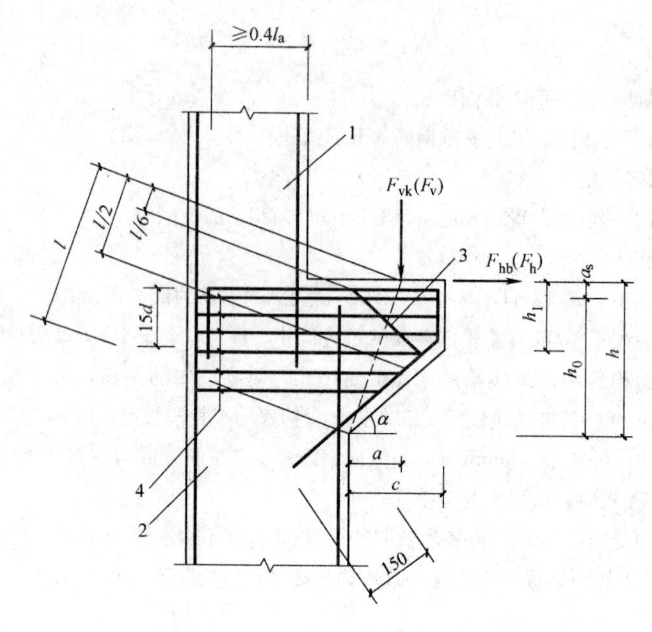

图 9.3.13 牛腿的外形及钢筋配置

1—上柱；2—下柱；3—弯起钢筋；4—水平箍筋

注：图中尺寸单位 mm。

11.3.6 框架梁的钢筋配置应符合下列规定：

1 纵向受拉钢筋的配筋率不应小于表 11.3.6-1 规定的数值；

框架梁纵向受拉钢筋的最小配筋百分率（%） 表 11.3.6-1

抗震等级	梁中位置	
	支座	跨中
一级	0.40 和 80 f_t/f_y 中的较大值	0.30 和 65 f_t/f_y 中的较大值
二级	0.30 和 65 f_t/f_y 中的较大值	0.25 和 55 f_t/f_y 中的较大值
三、四级	0.25 和 55 f_t/f_y 中的较大值	0.20 和 45 f_t/f_y 中的较大值

2 框架梁梁端截面的底部和顶部纵向受力钢筋截面面积的比值，除按计算确定外，一级抗震等级不应小于 0.50；二、三级抗震等级不应小于 0.30；

3 梁端箍筋的加密区长度、箍筋最大间距和箍筋最小直径，应按表 11.3.6-2 采用；当梁端纵向受拉钢筋配筋率大于 2%时，表中箍筋最小直径应增大 2mm。

框架梁梁端箍筋加密区的构造要求 表 11.3.6-2

抗震等级	加密区长度（mm）	箍筋最大间距（mm）	最小直径（mm）
一级	2 倍梁高和 500 中的较大值	纵向钢筋直径的 6 倍，梁高的 1/4 和 100 中的最小值	10
二级	1.5 倍梁高和 500 中的较大值	纵向钢筋直径的 8 倍，梁高的 1/4 和 100 中的最小值	8

续表

抗震等级	加密区长度（mm）	箍筋最大间距（mm）	最小直径（mm）
三级	1.5 倍梁高和 500 中的较大值	纵向钢筋直径的 8 倍，梁高的 1/4 和 150 中的最小值	8
四级		纵向钢筋直径的 8 倍，梁高的 1/4 和 150 中的最小值	6

注：箍筋直径大于 12m、数量不少于 4 肢且肢距小于 150mm 时，一、二级的最大间距应允许适当放宽，但不得大于 150mm。

11.3.8 梁箍筋加密区长度内的箍筋肢距：一级抗震等级，不宜大于 200mm 和 20 倍箍筋直径的较大值；二、三级抗震等级，不宜大于 250mm 和 20 倍箍筋直径的较大值；各抗震等级下，均不宜大于 300mm。

11.3.9 梁端设置的第一个箍筋距框架节点边缘不应大于 50mm。非加密区的箍筋间距不宜大于加密区箍筋间距的 2 倍。沿梁全长箍筋的配筋率 ρ_{sv} 应符合下列规定：

一级抗震等级

$$\rho_{sv} \geqslant 0.30\frac{f_t}{f_{yv}} \tag{11.3.9-1}$$

二级抗震等级

$$\rho_{sv} \geqslant 0.28\frac{f_t}{f_{yv}} \tag{11.3.9-2}$$

三、四级抗震等级

$$\rho_{sv} \geqslant 0.26\frac{f_t}{f_{yv}} \tag{11.3.9-3}$$

11.4.12 框架柱和框支柱的钢筋配置，应符合下列要求：

1 框架柱和框支柱中全部纵向受力钢筋的配筋百分率不应小于表 11.4.12-1 规定的数值，同时，每一侧的配筋百分率不应小于 0.20；对Ⅳ类场地上较高的高层建筑，最小配筋百分率应增加 0.10；

柱全部纵向受力钢筋最小配筋百分率（%）　　表 11.4.12-1

柱 类 型	抗震等级			
	一级	二级	三级	四级
中柱、边柱	0.90(1.00)	0.70(0.80)	0.60(0.70)	0.50(0.60)
角柱、框支柱	1.10	0.90	0.80	0.70

注：1 表中括号内数值用于框架结构的柱；
2 采用 335MPa 级、400MPa 级纵向受力钢筋时，应分别按表中数值增加 0.10 和 0.05 采用；
3 当混凝土强度等级为 C60 及以上时，应按表中数值加 0.10 采用。

2 框架柱和框支柱上、下两端箍筋应加密，加密区的箍筋最大间距和箍筋最小直径应符合表 11.4.12-2 的规定；

3 框支柱和剪跨比不大于 2 的框架柱应在柱全高范围内加密箍筋，且箍筋间距应符合本条第 2 款一级抗震等级的要求；

4 一级抗震等级框架柱的箍筋直径大于 12mm 且箍筋肢距小于 150mm 及二级抗震等级框架柱的直径不小于 10mm 且箍筋肢距不大于 200mm 时，除底层柱下端外，箍筋间距应允许采用 150mm；四级抗震等级框架柱剪跨比不大于 2 时，箍筋直径不应小于 8mm。

柱端箍筋加密区的构造要求　　　　表 11.4.12-2

抗震等级	箍筋最大间距(mm)	箍筋最小直径(mm)
一级	纵向钢筋直径的 6 倍和 100 中的较小值	10
二级	纵向钢筋直径的 8 倍和 100 中的较小值	8
三级	纵向钢筋直径的 8 倍和 150(柱根 100)中的较小值	8
四级	纵向钢筋直径的 8 倍和 150(柱根 100)中的较小值	6(柱根 8)

注：柱根系指底层柱下端的箍筋加密区范围。

11.4.14　框架柱的箍筋加密区长度，应取柱截面长边尺寸（或圆形截面直径）、柱净高的 1/6 和 500mm 中的最大值；一、二级抗震等级的角柱应沿柱全高加密箍筋。底层柱根箍筋加密区长度应取不小于该层柱净高的 1/3；当有刚性地面时，除柱端箍筋加密区外尚应在刚性地面上、下各 500mm 的高度范围内加密箍筋。

11.4.15　柱箍筋加密区内的箍筋肢距：一级抗震等级不宜大于 200mm；二、三级抗震等级不宜大于 250mm 和 20 倍箍筋直径中的较大值；四级抗震等级不宜大于 300mm。每隔一根纵向钢筋宜在两个方向有箍筋或拉筋约束；当采用拉筋且箍筋与纵向钢筋有绑扎时，拉筋宜紧靠纵向钢筋并钩住箍筋。

11.4.17　箍筋加密区箍筋的体积配筋率应符合下列规定：

1　柱箍筋加密区箍筋的体积配筋率，应符合下列规定：

$$\rho_v \geqslant \lambda_v \frac{f_c}{f_{yv}} \tag{11.4.17}$$

式中：ρ_v——柱箍筋加密区的体积配筋率，按本规范第 6.6.3 条的规定计算，计算中应扣除重叠部分的箍筋体积；

f_{yv}——箍筋抗拉强度设计值；

f_c——混凝土轴心抗压强度设计值；当强度等级低于 C35 时，按 C35 取值；

λ_v——最小配箍特征值，按表 11.4.17 采用。

柱箍筋加密区的箍筋最小配箍特征值 λ_v　　　　表 11.4.17

抗震等级	箍筋形式	轴压比								
		≤0.30	0.40	0.50	0.60	0.70	0.80	0.90	1.00	1.05
一级	普通箍、复合箍	0.10	0.11	0.13	0.15	0.17	0.20	0.23	—	—
	螺旋箍、复合或连续复合矩形螺旋箍	0.08	0.09	0.11	0.13	0.15	0.18	0.21	—	—
二级	普通箍、复合箍	0.08	0.09	0.11	0.13	0.15	0.17	0.19	0.22	0.24
	螺旋箍、复合或连续复合矩形螺旋箍	0.06	0.07	0.09	0.11	0.13	0.15	0.17	0.20	0.22
三、四级	普通箍、复合箍	0.06	0.07	0.09	0.11	0.13	0.15	0.17	0.20	0.22
	螺旋箍、复合或连续复合矩形螺旋箍	0.05	0.06	0.07	0.09	0.11	0.13	0.15	0.18	0.20

注：1　普通箍指单个矩形箍筋或单个圆形箍筋；螺旋箍指单个螺旋箍筋；复合箍指由矩形、多边形、圆形箍筋或拉筋组成的箍筋；复合螺旋箍指由螺旋箍与矩形、多边形、圆形箍筋或拉筋组成的箍筋；连续复合矩形螺旋箍指全部螺旋箍为同一根钢筋加工成的箍筋；

2　在计算复合螺旋箍的体积配筋率时，其中非螺旋箍筋的体积应乘以系数 0.80；

3　混凝土强度等级高于 C60 时，箍筋宜采用复合箍、复合螺旋箍或连续复合矩形螺旋箍，当轴压比不大于 0.60 时，其加密区的最小配箍特征值宜按表中数值增加 0.02；当轴压比大于 0.60 时，宜按表中数值增加 0.03。

2 对一、二、三、四级抗震等级的柱，其箍筋加密区的箍筋体积配筋率分别不应小于 0.80%、0.60%、0.40%和 0.40%；

3 框支柱宜采用复合螺旋箍或井字复合箍，其最小配箍特征值应按表 11.4.17 中的数值增加 0.02 采用，且体积配筋率不应小于 1.50%；

4 当剪跨比 λ 不大于 2 时，宜采用复合螺旋箍或井字复合箍，其箍筋体积配筋率不应小于 1.20%；9 度设防烈度一级抗震等级时，不应小于 1.50%。

11.4.18 在箍筋加密区外，箍筋的体积配筋率不宜小于加密区配筋率的一半；对一、二级抗震等级，箍筋间距不应大于 $10d$；对三、四级抗震等级，箍筋间距不应大于 $15d$，此处，d 为纵向钢筋直径。

11.5.2 铰接排架柱的箍筋加密区应符合下列规定：

1 箍筋加密区长度：

1）对柱顶区段，取柱顶以下 500mm，且不小于柱顶截面高度；

2）对吊车梁区段，取上柱根部至吊车梁顶面以上 300mm；

3）对柱根区段，取基础顶面至室内地坪以上 500mm；

4）对牛腿区段，取牛腿全高；

5）对柱间支撑与柱连接的节点和柱位移受约束的部位，取节点上、下各 300mm。

2 箍筋加密区内的箍筋最大间距为 100mm；箍筋的直径应符合表 11.5.2 的规定。

铰接排架柱箍筋加密区的箍筋最小直径（mm）　　表 11.5.2

加密区区段	抗震等级和场地类别					
	一级	二级	二级	三级	三级	四级
	各类场地	Ⅲ、Ⅳ类场地	Ⅰ、Ⅱ类场地	Ⅲ、Ⅳ类场地	Ⅰ、Ⅱ类场地	各类场地
一般柱顶、柱根区段	8(10)		8		6	
角柱柱顶	10		10		8	
吊车梁、牛腿区段 有支撑的柱根区段	10		8		8	
有支撑的柱顶区段 柱变位受约束的部位	10		10		8	

注：表中括号内数值用于柱根。

11.5.3 当铰接排架侧向受约束且约束点至柱顶的高度不大于柱截面在该方向边长的 2 倍，柱顶预埋钢板和柱顶箍筋加密区的构造尚应符合下列要求：

1 柱顶预埋钢板沿排架平面方向的长度，宜取柱顶的截面高度 h，但在任何情况下不得小于 $h/2$ 及 300mm；

2 当柱顶轴向力在排架平面内的偏心距 e_0 在 $h/6 \sim h/4$ 范围内时，柱顶箍筋加密区的箍筋体积配筋率：一级抗震等级不宜小于 1.2%；二级抗震等级不宜小于 1.0%；三、四级抗震等级不宜小于 0.8%。

11.6.8 框架节点区箍筋的最大间距、最小直径宜按本规范表 11.4.12-2 采用。对一、二、三级抗震等级的框架节点核心区，配筋特征值 λ_v 分别不宜小于 0.12、0.10 和 0.08，且其箍筋体积配筋率分别不宜小于 0.6%、0.5%和 0.4%。当框架柱的剪跨比不大于 2 时，其节点核心区体积配箍率不宜小于核心区上、下柱端体积配箍率中的较大值。

11.7.9 各抗震等级的剪力墙及筒体洞口连梁，当配置普通箍筋时，其截面限制条件及斜截面受剪承载力应符合下列规定：

1 跨高比大于 2.5 时

1）受剪截面应符合下列要求：

$$V_{wb} \leqslant \frac{1}{\gamma_{RE}}(0.20\beta_c f_c bh_0) \tag{11.7.9-1}$$

2）连梁的斜截面受剪承载力应符合下列要求：

$$V_{wb} \leqslant \frac{1}{\gamma_{RE}}\left(0.42 f_t bh_0 + \frac{A_{sv}}{s} f_{yv} h_0\right) \tag{11.7.9-2}$$

2 跨高比不大于 2.5 时

1）受剪截面应符合下列要求：

$$V_{wb} \leqslant \frac{1}{\gamma_{RE}}(0.15\beta_c f_c bh_0) \tag{11.7.9-3}$$

2）连梁的斜截面受剪承载力应符合下列要求：

$$V_{wb} \leqslant \frac{1}{\gamma_{RE}}\left(0.38 f_t bh_0 + 0.9\frac{A_{sv}}{s} f_{yv} h_0\right) \tag{11.7.9-4}$$

式中：f_t——混凝土抗拉强度设计值；

f_{yv}——箍筋抗拉强度设计值；

A_{sv}——配置在同一截面内的箍筋截面面积。

11.7.11 剪力墙及筒体洞口连梁的纵向钢筋、斜筋及箍筋的构造应符合下列要求：

1 连梁沿上、下边缘单侧纵向钢筋的最小配筋率不应小于 0.15%，且配筋不宜少于 2ϕ12；交叉斜筋连梁单向对角斜筋不宜少于 2ϕ12，单组折线筋的截面面积可取为单向对角斜筋截面面积的一半，且直径不宜小于 12mm；集中对角斜筋配筋连梁和对角暗撑连梁中每组对角斜筋应至少由 4 根直径不小于 14mm 的钢筋组成。

2 交叉斜筋配筋连梁的对角斜筋在梁端部位应设置不少于 3 根拉筋，拉筋的间距应不大于连梁宽度和 200mm 的较小值，直径不应小于 6mm；集中对角斜筋配筋连梁应在梁截面内沿水平方向及竖直方向设置双向拉筋，拉筋应勾住外侧纵向钢筋，间距应不大于 200mm，直径不应小于 8mm；对角暗撑配筋连梁中暗撑箍筋的外缘沿梁截面宽度方向不宜小于梁宽的一半，另一方向不宜小于梁宽的 1/5；对角暗撑约束箍筋的间距不宜大于暗撑钢筋直径的 6 倍，当计算间距小于 100mm 时可取 100mm，箍筋肢距不应大于 350mm。

除集中对角斜筋配筋连梁以外，其余连梁的水平钢筋及箍筋形成的钢筋网之间应采用拉筋拉结，拉筋直径不宜小于 6mm，间距不宜大于 400mm。

3 沿连梁全长箍筋的构造宜按本规范第 11.3.6 条和 11.3.8 条框架梁梁端加密区箍筋的构造要求采用；对角暗撑配筋连梁沿连梁全长箍筋的间距可按本规范表 11.3.6-2 中规定值的两倍取用。

4 连梁纵向受力钢筋、交叉斜筋伸入墙内的锚固长度不应小于 l_{aE}，且不应小于 600mm；顶层连梁纵向钢筋伸入墙体的长度范围内，应配置间距不大于 150mm 的构造箍筋，箍筋直径应与该连梁的箍筋直径相同。

5 剪力墙的水平分布钢筋可作为连梁的纵向构造钢筋在连梁范围内贯通。当梁的腹板高度 h_w 不小于 450mm 时，其两侧面沿梁高范围设置的纵向构造钢筋的直径不应小于 10mm，间距不应大于 200mm；对跨高比不大于 2.5 的连梁，梁两侧的纵向构造钢筋的面积配筋率尚不应小于 0.3%。

11.9.5 无柱帽平板宜在柱上板带中设构造暗梁，暗梁宽度可取柱宽加柱两侧各不大于 1.5 倍板厚。暗梁支座上部纵向钢筋应不小于柱上板带纵向钢筋截面面积的 1/2，暗梁下部纵向钢筋不宜少于上部纵向钢筋截面面积的 1/2。

暗梁箍筋直径不应小于8mm，间距不宜大于3/4倍板厚，肢距不宜大于2倍板厚；支座处暗梁箍筋加密区长度不应小于3倍板厚，其箍筋间距不宜大于100mm，肢距不宜大于250mm。

《建筑抗震设计规范》(GB 50011—2010)

6.3.3 梁的钢筋配置，应符合下列各项要求：

1 梁端计入受压钢筋的混凝土受压区高度和有效高度之比，一级不应大于0.25，二、三级不应大于0.35。

2 梁端截面的底面和顶面纵向钢筋配筋量的比值，除按计算确定外，一级不应小于0.5，二、三级不应小于0.30。

3 梁端箍筋加密区的长度、箍筋最大间距和最小直径应按表6.3.3采用，当梁端纵向受拉钢筋配筋率大于2%时，表中箍筋最小直径数值应增大2mm。

梁端箍筋加密区的长度、箍筋的最大间距和最小直径　　表6.3.3

抗震等级	加密区长度(采用较大值)(mm)	箍筋最大间距(采用最小值)(mm)	箍筋最小直径(mm)
一	$2.0h_b$,500	$h_b/4$,$6d$,100	10
二	$1.5h_b$,500	$h_b/4$,$8d$,100	8
三	$1.5h_b$,500	$h_b/4$,$8d$,150	8
四	$1.5h_b$,500	$h_b/4$,$8d$,150	6

注：1　d为纵向钢筋直径，h_b为梁截面高度；
2　箍筋直径大于12mm、数量不少于4肢且肢距不大于150mm时，一、二级的最大间距允许适当放宽，但不得大于150mm。

6.3.7 柱的钢筋配置，应符合下列各项要求：

1 柱纵向受力钢筋的最小总配筋率应按表6.3.7-1采用，同时每侧配筋率不应小于0.2%；对建造于Ⅳ类场地且较高的高层建筑，最小总配筋率应增加0.1%。

柱截面纵向钢筋的最小总配筋率（%）　　表6.3.7-1

类别	抗震等级			
	一	二	三	四
中柱和边柱	0.90(1.00)	0.70(0.80)	0.60(0.70)	0.50(0.60)
角柱、框支柱	1.10	0.90	0.80	0.70

注：1　表中括号内数值用于框架结构的柱；
2　钢筋强度标准值小于400MPa时，表中数值应增加0.10，钢筋强度标准值为400MPa时，表中数值应增加0.05；
3　混凝土强度等级高于C60时，上述数值应相应增加0.10。

2 柱箍筋在规定的范围内应加密，加密区的箍筋间距和直径，应符合下列要求：

1）一般情况下，箍筋的最大间距和最小直径，应按表6.3.7-2采用。

2）一级框架柱的箍筋直径大于12mm且箍筋肢距不大于150mm及二级框架柱的箍筋直径不小于10mm且箍筋肢距不大于200mm时，除底层柱下端外，最大间距应允许采用150mm；三级框架柱的截面尺寸不大于400mm时，箍筋最小直径应允许采用6mm；四级框架柱剪跨比不大于2时，箍筋直径不应小于8mm。

柱箍筋加密区的箍筋最大间距和最小直径 **表 6.3.7-2**

抗震等级	箍筋最大间距(采用较小值,mm)	箍筋最小直径(mm)
一	6*d*,100	10
二	8*d*,100	8
三	8*d*,150(柱根 100)	8
四	8*d*,150(柱根 100)	6(柱根 8)

注：1 *d* 为柱纵筋最小直径；
2 柱根指底层柱下端箍筋加密区。

3）框支柱和剪跨比不大于 2 的框架柱，箍筋间距不应大于 100mm。

6.3.9 柱的箍筋配置，尚应符合下列要求：

1 柱的箍筋加密范围，应按下列规定采用：

1）柱端，取截面高度（圆柱直径）、柱净高的 1/6 和 500mm 三者的最大值；

2）底层柱的下端不小于柱净高的 1/3；

3）刚性地面上下各 500mm；

4）剪跨比不大于 2 的柱、因设置填充墙等形成的柱净高与柱截面高度之比不大于 4 的柱、框支柱、一级和二级框架的角柱，取全高。

2 柱箍筋加密区的箍筋肢距，一级不宜大于 200mm，二、三级不宜大于 250mm，四级不宜大于 300mm。至少每隔一根纵向钢筋宜在两个方向有箍筋或拉筋约束；采用拉筋复合箍时，拉筋宜紧靠纵向钢筋并钩住箍筋。

3 柱箍筋加密区的体积配箍率，应按下列规定采用：

1）柱箍筋加密区的体积配箍率应符合下式要求：

$$\rho_v \geqslant \lambda_v f_c / f_{yv} \tag{6.3.9}$$

式中：ρ_v——柱箍筋加密区的体积配箍率，一级不应小于 0.8%，二级不应小于 0.6%，三、四级不应小于 0.4%；计算复合螺旋箍的体积配箍率时，其非螺旋箍的箍筋体积应乘以折减系数 0.80；

f_c——混凝土轴心抗压强度设计值，强度等级低于 C35 时，应按 C35 计算；

f_{yv}——箍筋或拉筋抗拉强度设计值；

λ_v——最小配箍特征值，宜按表 6.3.9 采用。

2）框支柱宜采用复合螺旋箍或井字复合箍，其最小配箍特征值应比表 6.3.9 内数值增加 0.02，且体积配箍率不应小于 1.5%。

3）剪跨比不大于 2 的柱宜采用复合螺旋箍或井字复合箍，其体积配箍率不应小于 1.2%，9 度一级时不应小于 1.5%。

4 柱箍筋非加密区的箍筋配置，应符合下列要求：

1）柱箍筋非加密区的体积配箍率不宜小于加密区的 50%。

2）箍筋间距，一、二级框架柱不应大于 10 倍纵向钢筋直径，三、四级框架柱不应大于 15 倍纵向钢筋直径。

6.3.10 框架节点核芯区箍筋的最大间距和最小直径宜按本规范第 6.3.7 条采用；一、二、三级框架节点核芯区配箍特征值分别不宜小于 0.12、0.10 和 0.08，且体积配箍率分别不宜小于 0.6%、0.5% 和 0.4%。柱剪跨比不大于 2 的框架节点核芯区，体积配箍率不宜小于核芯区上、下柱端的较大体积配箍率。

柱箍筋加密区的箍筋最小配箍特征值　　表 6.3.9

抗震等级	箍筋形式	柱轴压比								
		≤0.30	0.40	0.50	0.60	0.70	0.80	0.90	1.00	1.05
一	普通箍、复合箍	0.10	0.11	0.13	0.15	0.17	0.20	0.23	—	—
	螺旋箍、复合或连续复合矩形螺旋箍	0.08	0.09	0.11	0.13	0.15	0.18	0.21	—	—
二	普通箍、复合箍	0.08	0.09	0.11	0.13	0.15	0.17	0.19	0.22	0.24
	螺旋箍、复合或连续复合矩形螺旋箍	0.06	0.07	0.09	0.11	0.13	0.15	0.17	0.20	0.22
三、四	普通箍、复合箍	0.06	0.07	0.09	0.11	0.13	0.15	0.17	0.20	0.22
	螺旋箍、复合或连续复合矩形螺旋箍	0.05	0.06	0.07	0.09	0.11	0.13	0.15	0.18	0.20

注：普通箍指单个矩形箍和单个圆形箍，复合箍指由矩形、多边形、圆形箍或拉筋组成的箍筋；复合螺旋箍指由螺旋箍与矩形、多边形、圆形箍或拉筋组成的箍筋；连续复合矩形螺旋箍指用一根通长钢筋加工而成的箍筋。

7.3.14　丙类的多层砖砌体房屋，当横墙较少且总高度和层数接近或达到本规范表 7.1.2 规定限值时，应采取下列加强措施：

1　房屋的最大开间尺寸不宜大于 6.6m。

2　同一结构单元内横墙错位数量不宜超过横墙总数的 1/3，且连续错位不宜多于两道；错位的墙体交接处均应增设构造柱，且楼、屋面板应采用现浇钢筋混凝土板。

3　横墙和内纵墙上洞口的宽度不宜大于 1.5m；外纵墙上洞口的宽度不宜大于 2.1m 或开间尺寸的一半；且内外墙上洞口位置不应影响内外纵墙与横墙的整体连接。

4　所有纵横墙均应在楼、屋盖标高处设置加强的现浇钢筋混凝土圈梁：圈梁的截面高度不宜小于 150mm，上下纵筋各不应少于 3ϕ10，箍筋不小于 ϕ6，间距不大于 300mm。

5　所有纵横墙交接处及横墙的中部，均应增设满足下列要求的构造柱：在纵、横墙内的柱距不宜大于 3.0m，最小截面尺寸不宜小于 240mm×240mm（墙厚 190mm 时为 240mm×190mm），配筋宜符合表 7.3.14 的要求。

增设构造柱的纵筋和箍筋设置要求　　表 7.3.14

位置	纵向钢筋			箍筋		
	最大配筋率（%）	最小配筋率（%）	最小直径（mm）	加密区范围（mm）	加密区间距（mm）	最小直径（mm）
角柱	1.8	0.8	14	全高	100	6
边柱			14	上端 700 下端 500		
中柱	1.4	0.6	12			

6　同一结构单元的楼、屋面板应设置在同一标高处。

7　房屋底层和顶层的窗台标高处，宜设置沿纵横墙通长的水平现浇钢筋混凝土带；其截面高度不小于 60mm，宽度不小于墙厚，纵向钢筋不少于 2ϕ10，横向分布筋的直径不小于 ϕ6 且其间距不大于 200mm。

9.1.20　厂房柱子的箍筋，应符合下列要求：

1 下列范围内柱的箍筋应加密：

1）柱头，取柱顶以下500mm并不小于柱截面长边尺寸；

2）上柱，取阶形柱自牛腿面至起重机梁顶面以上300mm高度范围内；

3）牛腿（柱肩），取全高；

4）柱根，取下柱柱底至室内地坪以上500mm；

5）柱间支撑与柱连接节点和柱变位受平台等约束的部位，取节点上、下各300mm。

2 加密区箍筋间距不应大于100mm，箍筋肢距和最小直径应符合表9.1.20的规定。

柱加密区箍筋最大肢距和最小箍筋直径 **表9.1.20**

烈度和场地类别		6度和7度 Ⅰ、Ⅱ类场地	7度Ⅲ、Ⅳ类场地和 8度Ⅰ、Ⅱ类场地	8度Ⅲ、Ⅳ类 场地和9度
箍筋最大肢距(mm)		300	250	200
箍筋最小直径	一般柱头和柱根	ϕ6	ϕ8	ϕ8(ϕ10)
	角柱柱头	ϕ8	ϕ10	ϕ10
	上柱牛腿和有支撑的柱根	ϕ8	ϕ8	ϕ10
	有支撑的柱头和柱变位受约束部位	ϕ8	ϕ10	ϕ12

注：括号内数值用于柱根。

3 厂房柱侧间受约束且剪跨比不大于2的排架柱，柱顶预埋钢板和柱箍筋加密区的构造尚应符合下列要求：

1）柱顶预埋钢板沿排架平面方向的长度，宜取柱顶的截面高度，且不得小于截面高度的1/2及300mm；

2）屋架的安装位置，宜减小在柱顶的偏心，其柱顶轴向力的偏心距不应大于截面高度的1/4；

3）柱顶轴向力排架平面内的偏心距在截面高度的1/6～1/4范围内时，柱顶箍筋加密区的箍筋体积配筋率：9度不宜小于1.20%；8度不宜小于1.00%；6、7度不宜小于0.80%；

4）加密区箍筋宜配置四肢箍，肢距不大于200mm。

9.1.21 大柱网厂房柱的截面和配筋构造，应符合下列要求：

1 柱截面宜采用正方形或接近正方形的矩形，边长不宜小于柱全高的1/18～1/16。

2 重屋盖厂房地震组合的柱轴压比，6、7度时不宜大于0.80，8度时不宜大于0.70，9度时不应大于0.60。

3 纵向钢筋宜沿柱截面周边对称配置，间距不宜大于200mm，角部宜配置直径较大的钢筋。

4 柱头和柱根的箍筋应加密，并应符合下列要求：

1）加密范围，柱根取基础顶面至室内地坪以上1m，且不小于柱全高的1/6；柱头取柱顶以下500mm，且不小于柱截面长边尺寸；

2）箍筋直径、间距和肢距，应符合本规范第9.1.20条的规定。

9.1.22 山墙抗风柱的配筋，应符合下列要求：

1 抗风柱柱顶以下300mm和牛腿（柱肩）面以上300mm范围内的箍筋，直径不宜小于6mm，间距不应大于100mm，肢距不宜大于250mm。

2 抗风柱的变截面牛腿（柱肩）处，宜设置纵向受拉钢筋。

《高层建筑混凝土结构技术规程》(JGJ 3—2010)

6.3.2 框架梁设计应符合下列要求：

1 抗震设计时，计入受压钢筋作用的梁端截面混凝土受压区高度与有效高度之比值，一级不应大

于 0.25，二、三级不应大于 0.35。

2 纵向受拉钢筋的最小配筋百分率 ρ_{min}（%），非抗震设计时，不应小于 0.20 和 $45f_t/f_y$ 二者的较大值；抗震设计时，不应小于表 6.3.2-1 规定的数值。

梁纵向受拉钢筋最小配筋百分率 ρ_{min}（%）　　表 6.3.2-1

抗震等级	位　置	
	支座(取较大值)	跨中(取较大值)
一级	0.40 和 $80f_t/f_y$	0.30 和 $65f_t/f_y$
二级	0.30 和 $65f_t/f_y$	0.25 和 $55f_t/f_y$
三、四级	0.25 和 $55f_t/f_y$	0.20 和 $45f_t/f_y$

3 抗震设计时，梁端截面的底面和顶面纵向钢筋截面面积的比值，除按计算确定外，一级不应小于 0.50，二、三级不应小于 0.30。

4 抗震设计时，梁端箍筋的加密区长度、箍筋最大间距和最小直径应符合表 6.3.2-2 的要求；当梁端纵向钢筋配筋率大于 2%时，表中箍筋最小直径应增大 2mm。

梁端箍筋加密区的长度、箍筋最大间距和最小直径　　表 6.3.2-2

抗震等级	加密区长度(取较大值)(mm)	箍筋最大间距(取最小值)(mm)	箍筋最小直径(mm)
一	$2.0h_b$,500	$h_b/4$,$6d$,100	10
二	$1.5h_b$,500	$h_b/4$,$8d$,100	8
三	$1.5h_b$,500	$h_b/4$,$8d$,150	8
四	$1.5h_b$,500	$h_b/4$,$8d$,150	6

注：1 d 为纵向钢筋直径，h_b 为梁截面高度；

2 一、二级抗震等级框架梁，当箍筋直径大于 12mm、肢数不少于 4 肢且肢距不大于 150mm 时，箍筋加密区最大间距应允许适当放松，但不应大于 150mm。

6.3.3 梁的纵向钢筋配置，尚应符合下列规定：

1 抗震设计时，梁端纵向受拉钢筋的配筋率不宜大于 2.50%，不应大于 2.75%；当梁端受拉钢筋的配筋率大于 2.50%时，受压钢筋的配筋率不应小于受拉钢筋的一半。

2 沿梁全长顶面和底面应至少各配置两根纵向配筋，一、二级抗震设计时钢筋直径不应小于 14mm，且分别不应小于梁两端顶面和底面纵向配筋中较大截面面积的 1/4；三、四级抗震设计和非抗震设计时钢筋直径不应小于 12mm。

3 一、二、三级抗震等级的框架梁内贯通中柱的每根纵向钢筋的直径，对矩形截面柱，不宜大于柱在该方向截面尺寸的 1/20；对圆形截面柱，不宜大于纵向钢筋所在位置柱截面弦长的 1/20。

6.3.4 非抗震设计时，框架梁箍筋配筋构造应符合下列规定：

1 应沿梁全长设置箍筋，第一个箍筋应设置在距支座边缘 50mm 处。

2 截面高度大于 800mm 的梁，其箍筋直径不宜小于 8mm；其余截面高度的梁不应小于 6mm。在受力钢筋搭接长度范围内，箍筋直径不应小于搭接钢筋最大直径的 1/4。

3 箍筋间距不应大于表 6.3.4 的规定；在纵向受拉钢筋的搭接长度范围内，箍筋间距尚不应大于搭接钢筋较小直径的 5 倍，且不应大于 100mm；在纵向受压钢筋的搭接长度范围内，箍筋间距尚不应大于搭接钢筋较小直径的 10 倍，且不应大于 200mm。

非抗震设计梁箍筋最大间距（mm） **表 6.3.4**

h_b(mm) \ V	$V>0.7f_tbh_0$	$V\leqslant0.7f_tbh_0$
$h_b\leqslant300$	150	200
$300<h_b\leqslant500$	200	300
$500<h_b\leqslant800$	250	350
$h_b>800$	300	400

4 承受弯矩和剪力的梁，当梁的剪力设计值大于 $0.7f_tbh_0$ 时，其箍筋的面积配筋率应符合下式规定：

$$\rho_{sv}\geqslant0.24f_t/f_{yv} \tag{6.3.4-1}$$

5 承受弯矩、剪力和扭矩的梁，其箍筋面积配筋率和受扭纵向钢筋的面积配筋率应分别符合公式（6.3.4-2）和（6.3.4-3）的规定：

$$\rho_{sv}\geqslant0.28f_t/f_{yv} \tag{6.3.4-2}$$

$$\rho_{tl}\geqslant0.6\sqrt{\frac{T}{Vb}}f_t/f_y \tag{6.3.4-3}$$

当 $T/(Vb)$ 大于 2.0 时，取 2.0。

式中：T、V——分别为扭矩、剪力设计值；

ρ_{tl}、b——分别为受扭纵向钢筋的面积配筋率、梁宽。

6 当梁中配有计算需要的纵向受压钢筋时，其箍筋配置尚应符合下列规定：

1）箍筋直径不应小于纵向受压钢筋最大直径的 1/4；

2）箍筋应做成封闭式；

3）箍筋间距不应大于 $15d$ 且不应大于 400mm；当一层内的受压钢筋多于 5 根且直径大于 18mm 时，箍筋间距不应大于 $10d$（d 为纵向受压钢筋的最小直径）；

4）当梁截面宽度大于 400mm 且一层内的纵向受压钢筋多于 3 根时，或当梁截面宽度不大于 400mm 但一层内的纵向受压钢筋多于 4 根时，应设置复合箍筋。

6.3.5 抗震设计时，框架梁的箍筋尚应符合下列构造要求：

1 沿梁全长箍筋的面积配筋率应符合下列规定：

一级
$$\rho_{sv}\geqslant0.30f_t/f_{yv} \tag{6.3.5-1}$$

二级
$$\rho_{sv}\geqslant0.28f_t/f_{yv} \tag{6.3.5-2}$$

三、四级
$$\rho_{sv}\geqslant0.26f_t/f_{yv} \tag{6.3.5-3}$$

式中：ρ_{sv}——框架梁沿梁全长箍筋的面积配筋率。

2 在箍筋加密区范围内的箍筋肢距：一级不宜大于 200mm 和 20 倍箍筋直径的较大值，二、三级不宜大于 250mm 和 20 倍箍筋直径的较大值，四级不宜大于 300mm。

3 箍筋应有 135°弯钩，弯钩端头直段长度不应小于 10 倍的箍筋直径和 75mm 的较大值。

4 在纵向钢筋搭接长度范围内的箍筋间距，钢筋受拉时不应大于搭接钢筋较小直径的 5 倍，且不应大于 100mm；钢筋受压时不应大于搭接钢筋较小直径的 10 倍，且不应大于 200mm。

5　框架梁非加密区箍筋最大间距不宜大于加密区箍筋间距的 2 倍。

6.3.6　框架梁的纵向钢筋不应与箍筋、拉筋及预埋件等焊接。

6.3.7　框架梁上开洞时，洞口位置宜位于梁跨中 1/3 区段，洞口高度不应大于梁高的 40%；开洞较大时应进行承载力验算。梁上洞口周边应配置附加纵向钢筋和箍筋（图 6.3.7），并应符合计算及构造要求。

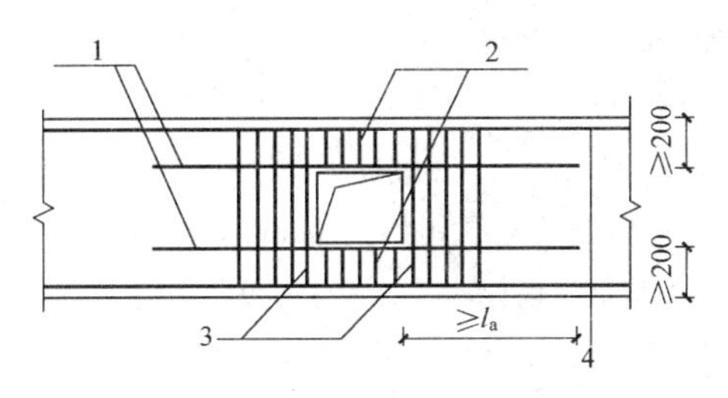

图 6.3.7　梁上洞口周边配筋构造示意

1—洞口上、下附加纵向钢筋；2—洞口上、下附加箍筋；
3—洞口两侧附加箍筋；4—梁纵向钢筋；l_a—受拉钢筋的锚固长度

6.4.3　柱纵向钢筋和箍筋配置应符合下列要求：

1　柱全部纵向钢筋的配筋率，不应小于表 6.4.3-1 的规定值，且柱截面每一侧纵向钢筋配筋率不应小于 0.20%；抗震设计时，对Ⅳ类场地上较高的高层建筑，表中数值应增加 0.10。

柱纵向受力钢筋最小配筋百分率（%）　　表 6.4.3-1

柱类型	抗震等级				非抗震
	一级	二级	三级	四级	
中柱、边柱	0.90(1.00)	0.70(0.80)	0.60(0.70)	0.50(0.60)	0.50
角柱	1.10	0.90	0.80	0.70	0.50
框支柱	1.10	0.90	—	—	0.70

注：1　表中括号内数值适用于框架结构；
2　采用 335MPa 级、400MPa 级纵向受力钢筋时，应分别按表中数值增加 0.10 和 0.05 采用；
3　当混凝土强度等级高于 C60 时，上述数值应增加 0.10 采用。

2　抗震设计时，柱箍筋在规定的范围内应加密，加密区的箍筋间距和直径，应符合下列要求：

1）箍筋的最大间距和最小直径，应按表 6.4.3-2 采用；

柱端箍筋加密区的构造要求　　表 6.4.3-2

抗震等级	箍筋最大间距(mm)	箍筋最小直径(mm)
一级	6d 和 100 的较小值	10
二级	8d 和 100 的较小值	8
三级	8d 和 150(柱根 100)的较小值	8
四级	8d 和 150(柱根 100)的较小值	6(柱根 8)

注：1　d 为柱纵向钢筋直径（mm）；
2　柱根指框架柱底部嵌固部位。

2）一级框架柱的箍筋直径大于 12mm 且箍筋肢距不大于 150mm 及二级框架柱箍筋直径不小于 10mm 且肢距不大于 200mm 时，除柱根外最大间距应允许采用 150mm；三级框架柱的截面尺寸不大于 400mm 时，箍筋最小直径应允许采用 6mm；四级框架柱的剪跨比不大于 2 或柱中全部纵向钢筋的配筋率大于 3%时，箍筋直径不应小于 8mm；

3）剪跨比不大于 2 的柱，箍筋间距不应大于 100mm。

6.4.4 柱的纵向钢筋配置，尚应满足下列规定：

1 抗震设计时，宜采用对称配筋。

2 截面尺寸大于 400mm 的柱，一、二、三级抗震设计时其纵向钢筋间距不宜大于 200mm；抗震等级为四级和非抗震设计时，柱纵向钢筋间距不宜大于 300mm；柱纵向钢筋净距均不应小于 50mm。

3 全部纵向钢筋的配筋率，非抗震设计时不宜大于 5%、不应大于 6%，抗震设计时不应大于 5%。

4 一级且剪跨比不大于 2 的柱，其单侧纵向受拉钢筋的配筋率不宜大于 1.20%。

5 边柱、角柱及剪力墙端柱考虑地震作用组合产生小偏心受拉时，柱内纵筋总截面面积应比计算值增加 25%。

6.4.5 柱的纵筋不应与箍筋、拉筋及预埋件等焊接。

6.4.6 抗震设计时，柱箍筋加密区的范围应符合下列规定：

1 底层柱的上端和其他各层柱的两端，应取矩形截面柱之长边尺寸（或圆形截面柱之直径）、柱净高之 1/6 和 500mm 三者之最大值范围；

2 底层柱刚性地面上、下各 500mm 的范围；

3 底层柱柱根以上 1/3 柱净高的范围；

4 剪跨比不大于 2 的柱和因填充墙等形成的柱净高与截面高度之比不大于 4 的柱全高范围；

5 一、二级框架角柱的全高范围；

6 需要提高变形能力的柱的全高范围。

6.4.7 柱加密区范围内箍筋的体积配箍率，应符合下列规定：

1 柱箍筋加密区箍筋的体积配箍率，应符合下式要求：

$$\rho_v \geqslant \lambda_v f_c / f_{yv} \tag{6.4.7}$$

式中：ρ_v——柱箍筋的体积配箍率；

λ_v——柱最小配箍特征值，宜按表 6.4.7 采用；

f_c——混凝土轴心抗压强度设计值，当柱混凝土强度等级低于 C35 时，应按 C35 计算；

f_{yv}——柱箍筋或拉筋的抗拉强度设计值。

柱端箍筋加密区最小配箍特征值 λ_v **表 6.4.7**

抗震等级	箍筋形式	柱轴压比								
		≤0.30	0.40	0.50	0.60	0.70	0.80	0.90	1.00	1.05
一	普通箍、复合箍	0.10	0.11	0.13	0.15	0.17	0.20	0.23	—	—
	螺旋箍、复合或连续复合螺旋箍	0.08	0.09	0.11	0.13	0.15	0.18	0.21	—	—

续表

抗震等级	箍筋形式	柱轴压比								
		≤0.30	0.40	0.50	0.60	0.70	0.80	0.90	1.00	1.05
二	普通箍、复合箍	0.08	0.09	0.11	0.13	0.15	0.17	0.19	0.22	0.24
	螺旋箍、复合或连续复合螺旋箍	0.06	0.07	0.09	0.11	0.13	0.15	0.17	0.20	0.22
三	普通箍、复合箍	0.06	0.07	0.09	0.11	0.13	0.15	0.17	0.20	0.22
	螺旋箍、复合或连续复合螺旋箍	0.05	0.06	0.07	0.09	0.11	0.13	0.15	0.18	0.20

注：普通箍指单个矩形箍或单个圆形箍；螺旋箍指单个连续螺旋箍筋；复合箍指由矩形、多边形、圆形箍或拉筋组成的箍筋；复合螺旋箍指由螺旋箍与矩形、多边形、圆形箍或拉筋组成的箍筋；连续复合螺旋箍指全部螺旋箍由同一根钢筋加工而成的箍筋。

2　对一、二、三、四级框架柱，其箍筋加密区范围内箍筋的体积配箍率尚且分别不应小于0.80%、0.60%、0.40%和0.40%。

3　剪跨比不大于2的柱宜采用复合螺旋箍或井字复合箍，其体积配箍率不应小于1.20%；设防烈度为9度时，不应小于1.50%。

4　计算复合螺旋箍筋的体积配箍率时，其非螺旋箍筋的体积应乘以换算系数0.80。

6.4.8　抗震设计时，柱箍筋设置尚应符合下列规定：

1　箍筋应为封闭式，其末端应做成135°弯钩且弯钩末端平直段长度不应小于10倍的箍筋直径，且不应小于75mm。

2　箍筋加密区的箍筋肢距，一级不宜大于200mm，二、三级不宜大于250mm和20倍箍筋直径的较大值，四级不宜大于300mm。每隔一根纵向钢筋宜在两个方向有箍筋约束；采用拉筋组合箍时，拉筋宜紧靠纵向钢筋并勾住封闭箍筋。

3　柱非加密区的箍筋，其体积配箍率不宜小于加密区的一半；其箍筋间距，不应大于加密区箍筋间距的2倍，且一、二级不应大于10倍纵向钢筋直径，三、四级不应大于15倍纵向钢筋直径。

6.4.9　非抗震设计时，柱中箍筋应符合下列规定：

1　周边箍筋应为封闭式；

2　箍筋间距不应大于400mm，且不应大于构件截面的短边尺寸和最小纵向受力钢筋直径的15倍；

3　箍筋直径不应小于最大纵向钢筋直径的1/4，且不应小于6mm；

4　当柱中全部纵向受力钢筋的配筋率超过3%时，箍筋直径不应小于8mm，箍筋间距不应大于最小纵向钢筋直径的10倍，且不应大于200mm，箍筋末端应做成135°弯钩且弯钩末端平直段长度不应小于10倍箍筋直径；

5　当柱每边纵筋多于3根时，应设置复合箍筋；

6　柱内纵向钢筋采用搭接做法时，搭接长度范围内箍筋直径不应小于搭接钢筋较大直径的1/4；在纵向受拉钢筋的搭接长度范围内的箍筋间距不应大于搭接钢筋较小直径的5倍，且不应大于100mm；在纵向受压钢筋的搭接长度范围内的箍筋间距不应大于搭接钢筋较小直径的10倍，且不应大于200mm。当受压钢筋直径大于25mm时，尚应在搭接接头端面外100mm的范围内各设置两道箍筋。

6.4.10　框架节点核心区应设置水平箍筋，且应符合下列规定：

1　非抗震设计时，箍筋配置应符合本规程第6.4.9条的有关规定，但箍筋间距不宜大于250mm；对四边有梁与之相连的节点，可仅沿节点周边设置矩形箍筋。

2 抗震设计时，箍筋的最大间距和最小直径宜符合本规程第6.4.3条有关柱箍筋的规定。一、二、三级框架节点核心区配箍特征值分别不宜小于0.12、0.10和0.08。且箍筋体积配箍率分别不宜小于0.60%、0.50%和0.40%。柱剪跨比不大于2的框架节点核心区的体积配箍率不宜小于核心区上、下柱端体积配箍率中的较大值。

6.4.11 柱箍筋的配筋形式，应考虑浇筑混凝土的工艺要求，在柱截面中心部位应留出浇筑混凝土所用导管的空间。

7.2.15 剪力墙的约束边缘构件可为暗柱、端柱和翼墙（图7.2.15），并应符合下列规定：

1 约束边缘构件沿墙肢的长度 l_c 和箍筋配箍特征值 λ_v 应符合表7.2.15的要求，其体积配箍率 ρ_v 应按下式计算：

$$\rho_v = \lambda_v \frac{f_c}{f_{yv}} \tag{7.2.15}$$

式中：ρ_v——箍筋体积配箍率；可计入箍筋、拉筋以及符合构造要求的水平分布钢筋，计入的水平分布钢筋的体积配箍率不应大于总体积配箍率的30%；

λ_v——约束边缘构件配箍特征值；

f_c——混凝土轴心抗压强度设计值；混凝土强度等级低于C35时，应取C35的混凝土轴心抗压强度设计值；

f_{yv}——箍筋、拉筋或水平分布钢筋的抗拉强度设计值。

约束边缘构件沿墙肢的长度 l_c 及其配箍特征值 λ_v **表7.2.15**

项目	一级(9度)		一级(6、7、8度)		二、三级	
	$\mu_N \leq 0.20$	$\mu_N > 0.20$	$\mu_N \leq 0.30$	$\mu_N > 0.30$	$\mu_N \leq 0.40$	$\mu_N > 0.40$
l_c(暗柱)	$0.20h_w$	$0.25h_w$	$0.15h_w$	$0.20h_w$	$0.15h_w$	$0.20h_w$
l_c(翼墙或端柱)	$0.15h_w$	$0.20h_w$	$0.10h_w$	$0.15h_w$	$0.10h_w$	$0.15h_w$
λ_v	0.12	0.20	0.12	0.20	0.12	0.20

注：1 μ_N 为墙肢在重力荷载代表值作用下的轴压比，h_w 为墙肢的长度；

2 剪力墙的翼墙长度小于翼墙厚度的3倍或端柱截面边长小于2倍墙厚时，按无翼墙、无端柱查表；

3 l_c 为约束边缘构件尚墙肢的长度（图7.2.15）。对暗柱不应小于墙厚和400mm的较大值；有翼墙或端柱时，不应小于翼墙厚度或端柱沿墙肢方向截面高度加300mm。

2 剪力墙约束边缘构件阴影部分（图7.2.15）的竖向钢筋除应满足正截面受压（受拉）承载力计算要求外，其配筋率一、二、三级时分别不应小于1.20%、1.00%和1.00%。并分别不应少于8ϕ16、6ϕ16和6ϕ14的钢筋（ϕ表示钢筋直径）；

3 约束边缘构件内箍筋或拉筋沿竖向的间距，一级不宜大于100mm，二、三级不宜大于150mm；箍筋、拉筋沿水平方向的肢距不宜大于300mm，不应大于竖向钢筋间距的2倍。

7.2.16 剪力墙构造边缘构件的范围宜按图7.2.16中阴影部分采用，其最小配筋应满足表7.2.16的规定，并应符合下列规定：

1 竖向配筋应满足正截面受压（受拉）承载力的要求；

2 当端柱承受集中荷载时，其竖向钢筋、箍筋直径和间距应满足框架柱的相应要求；

3 箍筋、拉筋沿水平方向的肢距不宜大于300mm，不应大于竖向钢筋间距的2倍；

4 抗震设计时，对于连体结构、错层结构以及B级高度高层建筑结构中的剪力墙（筒体），其构造边缘构件的最小配筋应符合下列要求：

1）竖向钢筋最小量应比表7.2.16中的数值提高 $0.001A_c$ 采用；

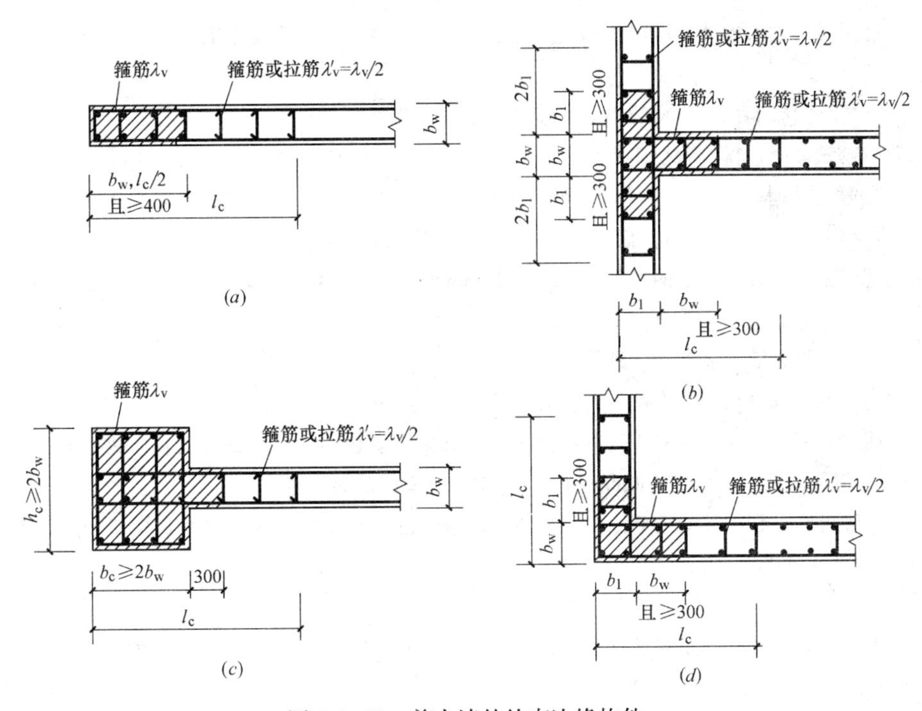

图 7.2.15 剪力墙的约束边缘构件

(a) 暗柱；(b) 有翼墙；(c) 有端柱；(d) 转角墙（L形墙）

剪力墙构造边缘构件的最小配筋要求 **表 7.2.16**

抗震等级	底部加强部位			其他部位		
	竖向钢筋最小量（取较大值）	箍筋		竖向钢筋最小量（取较大值）	箍筋	
		最小直径（mm）	沿竖向最大间距（mm）		最小直径（mm）	沿竖向最大间距（mm）
一	$0.010A_c$, $6\phi16$	8	100	$0.008A_c$, $6\phi14$	8	150
二	$0.008A_c$, $6\phi14$	8	150	$0.006A_c$, $6\phi12$	8	200
三	$0.006A_c$, $6\phi12$	6	150	$0.005A_c$, $4\phi12$	6	200
四	$0.005A_c$, $4\phi12$	6	200	$0.004A_c$, $4\phi12$	6	250

注：1 A_c 为构造边缘构件的截面面积，即图 7.2.16 剪力墙截面的阴影部分；

2 符号 ϕ 表示钢筋直径；

3 其他部位的转角处宜采用箍筋。

2）箍筋的配筋范围宜取图 7.2.16 中阴影部分，其配箍特征值 λ_v 不宜小于 0.10。

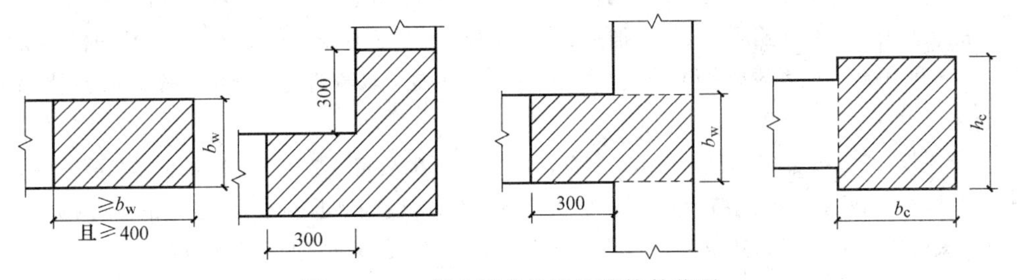

图 7.2.16 剪力墙的构造边缘构件范围

5 非抗震设计的剪力墙，墙肢端部应配置不少于 4ϕ12 的纵向钢筋，箍筋直径不应小于 6mm、间距不宜大于 250mm。

9.3.7 外框筒梁和内筒连梁的构造配筋应符合下列要求：

1 非抗震设计时，箍筋直径不应小于 8mm；抗震设计时，箍筋直径不应小于 10mm。

2 非抗震设计时，箍筋间距不应大于 150mm；抗震设计时，箍筋间距沿梁长不变，且不应大于 100mm，当梁内设置交叉暗撑时，箍筋间距不应大于 200mm。

3 框筒梁上、下纵向钢筋的直径均不应小于 16mm，腰筋的直径不应小于 10mm，腰筋间距不应大于 200mm。

10.2.10 转换柱设计应符合下列要求：

1 柱内全部纵向钢筋配筋率应符合本规程第 6.4.3 条中框支柱的规定；

2 抗震设计时，转换柱箍筋应采用复合螺旋箍或井字复合箍，并应沿柱全高加密，箍筋直径不应小于 10mm，箍筋间距不应大于 100mm 和 6 倍纵向钢筋直径的较小值；

3 抗震设计时，转换柱的箍筋配箍特征值应比普通框架柱要求的数值增加 0.02 采用，且箍筋体积配箍率不应小于 1.50%。

11.4.3 型钢混凝土梁的箍筋应符合下列规定：

1 箍筋的最小面积配筋率应符合本规程第 6.3.4 条第 4 款和第 6.3.5 条第 1 款的规定，且不应小于 0.15%。

2 抗震设计时，梁端箍筋应加密配置。加密区范围，一级取梁截面高度的 2.0 倍，二、三、四级取梁截面高度的 1.5 倍；当梁净跨小于梁截面高度的 4 倍时，梁箍筋应全跨加密配置。

3 型钢混凝土梁应采用具有 135°弯钩的封闭式箍筋，弯钩的直段长度不应小于 8 倍箍筋直径。非抗震设计时，梁箍筋直径不应小于 8mm，箍筋间距不应大于 250mm；抗震设计时，梁箍筋的直径和间距应符合表 11.4.3 的要求。

梁箍筋直径和间距（mm） **表 11.4.3**

抗震等级	箍筋直径	非加密区箍筋间距	加密区箍筋间距
一	≥12	≤180	≤120
二	≥10	≤200	≤150
三	≥10	≤250	≤180
四	≥8	250	200

11.4.6 型钢混凝土柱箍筋的构造设计应符合下列规定：

1 非抗震设计时，箍筋直径不应小于 8mm，箍筋间距不应大于 200mm。

2 抗震设计时，箍筋应做成 135°弯钩，箍筋弯钩直段长度不应小于 10 倍箍筋直径。

3 抗震设计时，柱端箍筋应加密，加密区范围应取矩形截面柱长边尺寸（或圆形截面柱直径）、柱净高的 1/6 和 500mm 三者的最大值；对剪跨比不大于 2 的柱，其箍筋均应全高加密，箍筋间距不应大于 100mm。

4 抗震设计时，柱箍筋的直径和间距应符合表 11.4.6 的规定，加密区箍筋最小体积配箍率尚应符合式（11.4.6）的要求，非加密区箍筋最小体积配箍率不应小于加密区箍筋最小体积配箍率的一半；对剪跨比不大于 2 的柱，其箍筋体积配箍率尚不应小于 1.00%，9 度抗震设计时尚不应小于 1.30%。

$$\rho_v \geqslant 0.85\lambda_v f_c / f_y \tag{11.4.6}$$

式中：λ_v——柱最小配箍特征值，宜按本规程表6.4.7采用。

型钢混凝土柱箍筋直径和间距（mm） **表11.4.6**

抗震等级	箍筋直径	非加密区箍筋间距	加密区箍筋间距
一	≥12	≤150	≤100
二	≥10	≤200	≤100
三、四	≥8	≤200	≤150

注：箍筋直径除应符合表中要求外，尚不应小于纵向钢筋直径的1/4。

13.7.7 箍筋的弯曲半径、内径尺寸、弯钩平直长度、绑扎间距与位置等构造做法应符合设计规定。采用开口箍筋时，开口方向应置于受压区，并错开布置。采用螺旋箍等新型箍筋时，应符合设计及工艺要求。

13.10.9 型钢混凝土柱的箍筋宜采用封闭箍，不宜将箍筋直接焊在钢柱上。梁柱节点部位柱的箍筋可分段焊接。

2 基础构造

2.1 独立基础构造

当建筑物上部结构采用框架结构或单层排架结构承重时，基础常采用方形、圆柱形和多边形等形式的独立式基础，这类基础称为独立基础。

1. 独立基础底板配筋构造

11G101-3 中作出如下规定（图 2-1）。

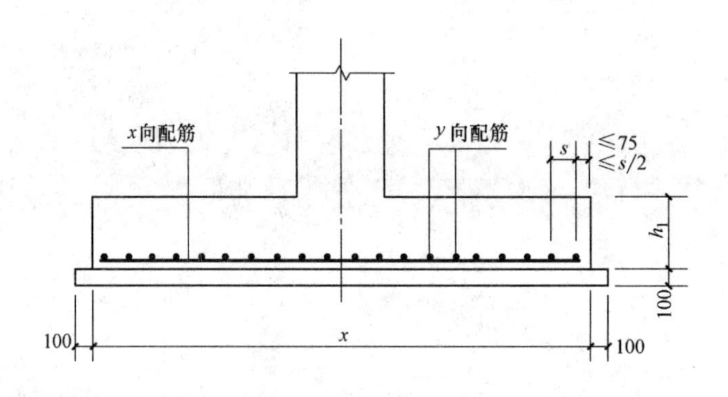

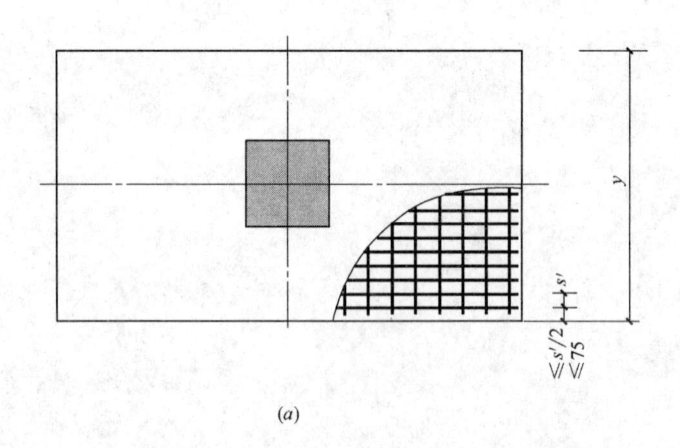

(a)

图 2-1 独立基础 DJ_J、DJ_P、BJ_J、BJ_P 底板配筋构造

(a) 阶形

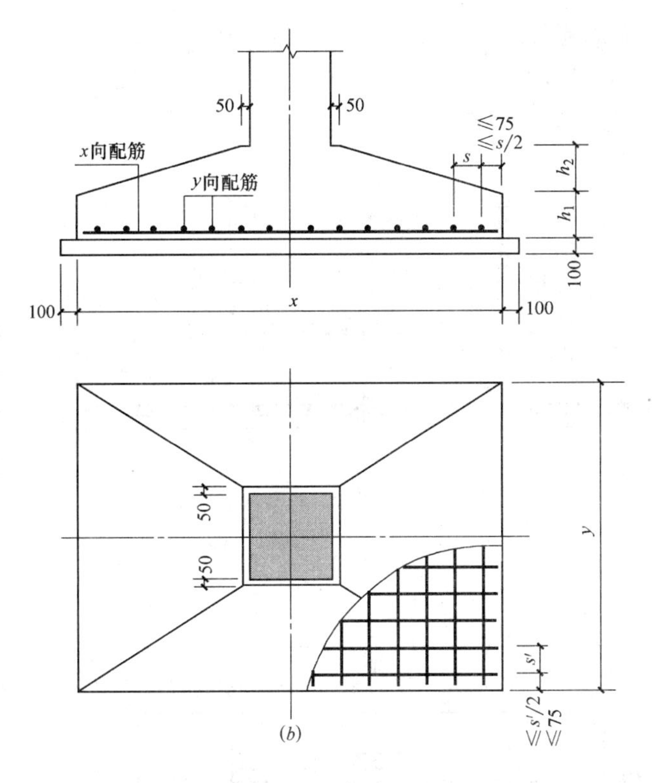

图 2-1　独立基础 DJ_J、DJ_P、BJ_J、BJ_P 底板配筋构造（续）

(*b*) 坡形

注：1. 独立基础底板配筋构造适用于普通独立基础和杯口独立基础。

2. 几何尺寸和配筋按具体结构设计和本图构造确定。

3. 独立基础底板双向交叉钢筋布置时，长向设置在下，短向设置在上。

从图 2-1 中我们可以得出两向配筋的计算方法。

（1）x 向钢筋

$$长度=x-2c$$

$$根数=[y-2\times\min(75,s'/2)]/s'+1$$

式中：s'——x 向钢筋间距；

$\min(75,s'/2)$——x 向钢筋起步距离；

c——钢筋保护层的最小厚度。

（2）y 向钢筋

$$长度=y-2c$$

$$根数=[x-2\times\min(75,s/2)]/s+1$$

式中：s——y 向钢筋间距；

$\min(75,s/2)$——y 向钢筋起步距离；

c——钢筋保护层的最小厚度。

2. 双柱独立基础底部与顶部配筋构造

11G101-3 中作出如下规定（图 2-2、图 2-3）。

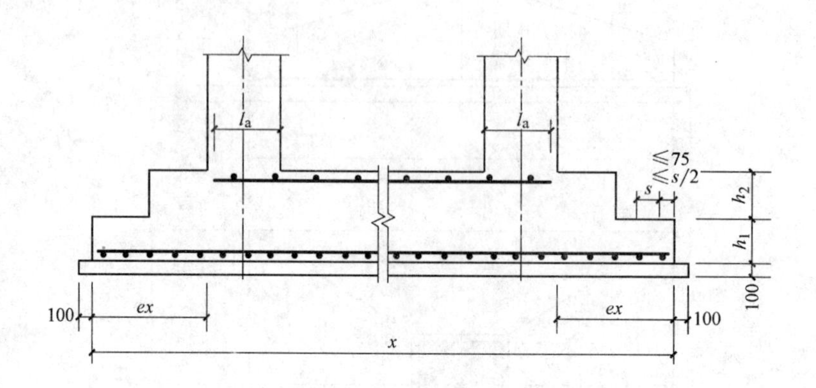

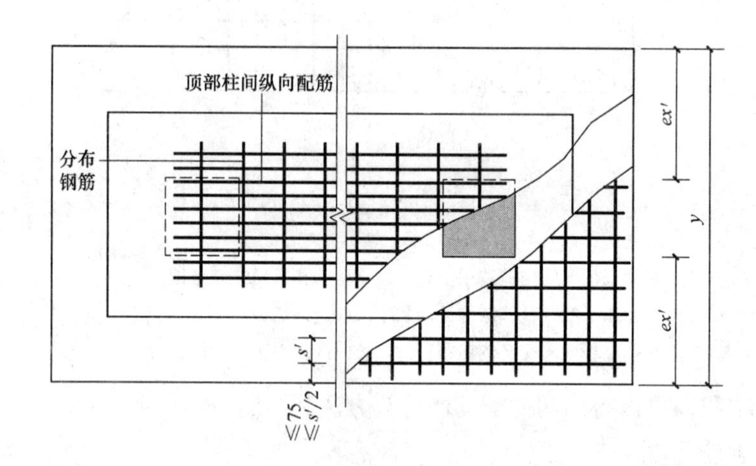

图 2-2　双柱普通独立基础配筋构造

注：1. 双柱普通独立基础底板的截面形状，可为阶形截面 DJ_J 或坡形截面 DJ_P。

2. 几何尺寸和配筋按具体结构设计和本图构造确定。

3. 双柱普通独立基础底部双向交叉钢筋，根据基础两个方向从柱外缘至基础外缘的伸出长度 ex 和 ex' 的大小，较大者方向的钢筋设置在下，较小者方向的钢筋设置在上。

由图 2-2 可以看出：

顶部柱间纵向钢筋从柱内侧面锚入柱内 l_a 然后截断。

因此，纵向受力筋的计算公式为：

$$纵向受力筋长度=两柱内侧边缘间距+2\times l_a$$

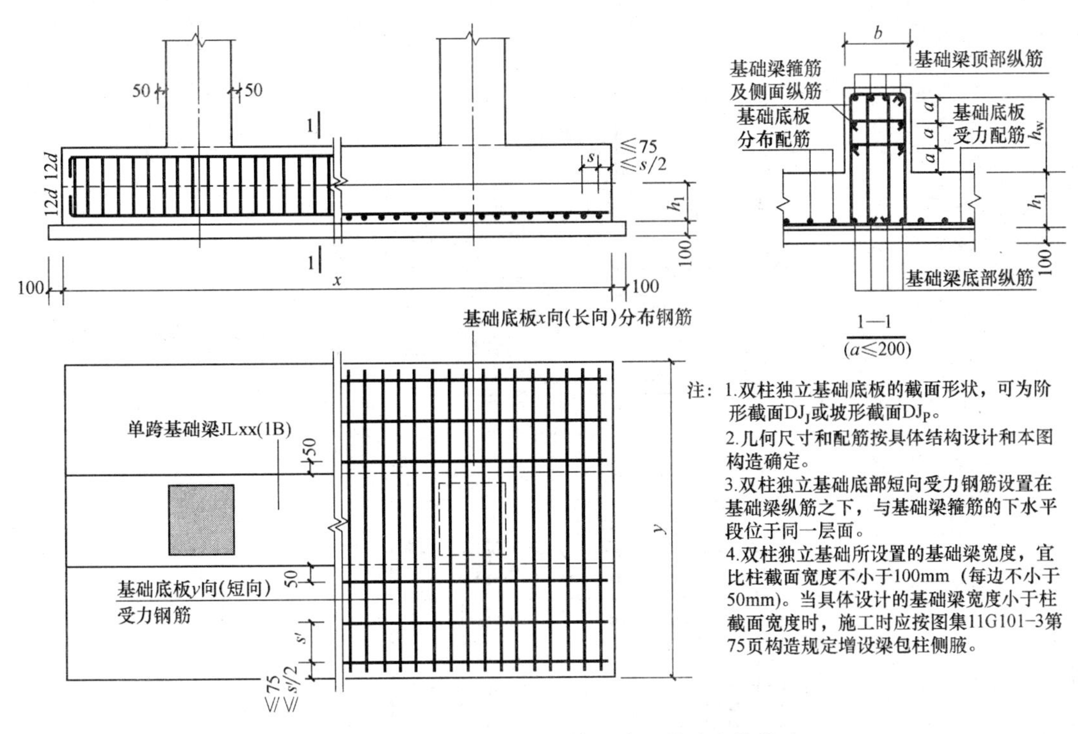

图 2-3 设置普通梁的双柱普通独立基础配筋构造

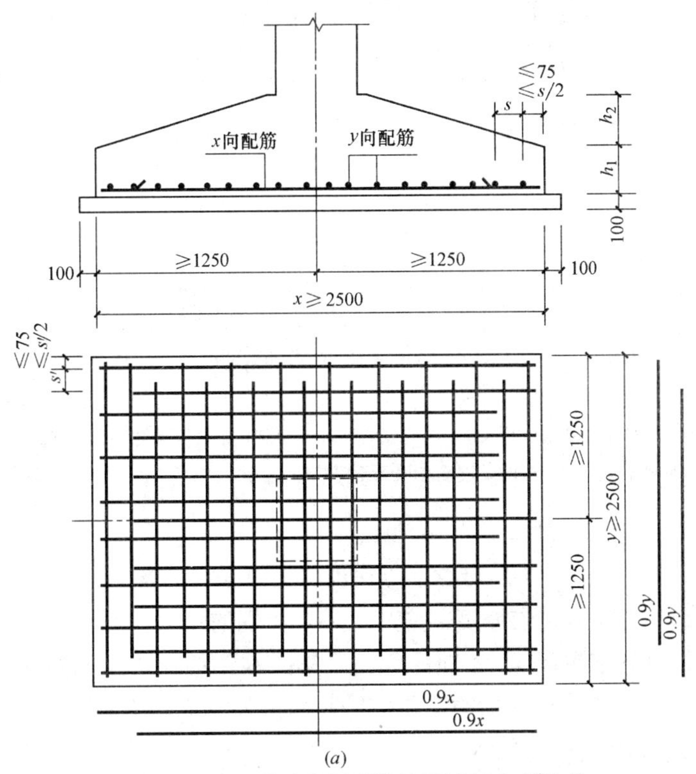

图 2-4 独立基础底板配筋长度减短 10%构造

(a) 对称独立基础

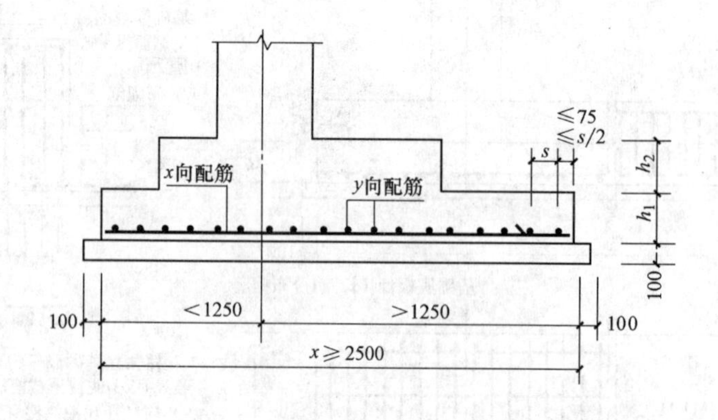

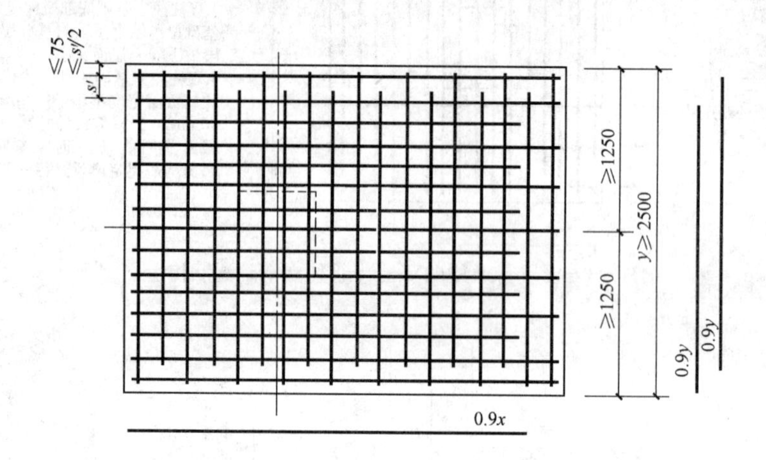

(b)

图 2-4　独立基础底板配筋长度减短 10%构造（续）

(b) 非对称独立基础

注：1. 当独立基础底板长度不小于 2500mm 时，除外侧钢筋外，底板配筋长度可取相应方向底板长度的 0.9 倍。

2. 当非对称独立基础底板长度不小于 2500mm，但该基础某侧从柱中心至基础底板边缘的距离小于 1250mm 时，钢筋在该侧不应减短。

由上图（图 2-4）可以看出：

（1）独立基础的长宽比不宜大于 2，以保证传力效果。

（2）纵向钢筋的最小保护层厚度，应满足环境类别的耐久性要求。

（3）注意在计算基础底板 x、y 向配筋时，第一根钢筋起头距离距构件外边缘为 $s/2$ 和 75mm 中最大值（图 2-4）；双向交叉钢筋，长向设置在下，短向设置在上。

3. 杯口独立基础构造

11G101-3 中作出如下规定（图 2-5～图 2-9）。

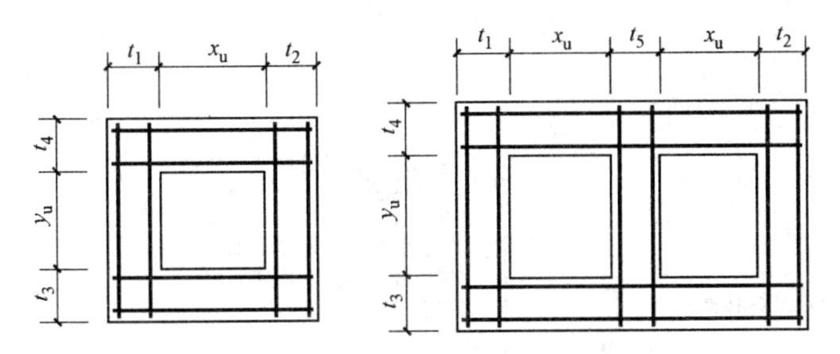

图 2-5 杯口顶部焊接钢筋网

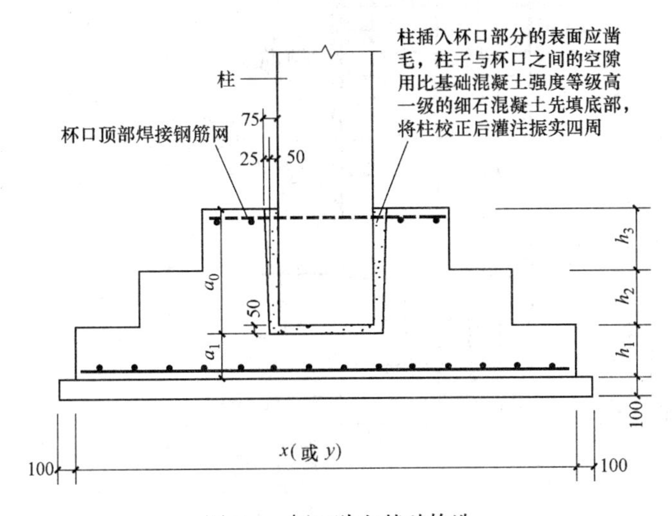

图 2-6 杯口独立基础构造

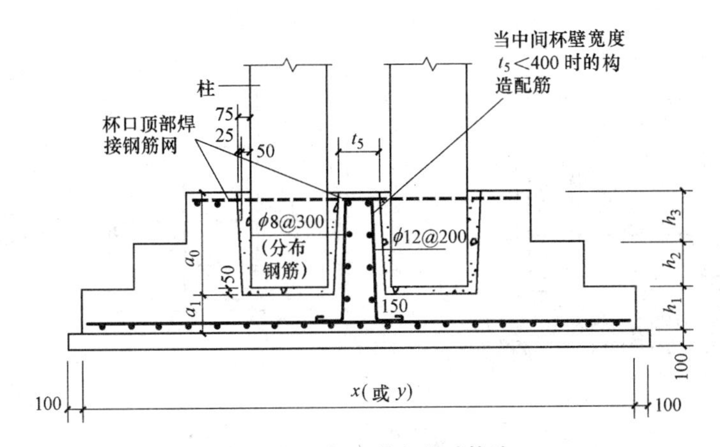

图 2-7 双杯口独立基础构造

注：1. 杯口独立基础底板的截面形状可分为阶形截面 BJ_J 或坡形截面 BJ_P。当为坡形截面且坡度较大时，应在坡面上安装顶部模板，以确保混凝土能够浇筑成型、振捣密实。

2. 几何尺寸和配筋按具体结构设计和本图构造确定。

3. 基础底板底部钢筋构造，详见图集 11G101-3 第 60 页、第 63 页。

4. 当双杯口的中间杯壁宽度 t_5<400mm 时，按本图所示设构造配筋施工。

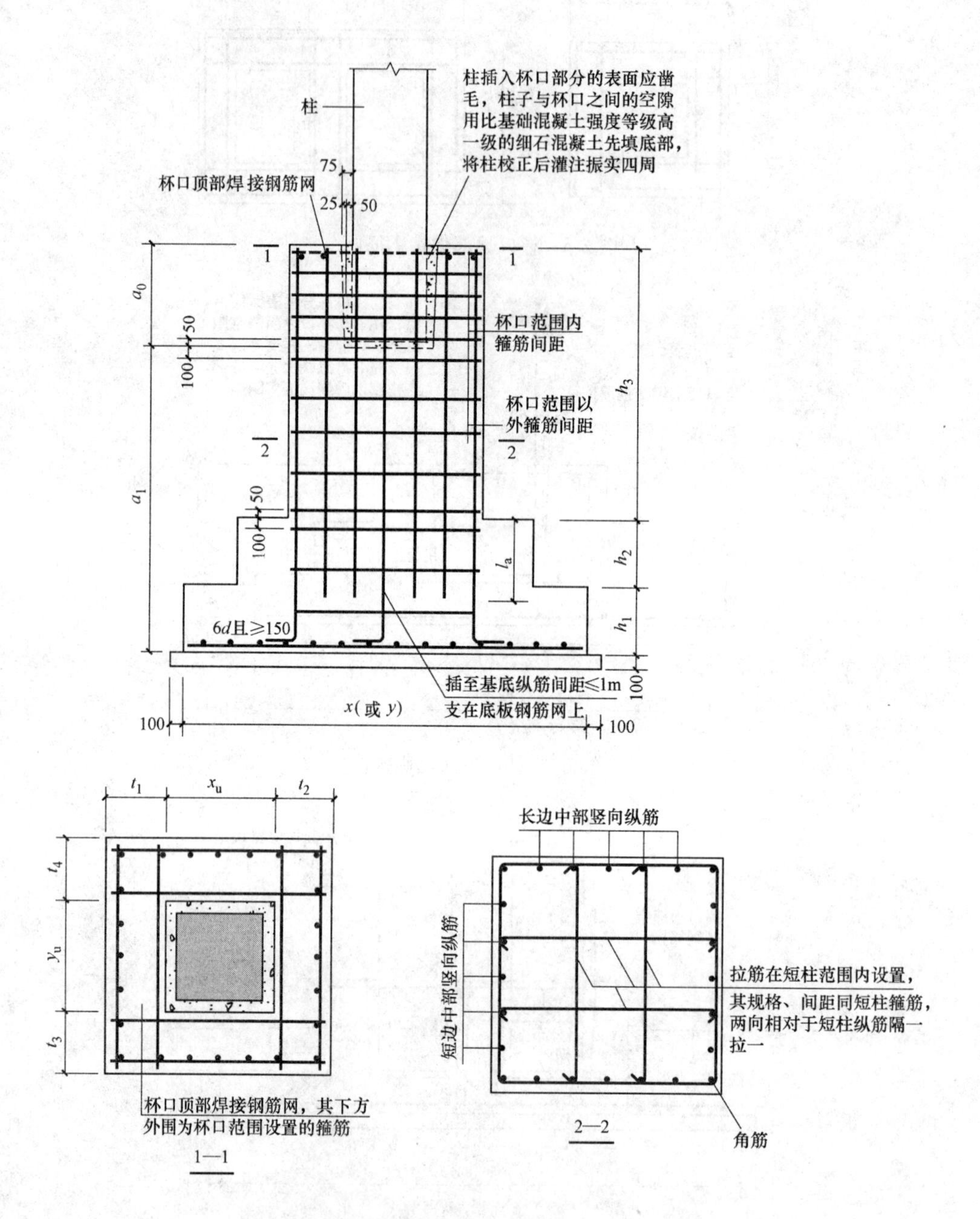

图 2-8　高杯口独立基础杯壁和基础短柱配筋构造

注：1. 高杯口独立基础底板的截面形状可为阶形截面 BJ_J 或坡形截面 BJ_P。当为坡形截面且坡度较大时，应在坡面上安装顶部模板，以确保混凝土能够浇筑成型、振捣密实。

2. 几何尺寸和配筋按具体结构设计和本图构造确定，施工按相应平法制图规则。

3. 基础底板底部钢筋构造，详见图集 11G101-3 第 60、63 页。

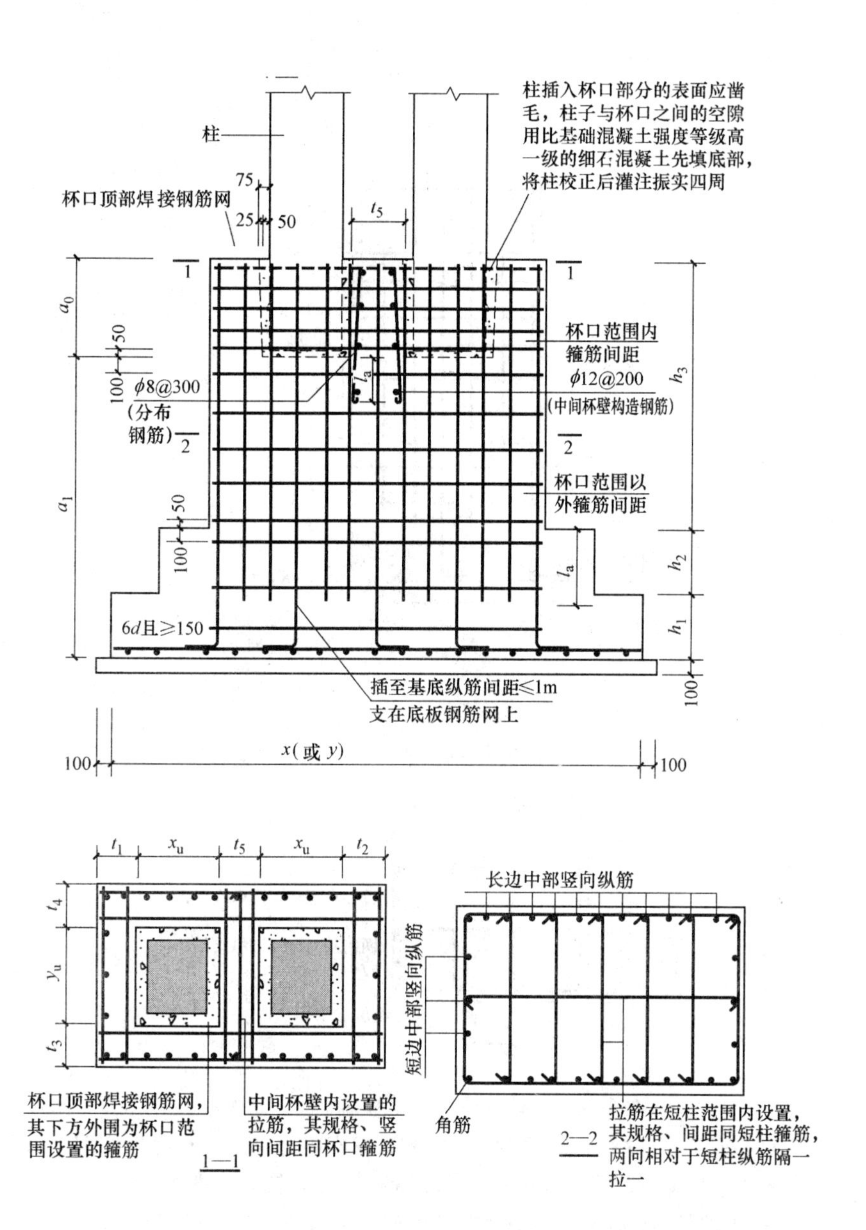

图 2-9 双高杯口独立基础杯壁和基础短柱配筋构造

注：1. 当双杯口的中间杯壁宽度 t_5<400mm 时，设置中间杯壁构造配筋。

2. 详见图集 11G101-3 第 65 页注。

4. 普通独立深基础短柱配筋构造

11G101-3 中作出如下规定（图 2-10、图 2-11）。

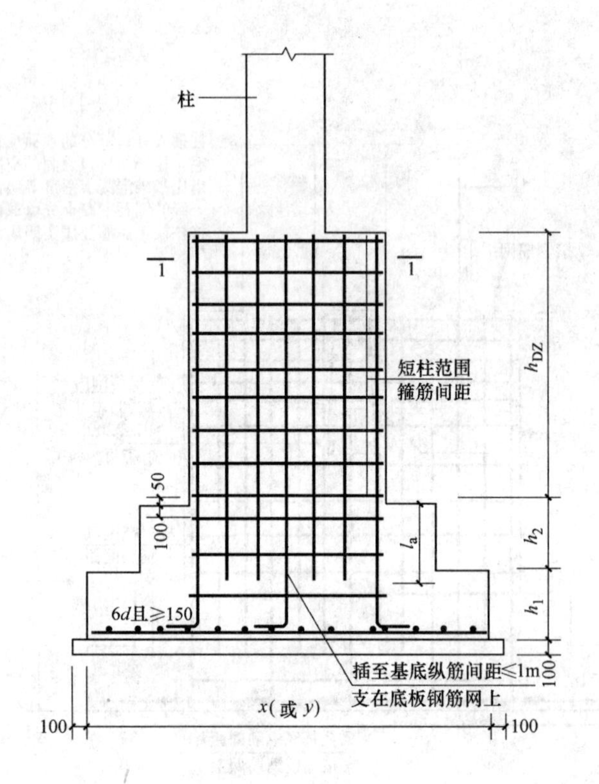

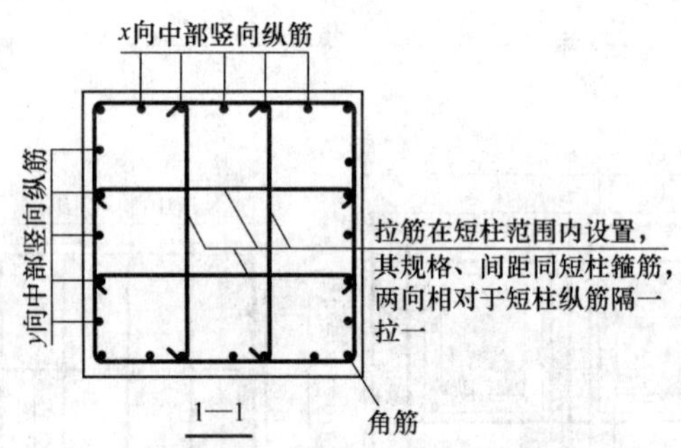

图 2-10　单柱普通独立深基础短柱配筋构造

注：1. 独立深基础底板的截面形式可为阶形截面 BJ_J 或坡形截面 BJ_P。当为坡形截面且坡度较大时，应在坡面上安装顶部模板，以确保混凝土能够浇筑成型、振捣密实。

2. 几何尺寸和配筋按具体结构设计和本图构造确定，施工按相应平法制图规则。

3. 独立深基础底板底部钢筋构造，详见图集 11G101-3 第 60、63 页。

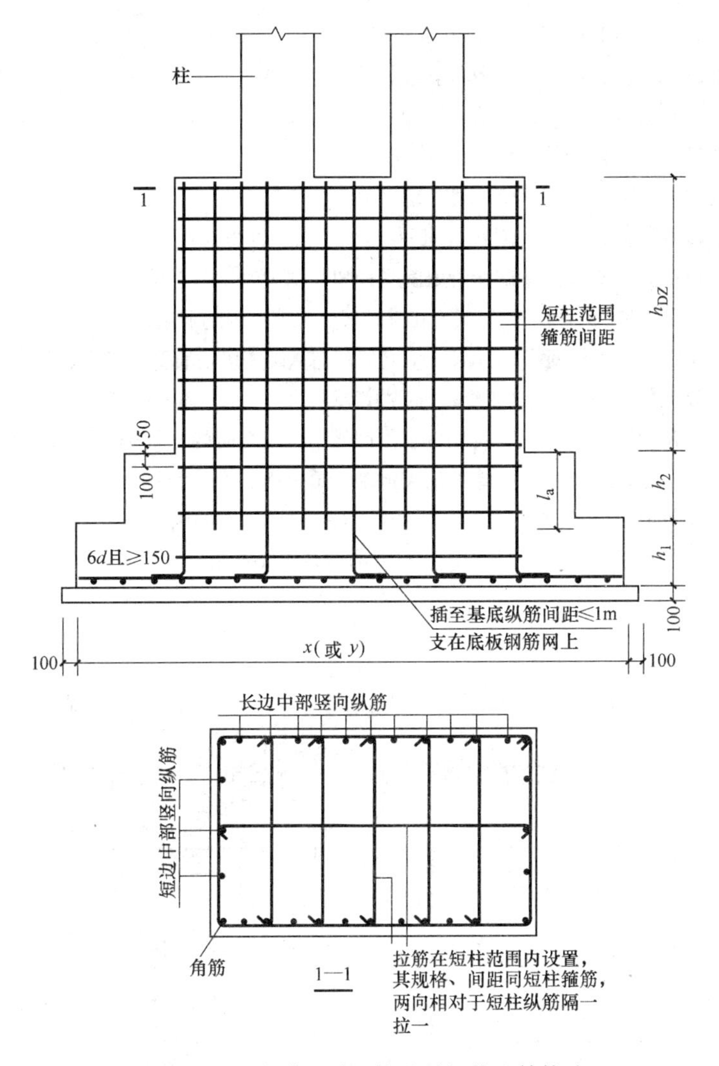

图 2-11　双柱普通独立深基础短柱配筋构造

注：1. 独立深基础底板的截面形式可为阶形截面 BJ_J 或坡形截面 BJ_P。当为坡形截面且坡度较大时，应在坡面上安装顶部模板，以确保混凝土能够浇筑成型、振捣密实。

2. 几何尺寸和配筋按具体结构设计和本图构造确定，施工按相应平法制图规则。

3. 独立深基础底板底部钢筋构造，详见图集 11G101-3 第 60、63 页。

【规范链接】

《建筑地基基础设计规范》(GB 50007—2011)

8.2.8　柱下独立基础的受冲切承载力应按下列公式验算：

$$F_l \leqslant 0.7\beta_{hp} f_t a_m h_0 \tag{8.2.8-1}$$

$$a_m = (a_t + a_b)/2 \tag{8.2.8-2}$$

$$F_l = p_j A_l \tag{8.2.8-3}$$

式中：β_{hp}——受冲切承载力截面高度影响系数，当 h 不大于 800mm 时，β_{hp} 取 1.00；当 h 大于或等于 2000mm 时，β_{hp} 取 0.90，其间按线性内插法取用；

f_t——混凝土轴心抗拉强度设计值（kPa）；

h_0——基础冲切破坏锥体的有效高度（m）；

a_m——冲切破坏锥体最不利一侧计算长度（m）；

a_t——冲切破坏锥体最不利一侧斜截面的上边长（m），当计算柱与基础交接处的受冲切承载力时，取柱宽；当计算基础变阶处的受冲切承载力时，取上阶宽；

a_b——冲切破坏锥体最不利一侧斜截面在基础底面积范围内的下边长（m），当冲切破坏锥体的底面落在基础底面以内（图 8.2.8*a*、*b*），计算柱与基础交接处的受冲切承载力时，取柱宽加两倍基础有效高度；当计算基础变阶处的受冲切承载力时，取上阶宽加两倍该处的基础有效高度；

p_j——扣除基础自重及其上土重后相应于作用的基本组合时的地基土单位面积净反力（kPa），对偏心受压基础可取基础边缘处最大地基土单位面积净反力；

A_l——冲切验算时取用的部分基底面积（m²）（图 8.2.8*a*、*b* 中的阴影面积 *ABCDEF*）；

F_l——相应于作用的基本组合时作用在 A_l 上的地基土净反力设计值（kPa）。

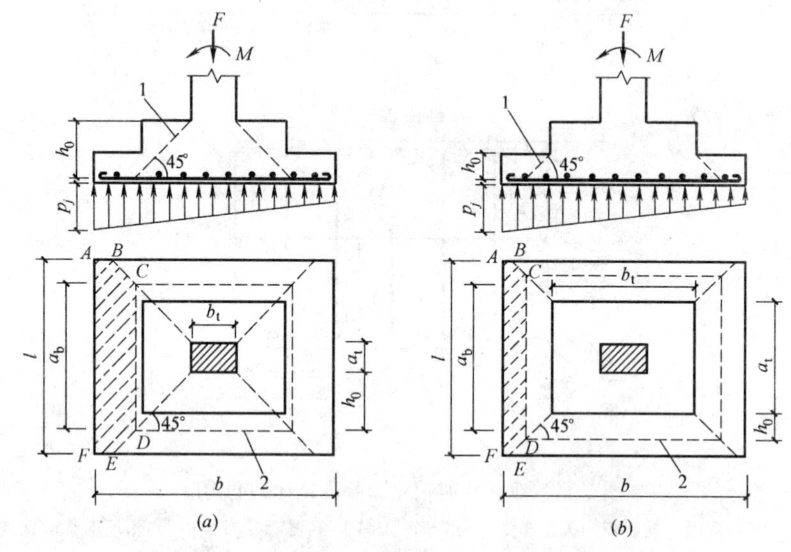

图 8.2.8 计算阶形基础的受冲切承载力截面位置

（*a*）构与基础交接处；（*b*）基础变阶处

1—冲切破坏锥体最不利一侧的斜截面；2—冲切破坏锥体的底面线

8.2.13 当柱下独立柱基底面长短边之比 ω 在大于或等于 2、小于或等于 3 的范围时，基础底板短向钢筋应按下述方法布置：将短向全部钢筋面积乘以 λ 后求得的钢筋，均匀分布在与柱中心线重合的宽度等于基础短边的中间带宽范围内（图 8.2.13），其余的短向钢筋则均匀分布在中间带宽的两侧。长向配筋应均匀分布在基础全宽范围内。λ 按下式计算：

$$\lambda=1-\frac{\omega}{6} \quad (8.2.13)$$

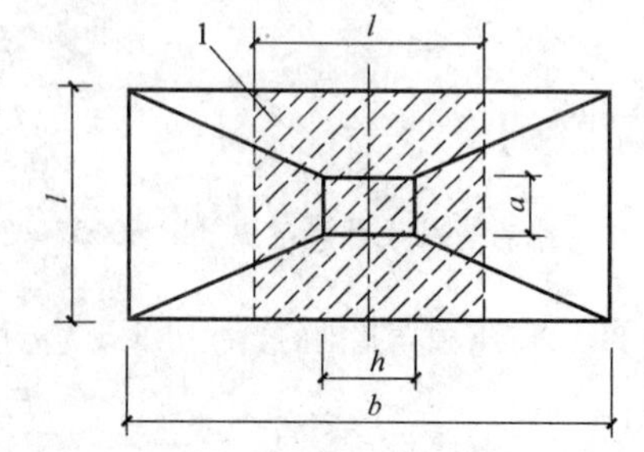

图 8.2.13 基础底板短向钢筋布置示意

1—λ 倍短向全部钢筋面积均匀配置在阴影范围内

2.2 条形基础构造

条形基础是指基础长度远远大于宽度的一种基础形式。按上部结构分为墙下条形基础和柱下条形基础。基础的长度大于或等于 10 倍基础的宽度。条形基础的特点是，布置在一条轴线上且与两条以上轴线相交，有时也和独立基础相连，但截面尺寸与配筋不尽相同。另外横向配筋为主要受力钢筋，纵向配筋为次要受力钢筋或者是分布钢筋。主要受力钢筋布置在下面。

1. 条形基础底板配筋构造

11G101-3 中作出如下规定（图 2-12～图 2-16）。

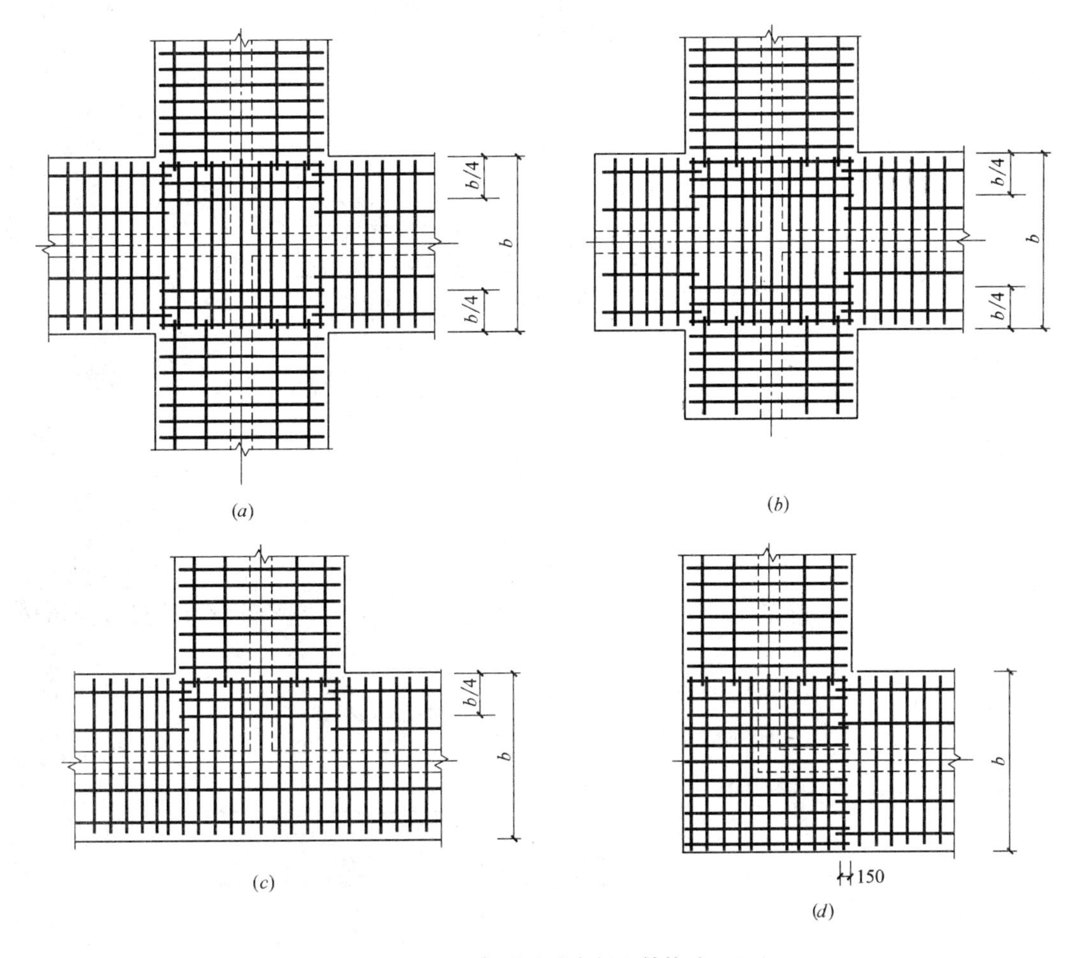

图 2-12　条形基础底板配筋构造

(*a*) 十字交接基础底板；(*b*) 转角梁板端部均有纵向延伸

(*c*) T 字交接基础底板；(*d*) 转角梁板端部无纵向延伸

注：1. 当条形基础设有基础梁时，基础底板的分布钢筋在梁宽范围内不设置。

2. 在两向受力钢筋交接处的网状部位，分布钢筋与同向受力钢筋的构造搭接长度为 150mm。

由上图（图 2-12）可以看出：

(1) 在十字和 T 形交叉处，板下部的受力钢筋可仅沿横墙方向通长布置，另一个方向的受力钢筋按设计间距布置到横墙基础板内 1/4 处。

(2) 在拐角处两个方向的受力钢筋不应减短，应重叠配置并取消分布钢筋。

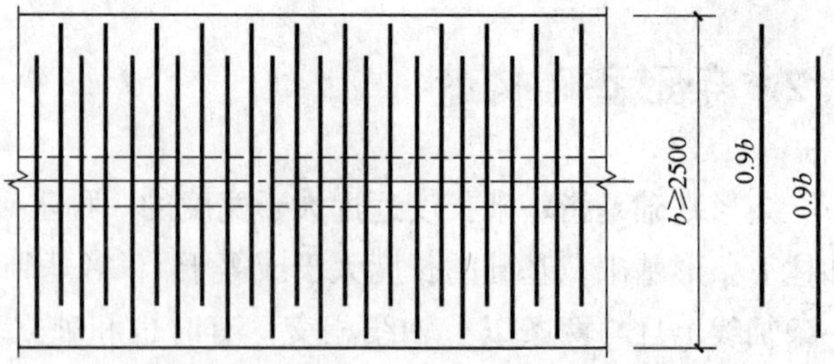

图 2-13 条形基础底板配筋长度减短 10%构造
（底板交接区的受力钢筋和无交接底板时端部第一根钢筋不应减短）

由上图（图 2-13）可以看出：

基础板宽度 $b \geqslant 2500$mm 时，可以减短 10%并交错配置。

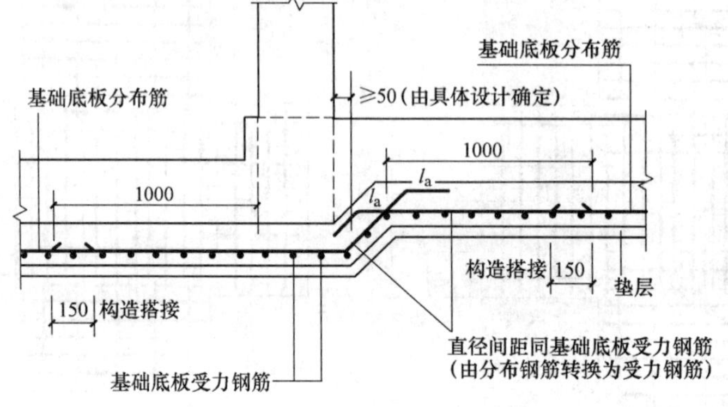

图 2-14 条形基础底板板底不平构造（一）

由上图（图 2-14）可以看出：

在墙（柱）左方之外 1000mm 的分布筋转换为受力钢筋，在右侧上拐点以右 1000mm 的分布筋转换为受力钢筋。转换后的受力钢筋锚固长度为 l_a，与原来的分布筋搭接，搭接长度为 150mm。

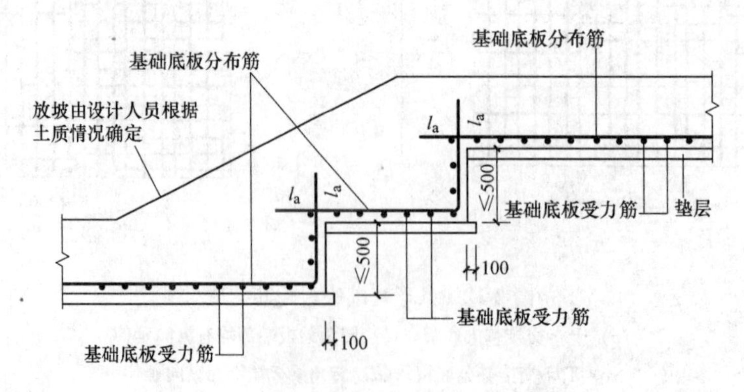

图 2-15 条形基础底板板底不平构造（二）
（板式条形基础）

由上图（图 2-15）可以看出：

条形基础底板呈阶梯形上升状，基础底板分布筋垂直上弯，受力筋在内侧。

由上图（2-16）可以看出：

条形基础端部无交接底板，受力筋在端部 b 范围内相互交叉，分布筋与受力筋搭接，搭接长度为 150mm。

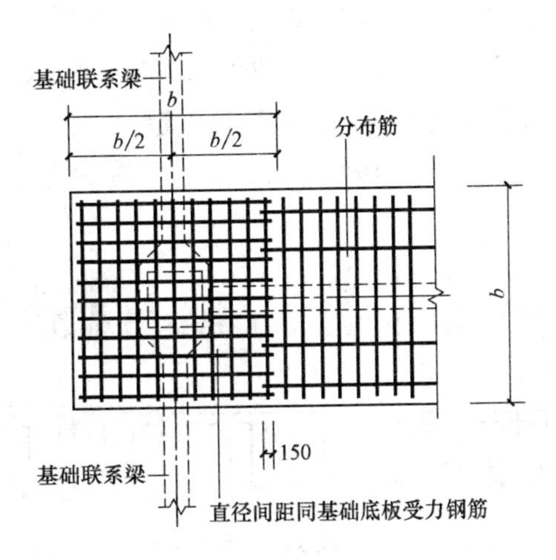

图 2-16 条形基础无交接底板端部构造

2. 基础梁纵向钢筋构造

11G101—3 中作出如下规定（图 2-17）。

由上图（2-17）可以看出：

（1）顶部贯通纵筋连接区为自柱边缘向跨延伸 $l_n/4$ 范围内。

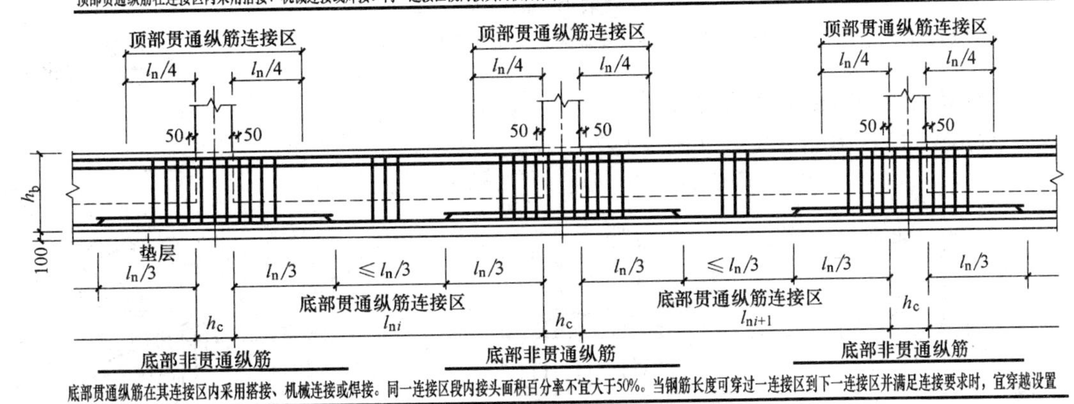

图 2-17 基础梁 JL 纵向钢筋与箍筋构造

注：1. 跨度值 l_n 为左跨 l_{ni} 和右跨 l_{ni+1} 之较大值，其中 $i=1，2，3$……。

2. 节点区内箍筋按梁端箍筋设置。梁相互交叉宽度内的箍筋按截面高度较大的基础梁设置。同跨箍筋有两种时，各自设置范围按具体设计注写。

3. 当两毗邻跨的底部贯通纵筋配置不同时，应将配置较大一跨的底部贯通纵筋越过其标注的跨数终点或起点，伸至配置较小的毗邻跨的跨中连接区进行连接。

4. 钢筋连接要求见图集 11G101-3 第 56 页。

5. 梁端部与外伸部位钢筋构造见图集 11G101-3 第 73 页。

6. 当底部纵筋多于两排时，从第三排起非贯通纵筋向跨内的伸出长度值应由设计者注明。

7. 基础梁相交处位于同一层面的交叉纵筋，何梁纵筋在下，何梁纵筋在上，应按具体设计说明。

8. 纵向受力钢筋绑扎搭接区内箍筋设置要求见图集 11G101-3 第 55 页。

（2）基础梁底部配置非贯通纵筋不多于两排时，其延伸长度为自柱边向跨内伸出至 $l_n/3$ 位置；当非贯通纵筋配置多于两排时，从第三排起向跨内的伸出长度值应由设计者注明。l_n 的取值规定为：边跨边支座的底部非贯通纵筋，l_n 取本边跨的净跨长度值；对于中间支座的底部非贯通纵筋，l_n 取支座两边较大一跨的净跨长度值。

(3) 底部除非贯通纵筋连接区外的区域为贯通纵筋的连接区。

3. 基础梁配置两种箍筋构造

11G101-3 中作出如下规定（图 2-18）。

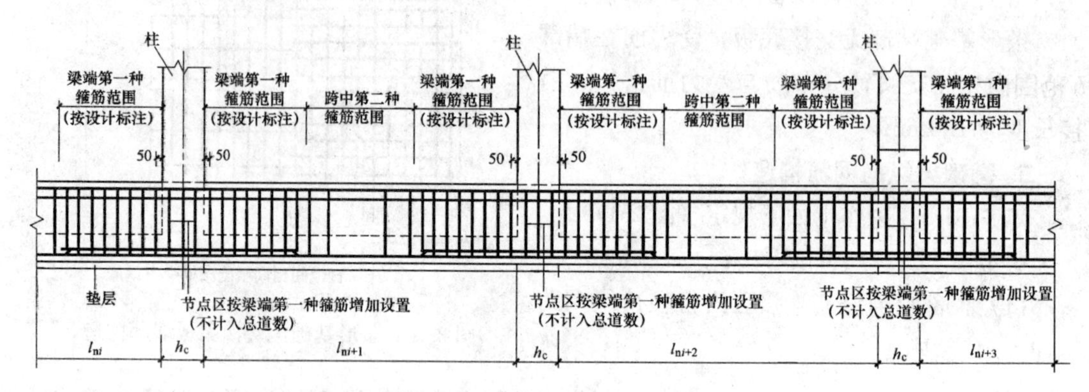

图 2-18 基础梁 JL 配置两种箍筋构造

注：当具体设计未注明时，基础梁的外伸部位以及基础梁端部节点内按第一种箍筋设置。

4. 基础梁竖向加腋钢筋构造

11G101-3 中作出如下规定（图 2-19）。

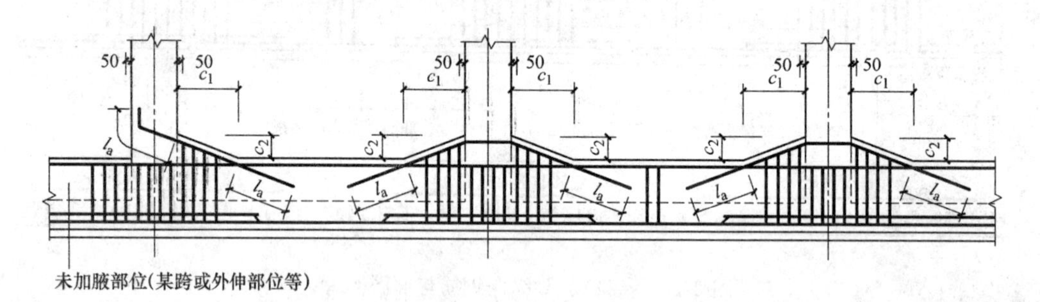

图 2-19 基础梁 JL 竖向加腋钢筋构造

注：1. 基础梁竖向加腋部位的钢筋见设计标注。加腋范围的箍筋与基础梁的箍筋配置相同，仅箍筋高度为变值。

2. 基础梁的梁柱结合部位所加侧腋（见图集 11G101-3 第 75 页）顶面与基础梁非加腋段顶面一平，不随梁加腋的升高而变化。

由上图（图 2-19）可以看出：

(1) 基础梁竖向加腋筋规格，若施工图未注明，则同基础梁顶部纵筋；若施工图有标注，则按其标注规格。

(2) 基础梁竖向加腋筋，长度为锚入基础梁内 l_a，根数为基础梁顶部第一排纵筋根数减去 1。

5. 基础梁端部与外伸部位钢筋构造

11G101-3 中作出如下规定（图 2-20～图 2-22）。

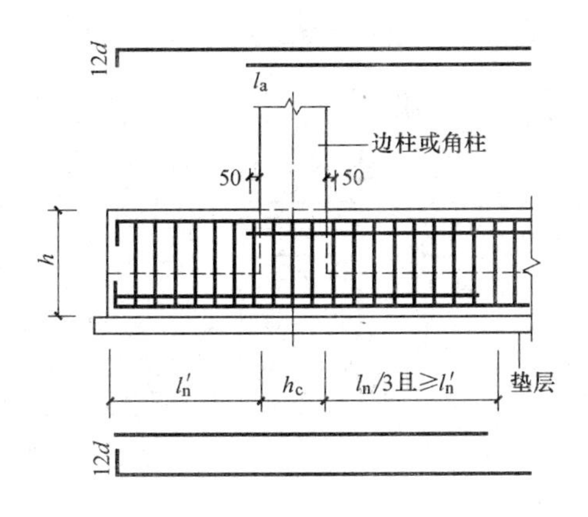

图 2-20 端部等截面外伸构造

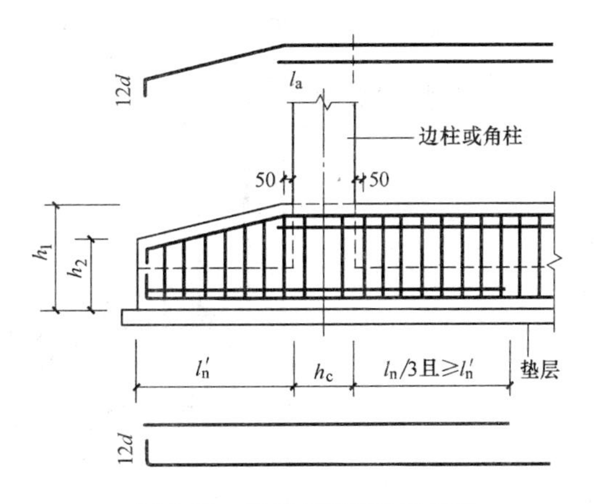

图 2-21 端部变截面外伸构造

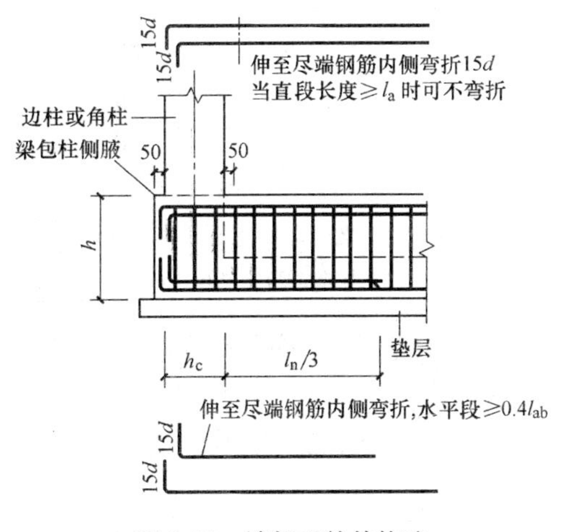

图 2-22 端部无外伸构造

由上图（图 2-20～图 2-22）可以看出：

（1）端部等（变）截面外伸构造中，当 $l_n'+h_c \leqslant l_a$ 时，基础梁下部钢筋应伸至端部后弯折，且从柱内边算起水平段长度不小于 $0.4l_{ab}$，弯折段长度 $15d$。

（2）在端部无外伸构造中，基础梁底部下排与顶部上排纵筋伸至梁包柱侧腋，与侧腋的水平构造钢筋绑扎在一起。

6. 基础梁侧面构造纵筋和拉筋

11G101-3 中作出如下规定（图 2-23）

由上图（图 2-23）可以看出：

（1）基础梁 $h_w \geqslant 450$mm 时，梁的两个侧面应沿高度配置纵向构造钢筋，纵向构造钢筋间距为 $a \leqslant 200$mm；侧面构造纵筋能贯通就贯通，不能贯通则取锚固长度值为 $15d$。

（2）梁侧钢筋的拉筋直径除注明者外均为 8mm，间距为箍筋间距的 2 倍。当设有多排拉筋时，上下两排拉筋竖向错开设置。

（3）基础梁侧面纵向构造钢筋搭接长度为 $15d$。十字相交的基础梁，当相交位置有柱

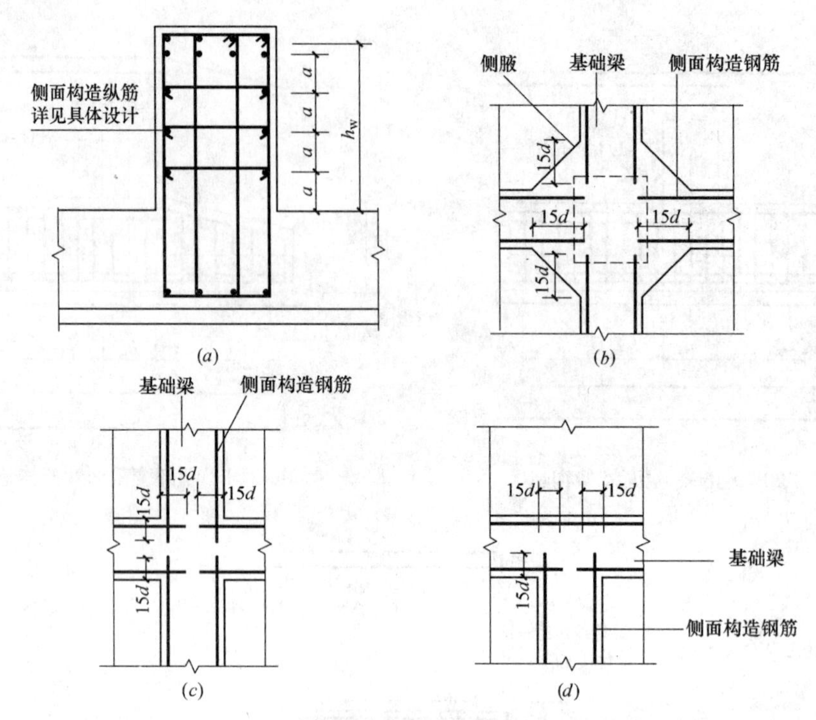

图 2-23 梁侧面构造钢筋和拉筋

(a) 梁侧面构造钢筋和拉筋（$a \leqslant 200$）

时，侧面构造纵筋锚入梁包柱侧腋内 15d（图 2-23b）；当无柱时侧面构造纵筋锚入交叉梁内 15d（图 2-23c）。丁字相交的基础梁，当相交位置无柱时，横梁外侧的构造纵筋应贯通，横梁内侧的构造纵筋锚入交叉梁内 15d（图 2-23d）。

（4）基础梁侧面受扭纵筋的搭接长度为 l_l，其锚固长度为 l_a，锚固方式同梁上部纵筋。

7. 基础梁变截面部位钢筋构造

11G101-3 中作出如下规定（图 2-24～图 2-28）。

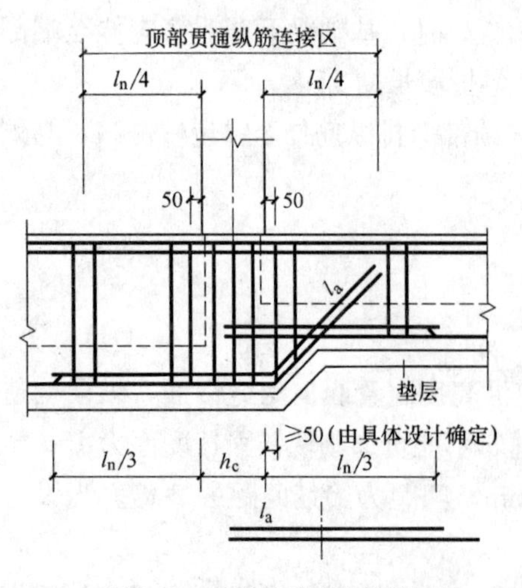

图 2-24 梁底有高差钢筋构造

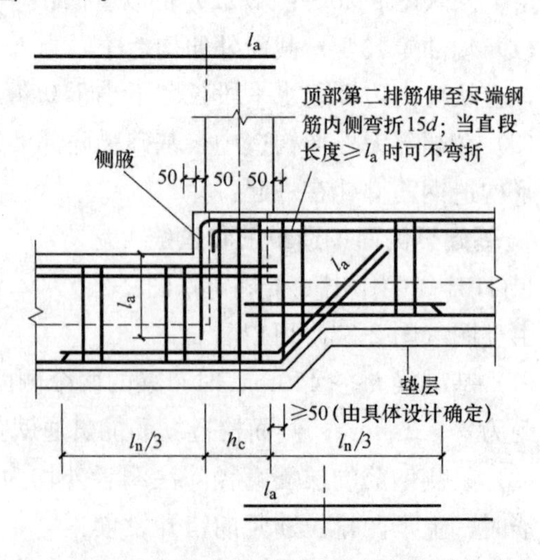

图 2-25 梁底、梁顶均有高差钢筋构造

由上图（图 2-24）可以看出：

梁底面标高低的梁底部钢筋斜伸至梁底面标高高的梁内，锚固长度为 l_a；梁底面标高高的梁底部钢筋锚固长度不小于 l_a 截断即可。

由上图（图 2-25）可以看出：

当梁底梁顶均有高差时，梁底面标高高的梁顶部第一排纵筋伸至尽端，弯折长度自梁底面标高低的梁顶部算起 l_a，顶部第二排纵筋伸至尽端钢筋内侧，弯折长度 15d，当直锚长度不小于 l_a 时可不弯折，梁底面标高低的梁顶部纵筋锚入长度不小于 l_a 截断即可。

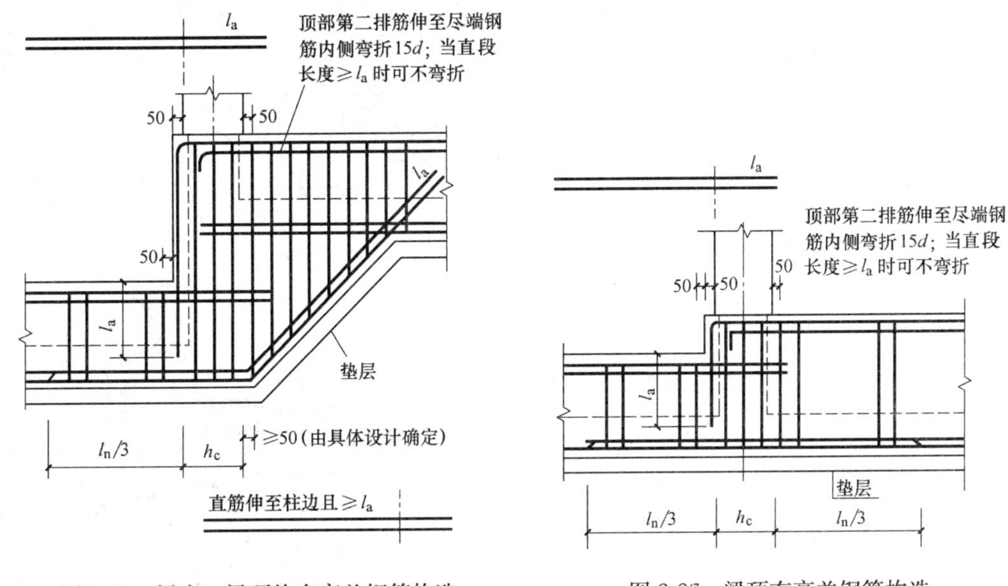

图 2-26 梁底、梁顶均有高差钢筋构造（仅适用于条形基础）

图 2-27 梁顶有高差钢筋构造

由上图（图 2-27）可以看出：

梁顶面标高高的梁顶部第一排纵筋伸至尽端，弯折长度自梁顶面标高低的梁顶部算起 l_a，顶部第二排纵筋伸至尽端钢筋内侧，弯折长度 15d，当直锚长度不小于 l_a 时可不弯折。梁顶面标高低的梁上部纵筋锚固长度不小于 l_a 截断即可。

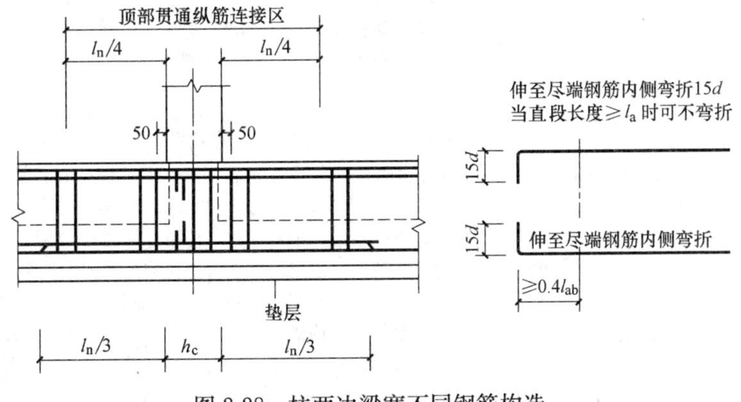

图 2-28 柱两边梁宽不同钢筋构造

由上图（图 2-28）可以看出：

宽出部位梁的上、下部第一排纵筋连通设置；在宽出部位，不能连通的钢筋，上、下部第二排纵筋伸至尽端钢筋内侧，弯折长度 $15d$，当直锚长度不小于 l_a 时，可不弯折。

8. 基础梁与柱结合部侧腋构造

11G101-3 中作出如下规定（图 2-29）。

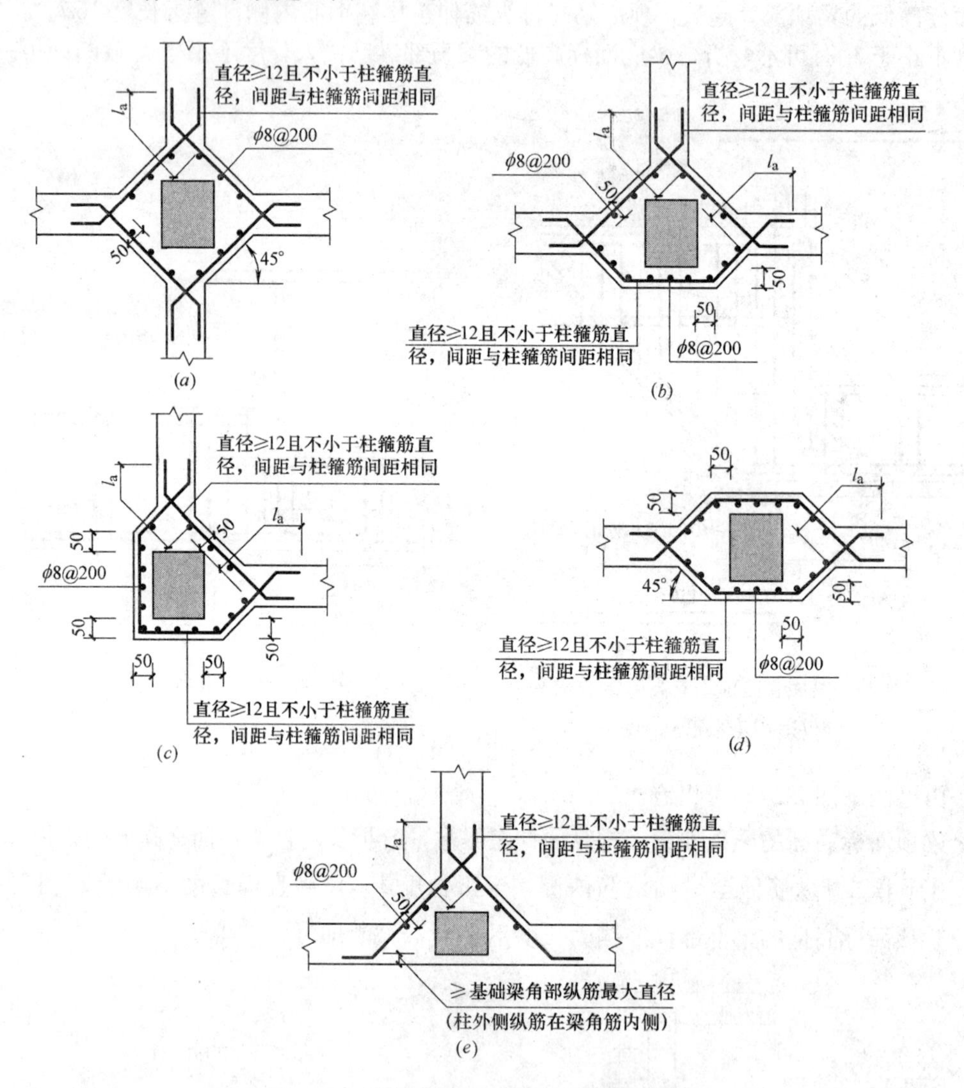

图 2-29　基础梁 JL 与柱结合部侧腋构造

(*a*) 十字交叉基础梁与柱结合部侧腋构造（各边侧腋宽出尺寸与配筋均相同）；(*b*) 丁字交叉基础梁与柱结合部侧腋构造（各边侧腋宽出尺寸与配筋均相同）；(*c*) 无外伸基础梁与柱结合部侧腋构造；(*d*) 基础梁中心穿柱侧腋构造；(*e*) 基础梁偏心穿柱与柱结合部侧腋构造

注：1. 除基础梁比柱宽且完全形成梁包柱的情况外，所有基础梁与柱结合部位均按本图加侧腋。

2. 当基础梁与柱等宽，或柱与梁的某一侧面相平时，存在因梁纵筋与柱纵筋同在一个平面内导致直通交叉遇阻情况，此时应适当调整基础梁宽度使柱纵筋直通锚固。

3. 当柱与基础梁结合部位的梁顶面高度不同时，梁包柱侧腋顶面应与较高基础梁的梁面一平（即在同一平面上），侧腋顶面至较低梁顶面高差内的侧腋，可参照角柱或丁字交叉基础梁包柱侧腋构造进行施工。

由上图（图 2-29）可以看出：

基础梁与柱结合部侧加腋筋，由加腋筋及其分布筋组成，均不需要在施工图上标注，按图集上构造规定即可；加腋筋规格不小于 $\phi 12$ 且不小于柱箍筋直径，间距同柱箍筋间距；加腋筋长度为侧腋边长加两端 l_a；分布筋规格为 $\phi 8@200$。

【规范链接】

《建筑地基基础设计规范》(GB 50007—2011)

8.2.10　墙下条形基础底板应按本规范公式（8.2.9-1）验算墙与基础底板交接处截面受剪承载力，其中 A_0 为验算截面处基础底板的单位长度垂直截面有效面积，V_s 为墙与基础交接处由基底平均净反力产生的单位长度剪力设计值。

8.2.14　墙下条形基础（图 8.2.14）的受弯计算和配筋应符合下列规定：

1　任意截面每延米宽度的弯矩，可按下式进行计算。

$$M_{\mathrm{I}}=\frac{1}{6}a_1^2\left(2p_{\max}+p-\frac{3G}{A}\right) \quad (8.2.14)$$

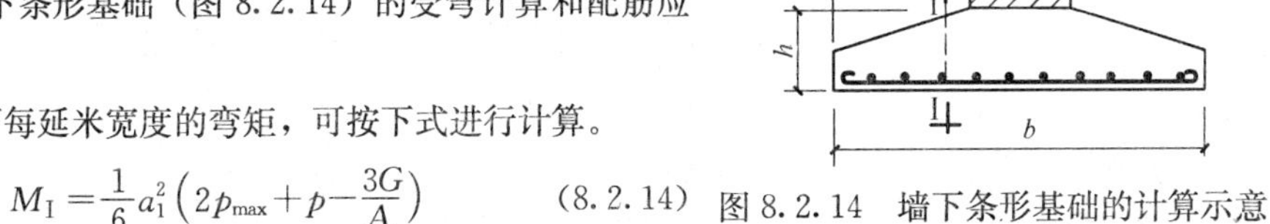

图 8.2.14　墙下条形基础的计算示意

1—砖墙；2—混凝土墙

2　其最大弯矩截面的位置，应符合下列规定：

1）当墙体材料为混凝土时，取 $a_1=b_1$；

2）如为砖墙且放脚不大于 1/4 砖长时，取 $a_1=b_1+1/4$ 砖长。

3　墙下条形基础底板每延米宽度的配筋除满足计算和最小配筋率要求外，尚应符合本规范第 8.2.1 条第 3 款的构造要求。

8.3.1　柱下条形基础的构造，除应符合本规范第 8.2.1 条的要求外，尚应符合下列规定：

1　柱下条形基础梁的高度宜为柱距的 1/4～1/8。翼板厚度不应小于 200mm。当翼板厚度大于 250mm 时，宜采用变厚度翼板，其顶面坡度宜小于或等于 1∶3。

2　条形基础的端部宜向外伸出，其长度宜为第一跨距的 0.25 倍。

3　现浇柱与条形基础梁的交接处，基础梁的平面尺寸应大于柱的平面尺寸，且柱的边缘至基础梁边缘的距离不得小于 50mm（图 8.3.1）。

4　条形基础梁顶部和底部的纵向受力钢筋除应满足计算要求外，顶部钢筋应按计算配筋全部贯通，底部通长钢筋不应少于底部受力钢筋截面总面积的 1/3。

5　柱下条形基础的混凝土强度等级，不应低于 C20。

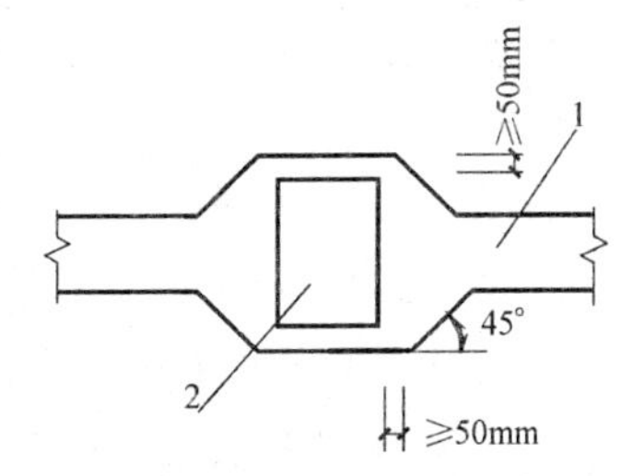

图 8.3.1　现浇柱与条形基础梁交接处平面尺寸

1—基础梁；2—柱

8.3.2　柱下条形基础的计算，除应符合本规范第 8.2.6 条的要求外，尚应符合下列规定：

1　在比较均匀的地基上，上部结构刚度较好，荷载分布较均匀，且条形基础梁的高度不小于 1/6 柱距时，地基反力可按直线分布，条形基础梁的内力可按连续梁计算，此时边跨跨中弯矩及第一内支座的弯矩值宜乘以 1.20 的系数。

2 当不满足本条第1款的要求时，宜按弹性地基梁计算。

3 对交叉条形基础，交点上的柱荷载，可按静力平衡条件及变形协调条件，进行分配。其内力可按本条上述规定，分别进行计算。

4 应验算柱边缘处基础梁的受剪承载力。

5 当存在扭矩时，尚应作抗扭计算。

6 当条形基础的混凝土强度等级小于柱的混凝土强度等级时，应验算柱下条形基础梁顶面的局部受压承载力。

2.3 筏形基础构造

筏形基础亦称片筏基础、筏板基础。当建筑物上部荷载较大而地基承载能力又比较弱时，用简单的独立基础或条形基础已不能适应地基变形的需要，这时常将墙或柱下基础连成一片，使整个建筑物的荷载承受在一块整板上，这种满堂式的板式基础称筏形基础。筏形基础由于其底面积大，故可减小基底压力，同时也可提高地基土的承载力，并能更有效地增强基础的整体性，调整不均匀沉降。

1. 基础次梁纵向钢筋与箍筋构造

11G101-3 中作出如下规定（图 2-30）。

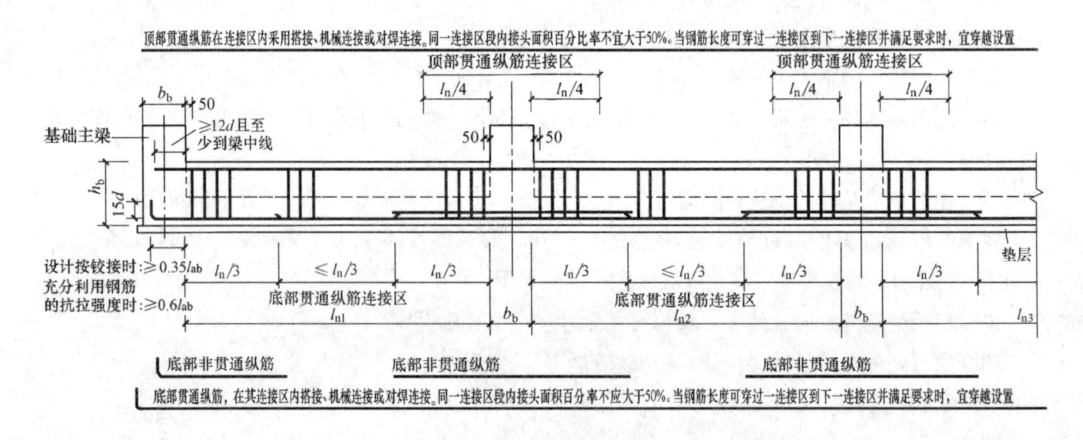

图 2-30 基础次梁 JCL 纵向钢筋与箍筋构造

由图 2-30 可以看出：顶部和底部贯通纵筋在连接区内采用搭接、机械连接或对焊连接，且在同一连接区段内接头面积百分比率不宜大于 50%。当钢筋长度可穿过一连接区到下一连接区并满足要求时，宜穿越设置。当底部纵筋多于两排时，从第三排起非贯通纵筋向跨内的伸出长度值应由设计者注明。

2. 基础次梁端部外伸部位钢筋构造

11G101-3 中作出如下规定（图 2-31、图 2-32）。

3. 基础次梁竖向加腋钢筋构造

11G101-3 中作出如下规定（图 2-33）。

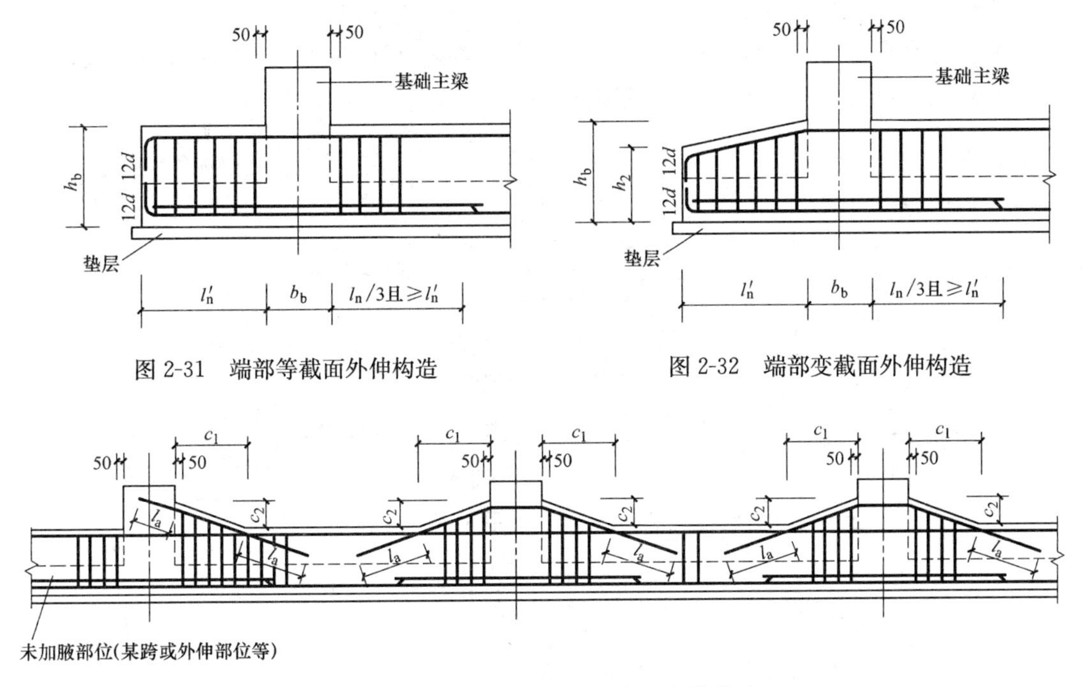

图 2-31　端部等截面外伸构造

图 2-32　端部变截面外伸构造

图 2-33　基础次梁 JCL 竖向加腋钢筋构造

由上图（图 2-33）可以看出：

基础次梁梁高加腋筋，长度为锚入基础梁内 l_a；根数为基础次梁顶部第一排纵筋根数减去 1。

4. 基础次梁配置两种箍筋构造

11G101-3 中作出如下规定（图 2-34）。

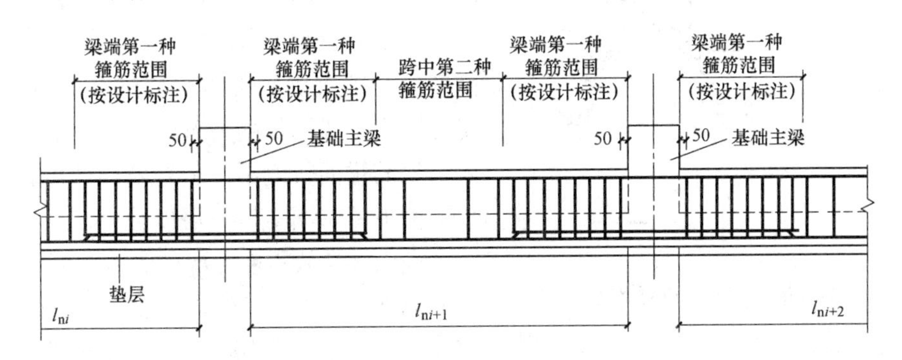

图 2-34　基础次梁 JCL 配置两种箍筋构造

由上图（图 2-34）可以看出：

同跨箍筋有两种时，各自设置范围按具体设计注写值。当具体设计未注明时，基础次梁的外伸部位，按第一种箍筋设置。

5. 基础次梁变截面部位钢筋构造

11G101-3 中作出如下规定（图 2-35～图 2-38）。

由上图（图 2-35）可以看出：

梁顶面标高高的梁顶部纵筋伸至尽端内侧弯折，弯折长度为 15d。梁顶面标高低的梁上部纵筋锚入基础梁内长度不小于 l_a 截断即可。

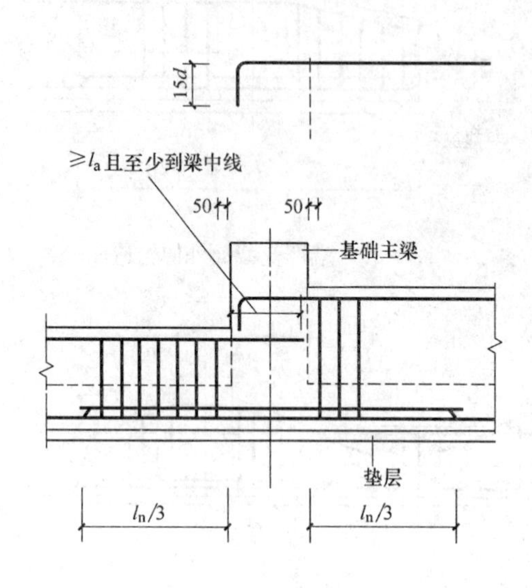

图 2-35　梁顶有高差钢筋构造

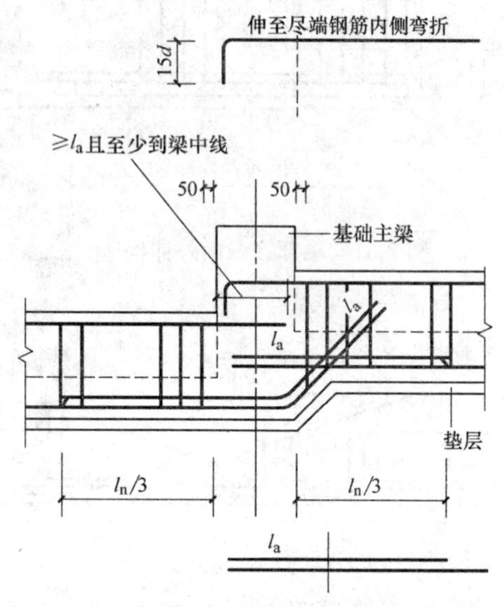

图 2-36　梁底、梁顶均有高差钢筋构造

由上图（图 2-36）可以看出：

（1）当梁底、梁顶均有高差时，基础次梁梁顶面标高高的梁顶部纵筋伸至尽端内侧弯折，弯折长度为 15d。梁顶面标高低的梁上部纵筋锚入基础梁内长度不小于 l_a 截断即可。

（2）当梁底、梁顶均有高差时，底面标高低的基础次梁底部钢筋斜伸至梁底面标高高的梁内，锚固长度为 l_a；梁底面标高高的梁底部钢筋锚固长度不小于 l_a 截断即可。

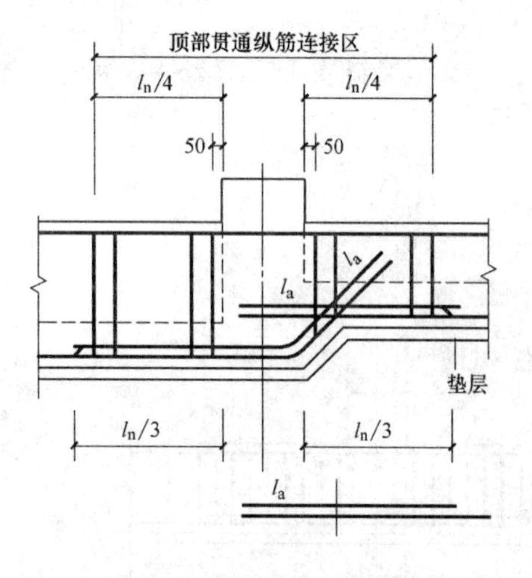

图 2-37　梁底有高差钢筋构造

由上图（图 2-37）可以看出：

底面标高低的基础次梁底部钢筋斜伸至梁底面标高高的梁内，锚固长度为 l_a；梁底面标高高的梁底部钢筋锚固长度不小于 l_a 截断即可。

6. 附加箍筋、附加（反扣）吊筋构造

11G101-3 中作出如下规定（图 2-39、图 2-40）。

由上图（图 2-39、图 2-40）可以看出：

附加箍筋的构造要求：间距 8d（d 为箍筋直径）且小于正常箍筋间距，当在箍筋加密区范围内时，还应小于 100mm。第一根附加箍筋距离次梁边缘的距离为 50mm，布置范围为 $s=3b+2h_1$（b 为次梁宽，h_1 为主次梁高差）。

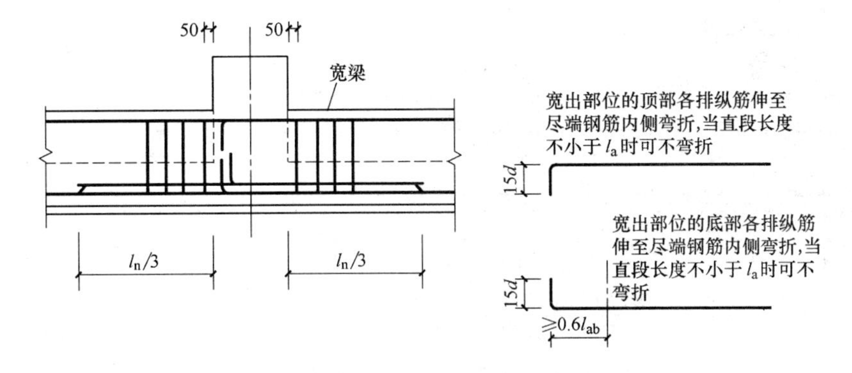

图 2-38　支座两边梁宽不同钢筋构造

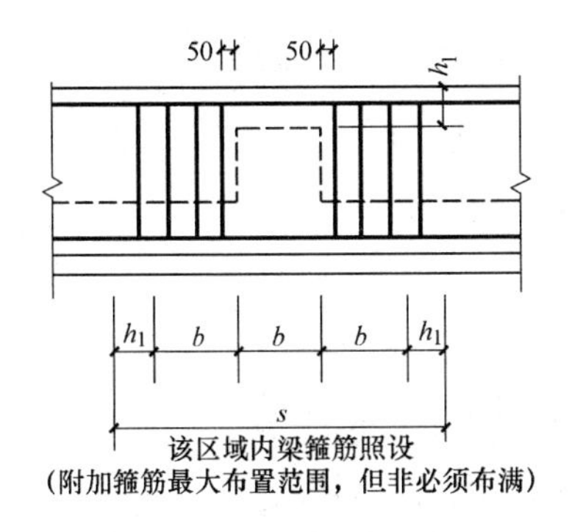

图 2-39　附加箍筋构造

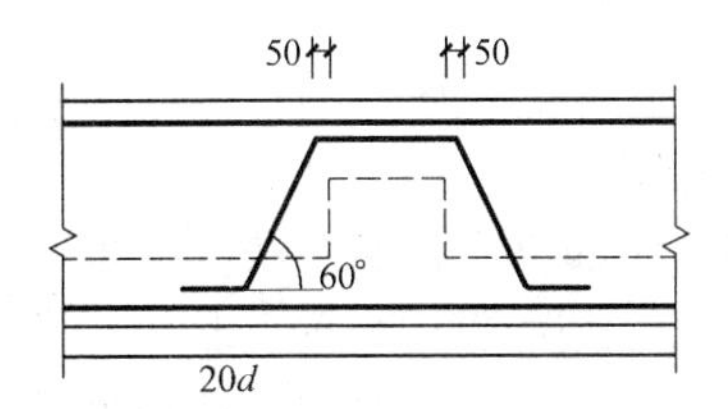

图 2-40　附加（反扣）吊筋构造
（吊筋高度应根据基础梁高度推算，吊筋顶部平直段与基础梁顶部纵筋净距应满足规范要求，当净距不足时应置于下一排）

附加吊筋的构造要求：梁高不大于 800mm 时，吊筋弯折的角度为 45°，梁高大于 800mm 时，吊筋弯折的角度为 60°；吊筋在次梁底部的宽度为（$b+2\times50$），在次梁两边的水平段长度为 $20d$。

7. 梁板式筏形基础平板钢筋构造

11G101-3 中作出如下规定（图 2-41、图 2-42）。

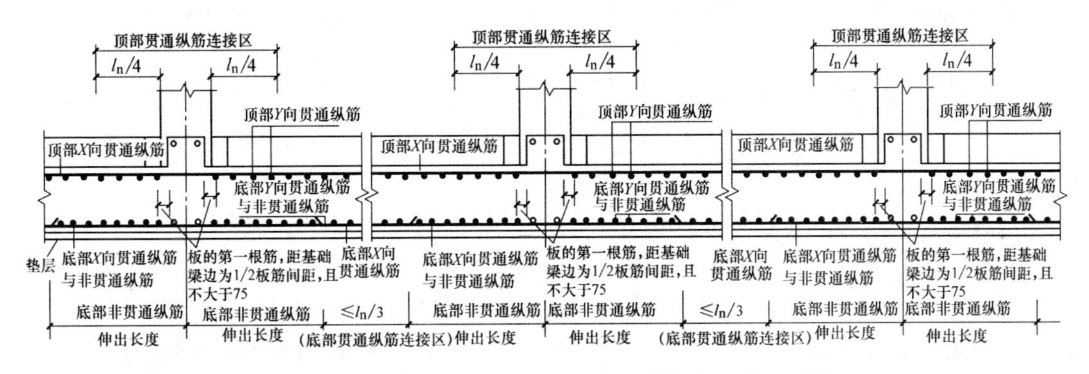

图 2-41　梁板式筏形基础平板 LPB 钢筋构造（柱下区域）

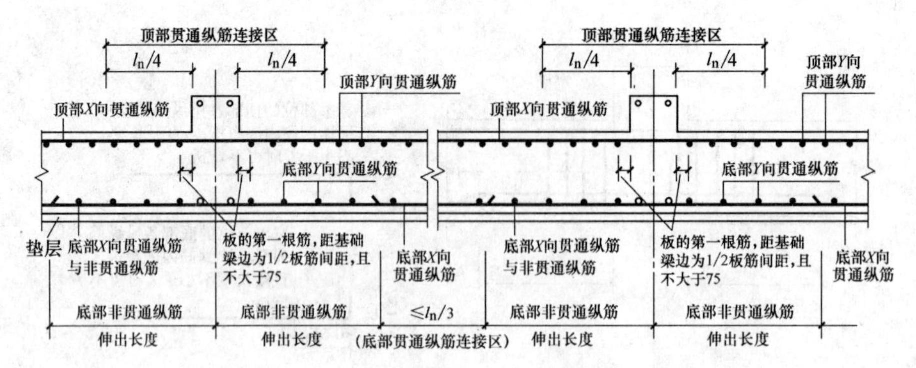

图 2-42 梁板式筏形基础平板 LPB 钢筋构造（跨中区域）

其配筋构造要点为：

（1）顶部贯通纵筋在连接区内采用搭接、机械连接或焊接。同一连接区段内接头面积百分比率不宜大于 50%。当钢筋长度可穿过一连接区到下一连接区并满足要求时，宜穿越设置。

（2）底部非贯通纵筋自梁中心线到跨内的伸出长度不小于 $l_n/3$（l_n 是基础平板 LPB 的轴线跨度）。

（3）底部贯通纵筋在基础平板内按贯通布置。

$$底部贯通纵筋的长度=跨度-左侧伸出长度-右侧伸出长度\leqslant l_n/3$$

（“左、右侧延伸长度”即左、右侧的底部非贯通纵筋伸出长度）

底部贯通纵筋直径不一致时：当某跨底部贯通纵筋直径大于邻跨时，如果相邻板区板底一平，则应在两毗邻跨中配置较小一跨的跨中连接区内进行连接（即配置较大板跨的底部贯通纵筋须越过板区分界线伸至毗邻板跨的跨中连接区域）。

（4）基础平板同一层面的交叉纵筋，何向纵筋在下，何向纵筋在上，应按具体设计说明。

8. 梁板式筏形基础平板端部与外伸部位钢筋构造

11G101-3 中作出如下规定（图 2-43～图 2-45）。

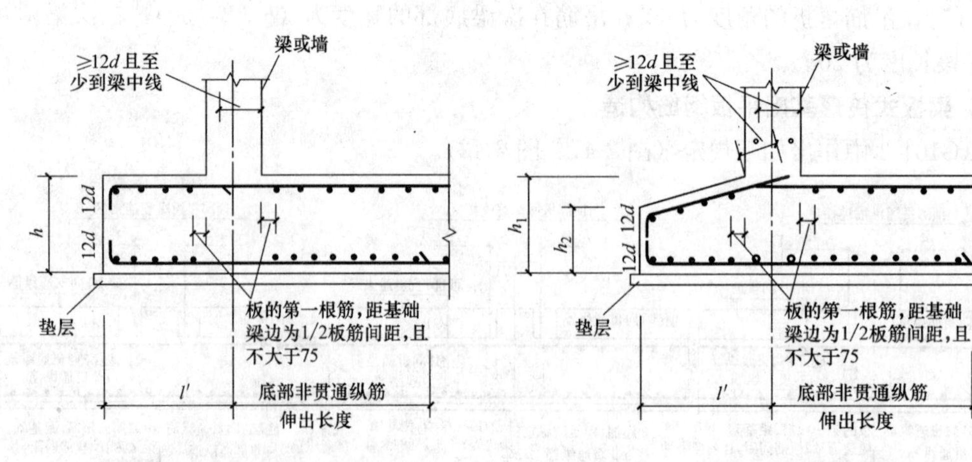

图 2-43 端部等截面外伸构造（板外边缘应封边，构造见图集 11G101-3 第 84 页）

图 2-44 端部变截面外伸构造（板外边缘应封边，构造见图集 11G101-3 第 84 页）

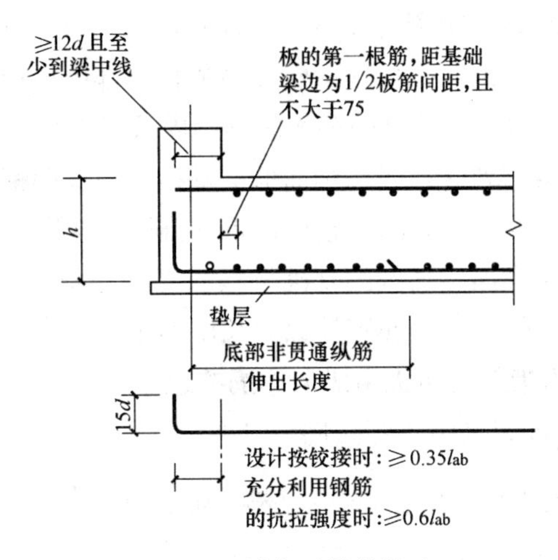

图 2-45　端部无外伸构造

9. 梁板式筏形基础平板变截面部位钢筋构造

11G101-3 中作出如下规定（图 2-46）。

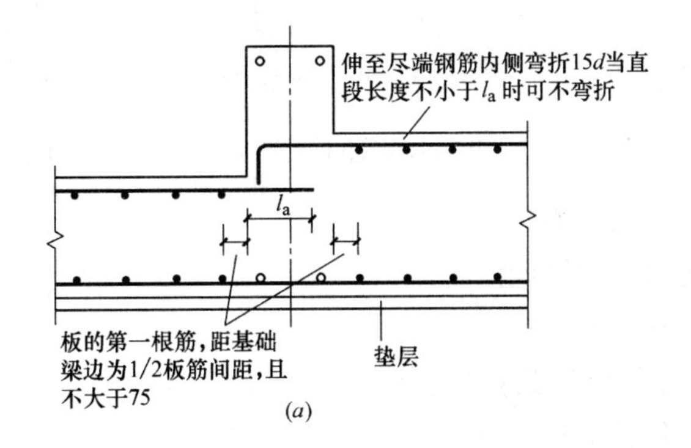

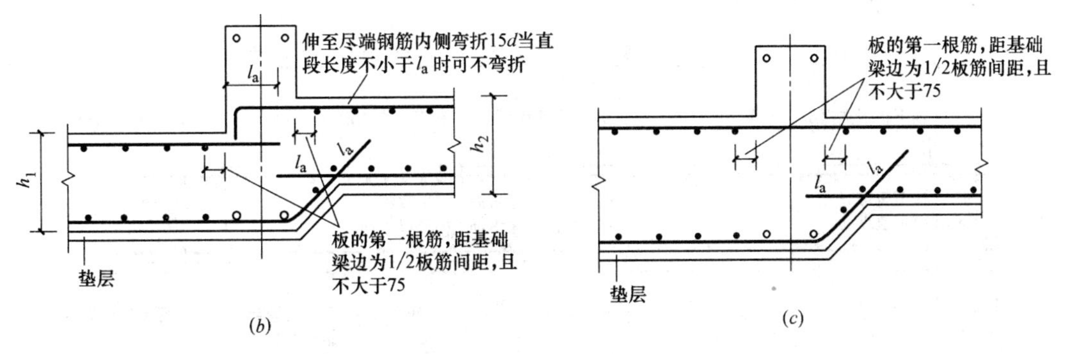

图 2-46　变截面部位钢筋构造

(*a*) 板顶有高差；(*b*) 板顶、板底均有高差；(*c*) 板底有高差

由上图（图 2-46）可以看出：

(1) 当板顶有高差时，板顶部顶面标高高的板顶部贯通纵筋伸至端部弯折 15d，当直线段长度不小于 l_a 时可不弯折；板顶部顶面标高低的板顶部贯通纵筋锚入梁内 l_a 截断即可。

（2）板的第一根筋，距梁边距离为 max（$s/2$，75）。

（3）当板顶、板底均有高差时，板顶面标高高的板顶部纵筋伸至尽端内侧弯折，弯折长度为 $15d$；板顶面标高低的板上部纵筋锚入基础梁内长度不小于 l_a 截断即可。

（4）当板顶、板底均有高差时，底面标高低的基础平板底部钢筋斜伸至梁底面标高高的梁内，锚固长度为 l_a；底面标高高的平板底部钢筋锚固长度取 l_a 截断即可。

（5）当板底有高差时，底面标高低的基础平板底部钢筋斜伸至梁底面标高高的梁内，锚固长度为 l_a；底面标高高的平板底部钢筋锚固长度不小于 l_a 截断即可。

10. 平板式筏基柱下板带与跨中板带纵向钢筋构造

11G101-3 中作出如下规定（图 2-47、图 2-48）。

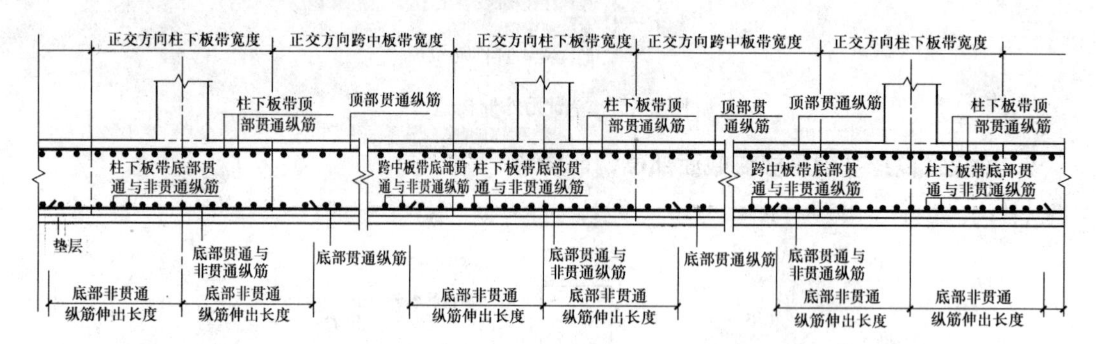

图 2-47　平板式筏基柱下板带 ZXB 纵向钢筋构造

由上图（图 2-47）可以看出：

（1）底部非贯通纵筋由设计注明。

（2）底部贯通纵筋贯通布置。

底部贯通纵筋连接区长度＝跨度－左侧延伸长度－右侧延伸长度

（3）顶部贯通纵筋按全长贯通布置。

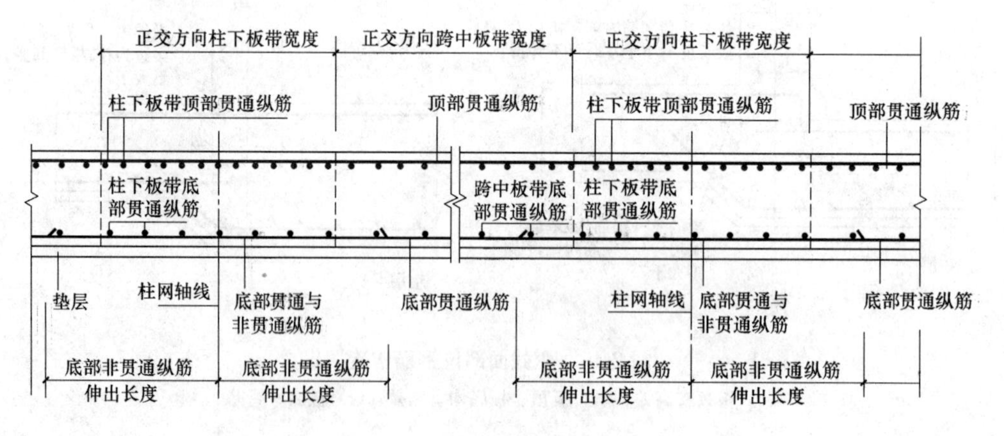

图 2-48　平板式筏基跨中板带 KZB 纵向钢筋构造

由上图（图 2-48）可以看出：

（1）底部非贯通纵筋由设计注明。

(2) 底部贯通纵筋贯通布置。

底部贯通纵筋连接区长度=跨度−左侧延伸长度−右侧延伸长度

(3) 顶部贯通纵筋按全长贯通布置，顶部贯通纵筋的连接区长度为正交方向柱下板带的宽度。

11. 平板式筏形基础平板钢筋构造

11G101-3 中作出如下规定（图 2-49、图 2-50）。

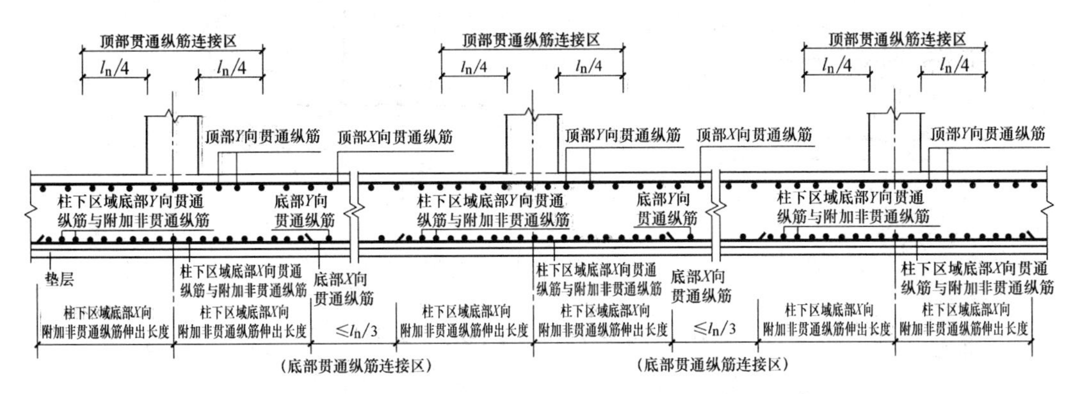

图 2-49 平板式筏形基础平板 BPB 钢筋构造（柱下区域）

由上图（图 2-49）可以看出：

(1) 底部附加非贯通纵筋自梁中线到跨内的伸出长度不小于 $l_n/3$（l_n 为基础平板的轴线跨度）。

(2) 底部贯通纵筋连接区长度=跨度−左侧延伸长度−右侧延伸长度$\leq l_n/3$（左、右侧延伸长度即左、右侧的底部非贯通纵筋延伸长度）。

当底部贯通纵筋直径不一致时：当某跨底部贯通纵筋直径大于邻跨时，如果相邻板区板底一平，则应在两毗邻跨中配置较小一跨的跨中连接区内进行连接。

(3) 顶部贯通纵筋按全长贯通设置，连接区的长度为正交方向的柱下板带宽度。

(4) 跨中部位为顶部贯通纵筋的非连接区。

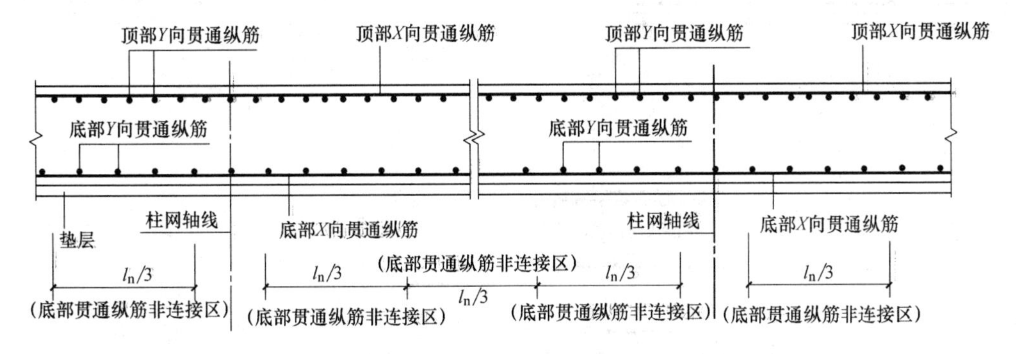

图 2-50 平板式筏形基础平板 BPB 钢筋构造（跨中区域）

由上图（图 2-50）可以看出：

(1) 顶部贯通纵筋按全长贯通设置，连接区的长度为正交方向的柱下板带宽度。

（2）跨中部位为顶部贯通纵筋的非连接区。

12. 平板式筏形基础平板变截面部位钢筋构造

11G101-3 中作出如下规定（图 2-51、图 2-52）。

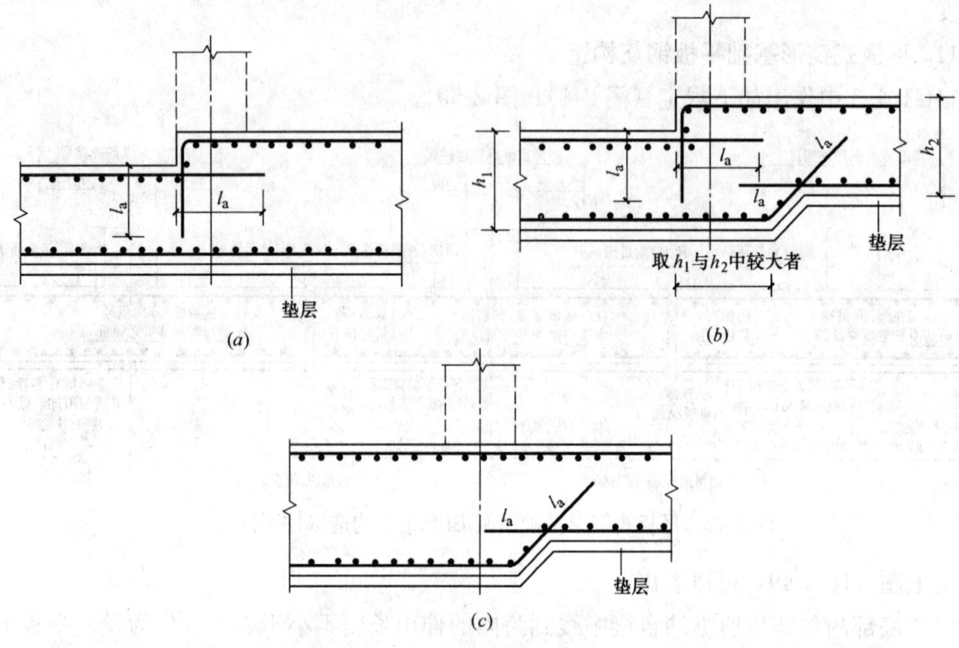

图 2-51　变截面部位钢筋构造

（a）板顶有高差；（b）板顶、板底均有高差；（c）板底有高差

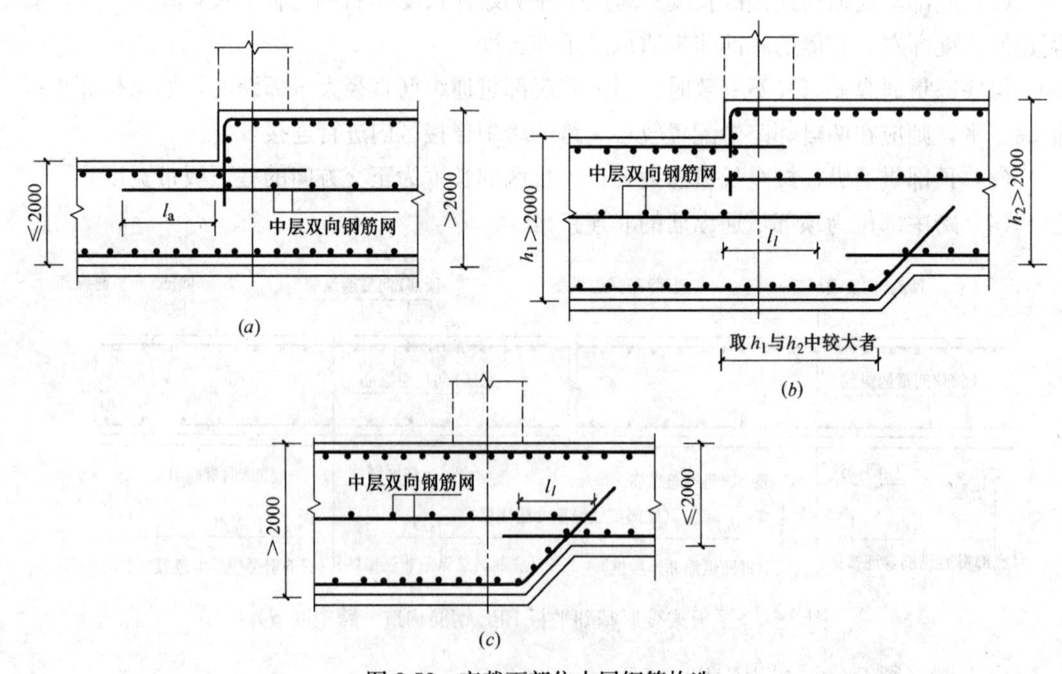

图 2-52　变截面部位中层钢筋构造

（a）板顶不一平；（b）板顶、板底均不一平；（c）板底不一平

由上图（图 2-51）可以看出：

（1）当板顶有高差时，板顶部顶面标高高的板顶部贯通纵筋伸至端部弯折，弯折长度从板顶部顶面标高低的梁顶面开始算起，弯折长度为 l_a；板顶部顶面标高低的板顶部贯通纵筋锚入梁内 l_a 截断即可。

（2）当板顶、板底均有高差时，板顶部顶面标高高的板顶部贯通纵筋伸至端部弯折，弯折长度从板顶部顶面标高低的梁顶面开始算起，弯折长度为 l_a；板顶部顶面标高低的板顶部贯通纵筋锚入梁内 l_a 截断即可。

（3）当板顶、板底均有高差时，底面标高低的基础平板底部钢筋斜伸至梁底面标高高的梁内，锚固长度为 l_a；底面标高高的平板底部钢筋锚固长度取 l_a 截断即可。

（4）当板底有高差时，底面标高低的基础平板底部钢筋斜伸至梁底面标高高的梁内，锚固长度为 l_a；底面标高高的平板底部钢筋锚固长度取 l_a 截断即可。

13. 平板式筏形基础平板端部与外伸部位钢筋构造

11G101-3 中作出如下规定（图 2-53～图 2-57）

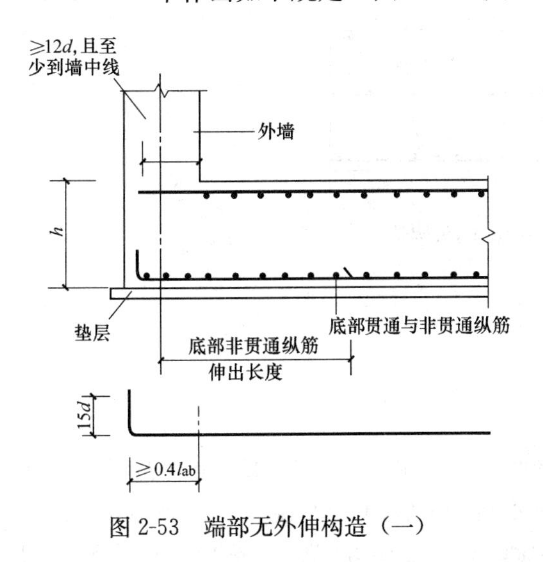

图 2-53 端部无外伸构造（一）

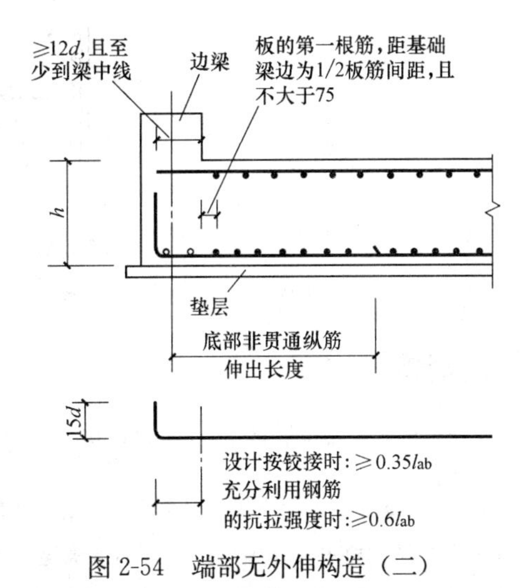

图 2-54 端部无外伸构造（二）

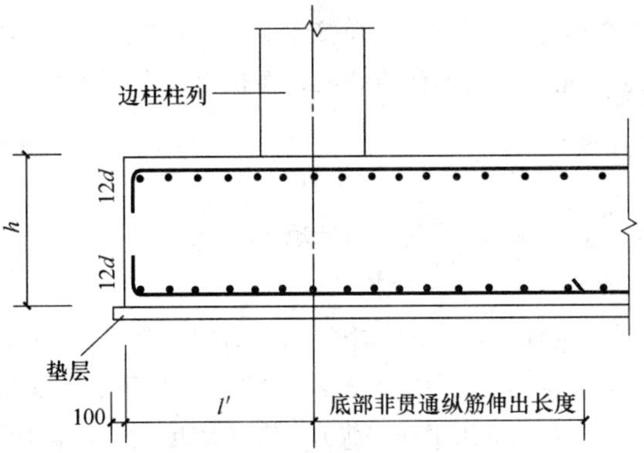

图 2-55 端部等截面外伸构造

（板外边缘应封边，构造见图 2-56）

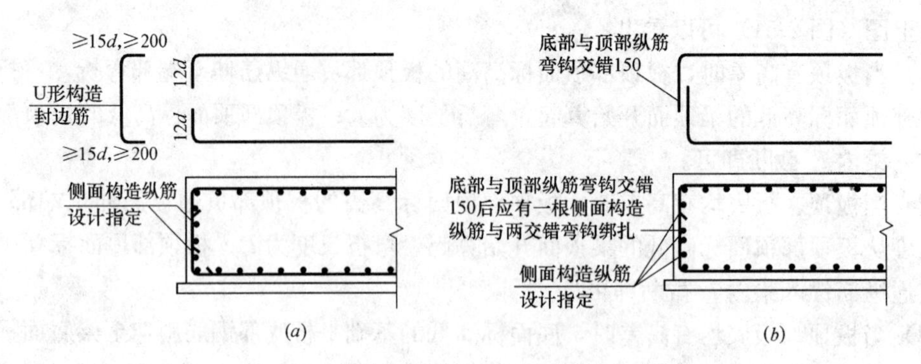

图 2-56 板边缘侧面封边构造（外伸部位变截面时侧面构造相同）

（a）U形筋构造封边方式；（b）纵筋弯钩交错封边方式

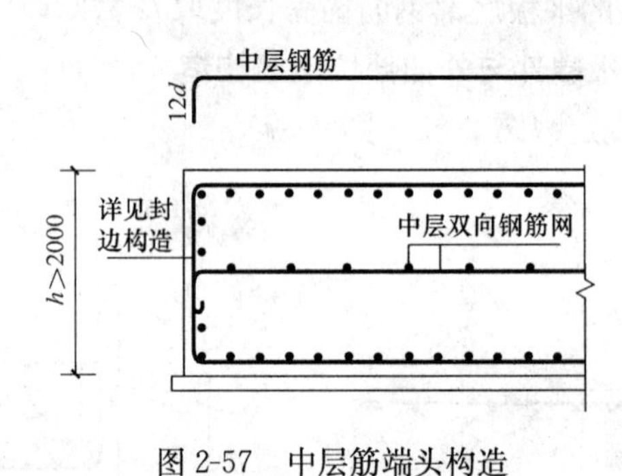

图 2-57 中层筋端头构造

【规范链接】

《建筑地基基础设计规范》(GB 50007—2011)

8.4.1 筏形基础分为梁板式和平板式两种类型，其选型应根据地基土质、上部结构体系、柱距、荷载大小、使用要求以及施工条件等因素确定。框架-核心筒结构和筒中筒结构宜采用平板式筏形基础。

8.4.2 筏形基础的平面尺寸，应根据工程地质条件、上部结构的布置、地下结构底层平面以及荷载分布等因素按本规范第5章有关规定确定。对单幢建筑物，在地基土比较均匀的条件下，基底平面形心宜与结构竖向永久荷载重心重合。当不能重合时，在作用的准永久组合下，偏心距 e 宜符合下式规定：

$$e \leqslant 0.1W/A \tag{8.4.2}$$

式中：W——与偏心距方向一致的基础底面边缘抵抗矩（m^3）；

A——基础底面积（m^2）。

8.4.3 对四周与土层紧密接触带地下室外墙的整体式筏基和箱基，当地基持力层为非密实的土和岩石，场地类别为Ⅲ类和Ⅳ类，抗震设防烈度为8度和9度，结构基本自振周期处于特征周期的1.2～5倍范围时，按刚性地基假定计算的基底水平地震剪力、倾覆力矩可按设防烈度分别乘以0.90和0.85的折减系数。

8.4.4 筏形基础的混凝土强度等级不应低于C30，当有地下室时应采用防水混凝土。防水混凝土的抗渗等级应按表 8.4.4 选用。对重要建筑，宜采用自防水并设置架空排水层。

防水混凝土抗渗等级 **表 8.4.4**

埋置深度 d(m)	设计抗渗等级	埋置深度 d(m)	设计抗渗等级
$d<10$	P6	$20\leqslant d<30$	P10
$10\leqslant d<20$	P8	$30\leqslant d$	P12

8.4.5 采用筏形基础的地下室，钢筋混凝土外墙厚度不应小于 250mm，内墙厚度不宜小于 200mm。墙的截面设计除满足承载力要求外，尚应考虑变形、抗裂及外墙防渗等要求。墙体内应设置双面钢筋，钢筋不宜采用光面圆钢筋，水平钢筋的直径不应小于 12mm，竖向钢筋的直径不应小于 10mm，间距不应大于 200mm。

8.4.6 平板式筏基的板厚应满足受冲切承载力的要求。

8.4.7 平板式筏基柱下冲切验算应符合下列规定：

1 平板式筏基柱下冲切验算时应考虑作用在冲切临界截面重心上的不平衡弯矩产生的附加剪力。对基础边柱和角柱冲切验算时，其冲切力应分别乘以 1.10 和 1.20 的增大系数。距柱边 $h_0/2$ 处冲切临界截面的最大剪应力 τ_{max} 应按式（8.4.7-1）、式（8.4.7-2）进行计算（图 8.4.7）。板的最小厚度不应小于 500mm。

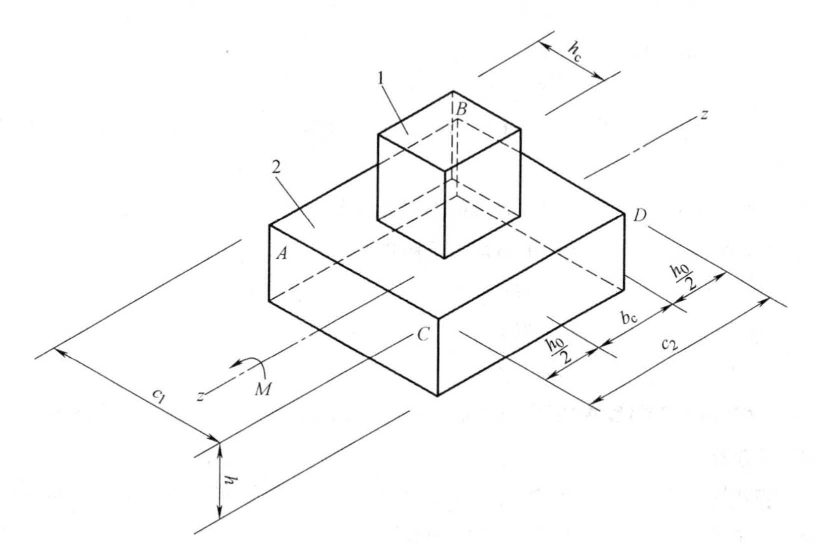

图 8.4.7 内柱冲切临界截面示意

1—柱；2—筏板

$$\tau_{max}=\frac{F_l}{u_m h_0}+\alpha_s\frac{M_{unb}c_{AB}}{I_s} \tag{8.4.7-1}$$

$$\tau_{max}\leqslant 0.7(0.4+1.2/\beta_s)\beta_{hp}f_t \tag{8.4.7-2}$$

$$\alpha_s=1-\frac{1}{1+\frac{2}{3}\sqrt{\left(\frac{c_1}{c_2}\right)}} \tag{8.4.7-3}$$

式中：F_l——相应于作用的基本组合时的冲切力（kN），对内柱取轴力设计值减去筏板冲切破坏锥体内的基底净反力设计值；对边柱和角柱，取轴力设计值减去筏板冲切临界截面范围内的基底净反力设计值；

u_m——距柱边缘不小于 $h_0/2$ 处冲切临界截面的最小周长（m），按本规范附录P计算；

h_0——筏板的有效高度（m）；

M_{unb}——作用在冲切临界截面重心上的不平衡弯矩设计值（kN·m）；

c_{AB}——沿弯矩作用方向，冲切临界截面重心至冲切临界截面最大剪应力点的距离（m），按附录P计算；

I_s——冲切临界截面对其重心的极惯性矩（m^4），按本规范附录P计算；

β_s——柱截面长边与短边的比值，当 $\beta_s<2$ 时，β_s 取2，当 $\beta_s>4$ 时，β_s 取4；

β_{hp}——受冲切承载力截面高度影响系数，当 $h\leqslant 800$mm 时，取 $\beta_{hp}=1.00$；当 $h\geqslant 2000$mm 时，取 $\beta_{hp}=0.90$，其间按线性内插法取值；

f_t——混凝土轴心抗拉强度设计值（kPa）；

c_1——与弯矩作用方向一致的冲切临界截面的边长（m），按本规范附录P计算；

c_2——垂直于 c_1 的冲切临界截面的边长（m），按本规范附录P计算；

α_s——不平衡弯矩通过冲切临界截面上的偏心剪力来传递的分配系数。

2 当柱荷载较大，等厚度筏板的受冲切承载力不能满足要求时，可在筏板上面增设柱墩或在筏板下局部增加板厚或采用抗冲切钢筋等措施满足受冲切承载能力要求。

8.4.8 平板式筏基内筒下的板厚应满足受冲切承载力的要求，并应符合下列规定：

1 受冲切承载力应按下式进行计算：

$$F_l/u_m h_0 \leqslant 0.7\beta_{hp} f_t/\eta \tag{8.4.8}$$

式中：F_l——相应于作用的基本组合时，内筒所承受的轴力设计值减去内筒下筏板冲切破坏锥体内的基底净反力设计值（kN）；

u_m——距内筒外表面 $h_0/2$ 处冲切临界截面的周长（m）（图8.4.8）；

h_0——距内筒外表面 $h_0/2$ 处筏板的截面有效高度（m）；

η——内筒冲切临界截面周长影响系数，取1.25。

2 当需要考虑内筒根部弯矩的影响时，距内筒外表面 $h_0/2$ 处冲切临界截面的最大剪应力可按公式（8.4.7-1）计算，此时 $\tau_{max}\leqslant 0.7\beta_{hp} f_t/\eta$。

8.4.9 平板式筏基应验算距内筒和柱边缘 h_0 处截面的受剪承载力。当筏板变厚度时，尚应验算变厚度处筏板的受剪承载力。

8.4.10 平板式筏基受剪承载力应按式（8.4.10）验算，当筏板的厚度大于2000mm时，宜在板厚中间部位设置直径不小于12mm、间距不大于300mm的双向钢筋网。

$$V_s \leqslant 0.7\beta_{hs} f_t b_w h_0 \tag{8.4.10}$$

式中：V_s——相应于作用的基本组合时，基底净反力平均值产生的距内筒或柱边缘 h_0 处筏板单位宽度的剪力设计值（kN）；

b_w——筏板计算截面单位宽度（m）；

h_0——距内筒或柱边缘 h_0 处筏板的截面有效高度（m）。

8.4.11 梁板式筏基底板应计算正截面受弯承载力，其厚度尚应满足受冲切承载力、受剪切承载力的要求。

8.4.12 梁板式筏基底板受冲切、受剪切承载力计算应符合下列规定：

1 梁板式筏基底板受冲切承载力应按下式进行计算：

$$F_l \leqslant 0.7\beta_{hp} f_t u_m h_0 \tag{8.4.12-1}$$

式中：F_l——作用的基本组合时，图 8.4.12-1 中阴影部分面积上的基底平均净反力设计值（kN）；

u_m——距基础梁边 $h_0/2$ 处冲切临界截面的周长（m）（图 8.4.12-1）。

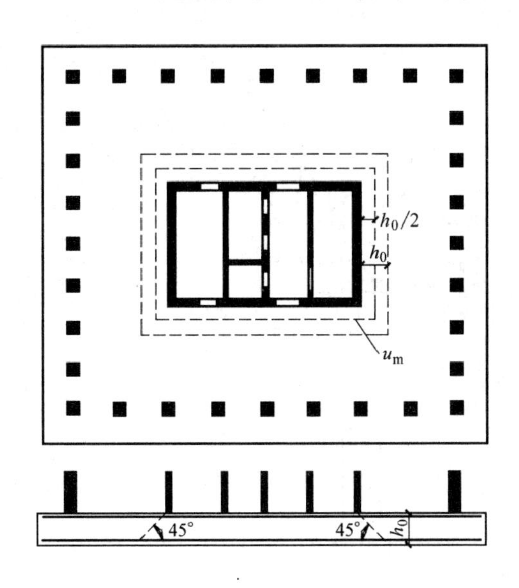

图 8.4.8　筏板受内筒冲切的临界截面位置

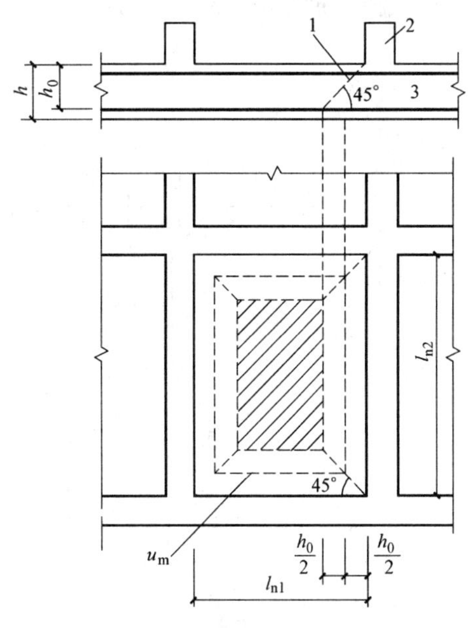

图 8.4.12-1　底板的冲切计算示意

1—冲切破坏锥体的斜截面；2—梁；3—底板

2　当底板区格为矩形双向板时，底板受冲切所需的厚度 h_0 应按式（8.4.12-2）进行计算，其底板厚度与最大双向板格的短边净跨之比不应小于 1/14，且板厚不应小于 400mm。

$$h_0=\frac{(l_{n1}+l_{n2})-\sqrt{(l_{n1}+l_{n2})^2-\dfrac{4p_n l_{n1} l_{n2}}{p_n+0.7\beta_{hp}f_t}}}{4} \tag{8.4.12-2}$$

式中：l_{n1}、l_{n2}——计算板格的短边和长边的净长度（m）；

p_n——扣除底板及其上填土自重后，相应于作用的基本组合时的基底平均净反力设计值（kPa）。

3　梁板式筏基双向底板斜截面受剪承载力应按下式进行计算：

$$V_s\leqslant 0.7\beta_{hs}f_t(l_{n2}-2h_0)h_0 \tag{8.4.12-3}$$

式中：V_s——距梁边缘 h_0 处，作用在图 8.4.12-2 中阴影部分面积上的基底平均净反力产生的剪力设计值（kN）。

4　当底板板格为单向板时，其斜截面受剪承载力应按本规范第 8.2.10 条验算，其底板厚度不应小于 400mm。

8.4.13　地下室底层柱、剪力墙与梁板式筏基的基础梁连接的构造应符合下列规定：

1　柱、墙的边缘至基础梁边缘的距离不应小于 50mm（图 8.4.13）；

2　当交叉基础梁的宽度小于柱截面的边长时，交叉基础梁连接处应设置八字角，柱角与八字角之间的净距不宜小于

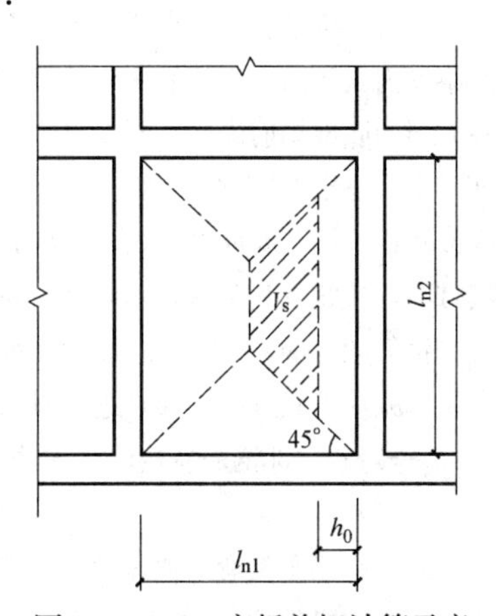

图 8.4.12-2　底板剪切计算示意

50mm（图 8.4.13*a*）；

3 单向基础梁与柱的连接，可按图 8.4.13*b*、*c* 采用；

4 基础梁与剪力墙的连接，可按图 8.4.13*d* 采用。

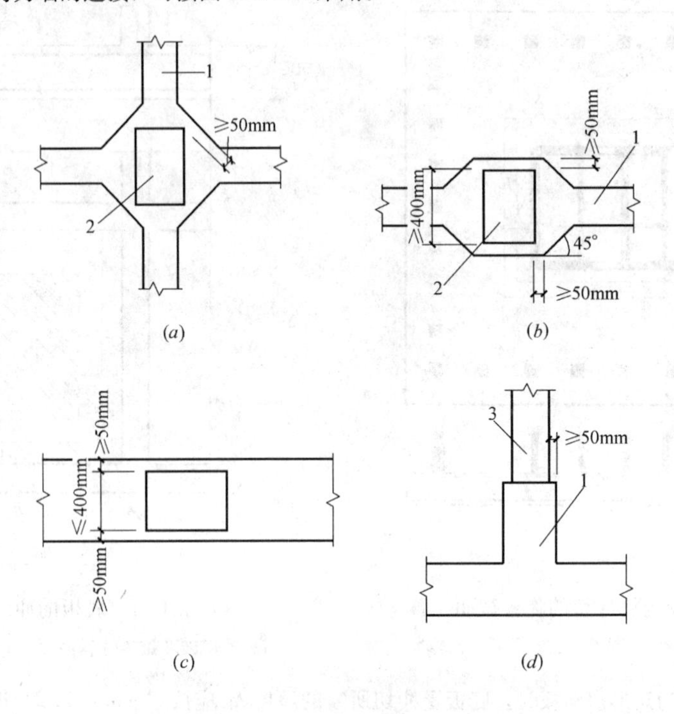

图 8.4.13 地下室底层柱或剪力墙与梁板式筏基的基础梁连接的构造要求

1—基础梁；2—柱；3—墙

8.4.14 当地基土比较均匀、地基压缩层范围内无软弱土层或可液化土层、上部结构刚度较好，柱网和荷载较均匀、相邻柱荷载及柱间距的变化不超过 20%，且梁板式筏基梁的高跨比或平板式筏基板的厚跨比不小于 1/6 时，筏形基础可仅考虑局部弯曲作用。筏形基础的内力，可按基底反力直线分布进行计算，计算时基底反力应扣除底板自重及其上填土的自重。当不满足上述要求时，筏基内力可按弹性地基梁板方法进行分析计算。

8.4.15 按基底反力直线分布计算的梁板式筏基，其基础梁的内力可按连续梁分析，边跨跨中弯矩以及第一内支座的弯矩值宜乘以 1.20 的系数。梁板式筏基的底板和基础梁的配筋除满足计算要求外，纵横方向的底部钢筋尚应有不少于 1/3 贯通全跨，顶部钢筋按计算配筋全部连通，底板上下贯通钢筋的配筋率不应小于 0.15%。

8.4.16 按基底反力直线分布计算的平板式筏基，可按柱下板带和跨中板带分别进行内力分析。柱下板带中，柱宽及其两侧各 0.5 倍板厚且不大于 1/4 板跨的有效宽度范围内，其钢筋配置量不应小于柱下板带钢筋数量的一半，且应能承受部分不平衡弯矩 $\alpha_{m}M_{unb}$。M_{unb} 为作用在冲切临界截面重心上的不平衡弯矩，α_{m} 应按式（8.4.16）进行计算。平板式筏基柱下板带和跨中板带的底部支座钢筋应有不少于 1/3贯通全跨，顶部钢筋应按计算配筋全部连通，上下贯通钢筋的配筋率不应小于 0.15%。

$$\alpha_{m}=1-\alpha_{s} \tag{8.4.16}$$

式中：α_{m}——不平衡弯矩通过弯曲来传递的分配系数；

α_{s}——按公式（8.4.7-3）计算。

8.4.17 对有抗震设防要求的结构，当地下一层结构顶板作为上部结构嵌固端时，嵌固端处的底层框架柱下端截面组合弯矩设计值应按现行国家标准《建筑抗震设计规范》GB 50011 的规定乘以与其抗震等级相对应的增大系数。当平板式筏形基础板作为上部结构的嵌固端、计算柱下板带截面组合弯矩设计值时，底层框架柱下端内力应考虑地震作用组合及相应的增大系数。

8.4.18 梁板式筏基基础梁和平板式筏基的顶面应满足底层柱下局部受压承载力的要求。对抗震设防烈度为 9 度的高层建筑，验算柱下基础梁、筏板局部受压承载力时，应计入竖向地震作用对柱轴力的影响。

8.4.19 筏板与地下室外墙的接缝、地下室外墙沿高度处的水平接缝应严格按施工缝要求施工，必要时可设通长止水带。

8.4.20 带裙房的高层建筑筏形基础应符合下列规定：

1 当高层建筑与相连的裙房之间设置沉降缝时，高层建筑的基础埋深应大于裙房基础的埋深至少 2m。地面以下沉降缝的缝隙应用粗砂填实（图 8.4.20*a*）。

2 当高层建筑与相连的裙房之间不设置沉降缝时，宜在裙房一侧设置用于控制沉降差的后浇带，当沉降实测值和计算确定的后期沉降差满足设计要求后，方可进行后浇带混凝土浇筑。当高层建筑基础面积满足地基承载力和变形要求时，后浇带宜设在与高层建筑相邻裙房的第一跨内。当需要满足高层建筑地基承载力、降低高层建筑沉降量、减小高层建筑与裙房间的沉降差而增大高层建筑基础面积时，后浇带可设在距主楼边柱的第二跨内，此时应满足以下条件：

1）地基土质较均匀；

2）裙房结构刚度较好且基础以上的地下室和裙房结构层数不少于两层；

3）后浇带一侧与主楼连接的裙房基础底板厚度与高层建筑的基础底板厚度相同（图 8.4.20*b*）。

3 当高层建筑与相连的裙房之间不设沉降缝和后浇带时，高层建筑及与其紧邻一跨裙房的筏板应采用相同厚度，裙房筏板的厚度宜从第二跨裙房开始逐渐变化，应同时满足主、裙楼基础整体性和基础板的变形要求；应进行地基变形和基础内力的验算，验算时应分析地基与结构间变形的相互影响，并采取有效措施防止产生有不利影响的差异沉降。

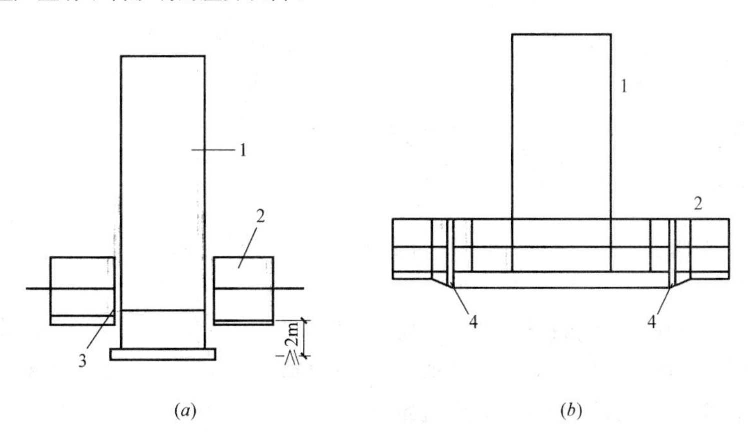

图 8.4.20 高层建筑与裙房间的沉降缝、后浇带处理示意

1—高层建筑；2—裙房及地下室；3—室外地坪以下用粗砂填实；4—后浇带

8.4.21 在同一大面积整体筏形基础上建有多幢高层和低层建筑时，筏板厚度和配筋宜按上部结构、基础与地基土共同作用的基础变形和基底反力计算确定。

8.4.22 带裙房的高层建筑下的整体筏形基础，其主楼下筏板的整体挠度值不宜大于 0.05%，主楼与相邻的裙房柱的差异沉降不应大于其跨度的0.10%。

8.4.23 采用大面积整体筏形基础时，与主楼连接的外扩地下室其角隅处的楼板板角，除配置两个垂直方向的上部钢筋外，尚应布置斜向上部构造钢筋，钢筋直径不应小于10mm、间距不应大于200mm，该钢筋伸入板内的长度不宜小于1/4的短边跨度；与基础整体弯曲方向一致的垂直于外墙的楼板上部钢筋以及主裙楼交界处的楼板上部钢筋，钢筋直径不应小于10mm、间距不应大于200mm，且钢筋的面积不应小于现行国家标准《混凝土结构设计规范》GB 50010中受弯构件的最小配筋率，钢筋的锚固长度不应小于30d。

8.4.24 筏形基础地下室施工完毕后，应及时进行基坑回填工作。填土应按设计要求选料，回填时应先清除基坑中的杂物，在相对的两侧或四周同时回填并分层夯实，回填土的压实系数不应小于0.94。

8.4.25 采用筏形基础带地下室的高层和低层建筑、地下室四周外墙与土层紧密接触且土层为非松散填土、松散粉细砂土、软塑流塑黏性土，上部结构为框架、框剪或框架-核心筒结构，当地下一层结构顶板作为上部结构嵌固部位时，应符合下列规定：

1 地下一层的结构侧向刚度大于或等于与其相连的上部结构底层楼层侧向刚度的1.5倍。

2 地下一层结构顶板应采用梁板式楼盖，板厚不应小于180mm，其混凝土强度等级不宜小于C30；楼面应采用双层双向配筋，且每层每个方向的配筋率不宜小于0.25%。

3 地下室外墙和内墙边缘的板面不应有大洞口，以保证将上部结构的地震作用或水平力传递到地下室抗侧力构件中。

4 当地下室内、外墙与主体结构墙体之间的距离符合表8.4.25的要求时，该范围内的地下室内、外墙可计入地下一层的结构侧向刚度，但此范围内的侧向刚度不能重叠使用于相邻建筑。当不符合上述要求时，建筑物的嵌固部位可设在筏形基础的顶面，此时宜考虑基侧土和基底土对地下室的抗力。

地下室墙与主体结构墙之间的最大间距 d　　表8.4.25

抗震设防烈度7度、8度	抗震设防烈度9度
$d \leqslant 30$m	$d \leqslant 20$m

8.4.26 地下室的抗震等级、构件的截面设计以及抗震构造措施应符合现行国家标准《建筑抗震设计规范》GB 50011的有关规定。剪力墙底部加强部位的高度应从地下室顶板算起；当结构嵌固在基础顶面时，剪力墙底部加强部位的范围尚应延伸至基础顶面。

《高层建筑混凝土结构技术规程》(JGJ 3—2010)

12.3.3 筏形基础的平面尺寸应根据地基土的承载力、上部结构的布置及其荷载的分布等因素确定。

12.3.4 平板式筏基的板厚可根据受冲切承载力计算确定，板厚不宜小于400mm。冲切计算时，应考虑作用在冲切临界截面重心上的不平衡弯矩所产生的附加剪力。当筏板在个别柱位不满足受冲切承载力要求时，可将该柱下的筏形局部加厚或配置抗冲切钢筋。

12.3.5 当地基比较均匀、上部结构刚度较好、上部结构柱间距及柱荷载的变化不超过20%时，高层建筑的筏形基础可仅考虑局部弯曲作用，按倒楼盖法计算。当不符合上述条件时，宜按弹性地基板计算。

12.3.6 筏形基础应采用双向钢筋网片分别配置在板的顶面和底面，受力钢筋直径不宜小于12mm，钢筋间距不宜小于150mm，也不宜大于300mm。

12.3.7　当梁板式筏基的肋梁宽度小于柱宽时，肋梁可在柱边加腋，并应满足相应的构造要求。墙、柱的纵向钢筋应穿过肋梁，并应满足钢筋锚固长度要求。

12.3.8　梁板式筏基的梁高取值应包括底板厚度在内，梁高不宜小于平均柱距的1/6。确定梁高时，应综合考虑荷载大小、柱距、地质条件等因素，并应满足承载力要求。

12.3.9　当满足地基承载力要求时，筏形基础的周边不宜向外有较大的伸挑、扩大。当需要外挑时，有肋梁的筏基宜将梁一同挑出。

《高层建筑筏形与箱形基础技术规范》(JGJ 6—2011)

6.2.1　平板式筏形基础和梁板式筏形基础的选型应根据地基土质、上部结构体系、柱距、荷载大小、使用要求以及施工等条件确定。框架-核心筒结构和筒中筒结构宜采用平板式筏形基础。

6.2.2　平板式筏基的板厚除应符合受弯承载力的要求外，尚应符合受冲切承载力的要求。验算时应计入作用在冲切临界截面重心上的不平衡弯矩所产生的附加剪力。筏板的最小厚度不应小于500mm。对基础的边柱和角柱进行冲切验算时，其冲切力应分别乘以1.10和1.20的增大系数。距柱边 $h_0/2$ 处冲切临界截面（图6.2.2）的最大剪应力 τ_{max} 应符合下列公式的规定：

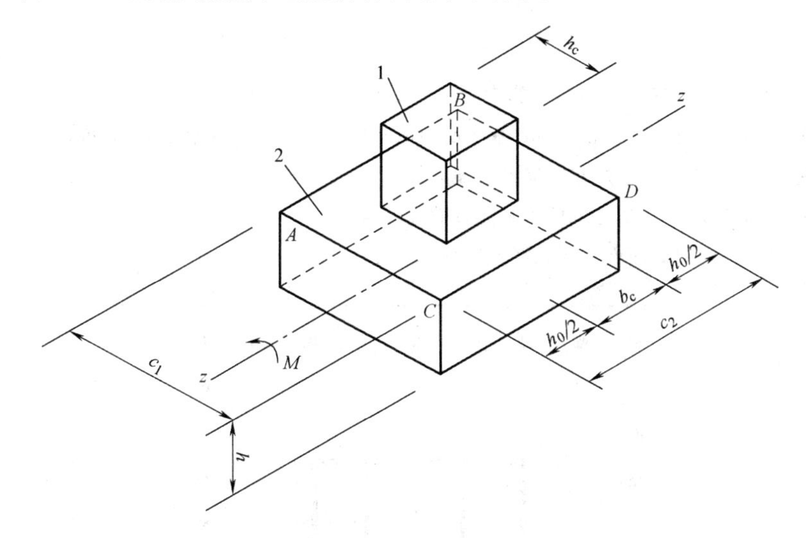

图6.2.2　内柱冲切临界截面示意

1—柱；2—筏板

$$\tau_{max}=\frac{F_l}{u_m h_0}+\alpha_s\frac{M_{unb}c_{AB}}{I_s} \tag{6.2.2-1}$$

$$\tau_{max}\leqslant 0.7(0.4+1.2/\beta_s)\beta_{hp}f_t \tag{6.2.2-2}$$

$$\alpha_s=1-\frac{1}{1+\frac{2}{3}\sqrt{\left(\frac{c_1}{c_2}\right)}} \tag{6.2.2-3}$$

式中：F_l——相应于荷载效应基本组合时的冲切力（kN），对内柱取轴力设计值与筏板冲切破坏锥体内的基底反力设计值之差；对基础的边柱和角柱，取轴力设计值与筏板冲切临界截面范围内的基底反力设计值之差；计算基底反力值时应扣除底板及其上填土的自重；

u_m——距柱边缘不小于 $h_0/2$ 处的冲切临界截面的最小周长（m），按本规范附录D计算；

h_0——筏板的有效高度（m）；

M_{unb}——作用在冲切临界截面重心上的不平衡弯矩（kN·m）；

c_{AB}——沿弯矩作用方向，冲切临界截面重心至冲切临界截面最大剪应力点的距离（m），按本规范附录D计算；

I_s——冲切临界截面对其重心的极惯性矩（m^4），按本规范附录D计算；

β_s——柱截面长边与短边的比值：当$\beta_s<2$时，β_s取2；当$\beta_s>4$时，β_s取4；

β_{hp}——受冲切承载力截面高度影响系数：当$h\leqslant800$mm时，取$\beta_{hp}=1.00$；当$h\geqslant2000$mm时，取$\beta_{hp}=0.90$；其间按线性内插法取值；

f_t——混凝土轴心抗拉强度设计值（kPa）；

c_1——与弯矩作用方向一致的冲切临界截面的边长（m），按本规范附录D计算；

c_2——垂直于c_1的冲切临界截面的边长（m），按本规范附录D计算；

α_s——不平衡弯矩通过冲切临界截面上的偏心剪力传递的分配系数。

当柱荷载较大，等厚度筏板的受冲切承载力不能满足要求时，可在筏板上面增设柱墩或在筏板下局部增加板厚或采用抗冲切钢筋等提高受冲切承载能力。

6.2.3 平板式筏基在内筒下的受冲切承载力应符合下式规定：

$$\frac{F_l}{u_m h_0}\leqslant 0.70\beta_{hp}f_t/\eta \tag{6.2.3-1}$$

式中：F_l——相应于荷载效应基本组合时的内筒所承受的轴力设计值与内筒下筏板冲切破坏锥体内的基底反力设计值之差（kN），计算基底反力值时应扣除底板及其上填土的自重；

u_m——距内筒外表面$h_0/2$处冲切临界截面的周长（m）（图6.2.3）；

h_0——距内筒外表面$h_0/2$处筏板的截面有效高度（m）；

η——内筒冲切临界截面周长影响系数，取1.25。

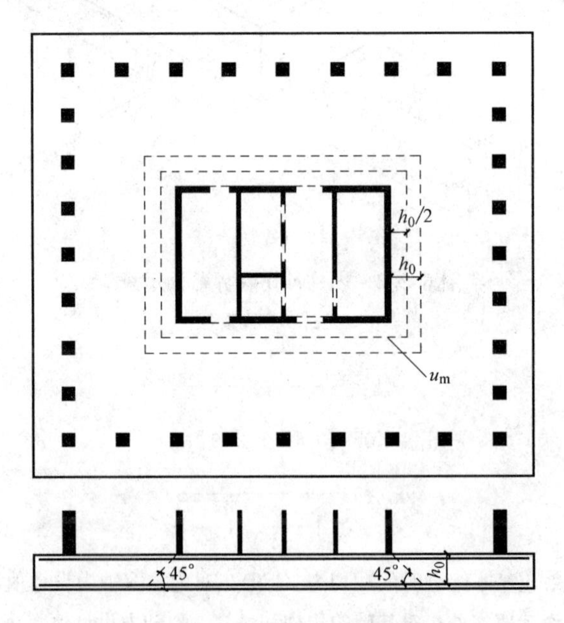

图6.2.3 筏板受内筒冲切的临界截面位置

当需要考虑内筒根部弯矩的影响时，距内筒外表面$h_0/2$处冲切临界截面的最大剪应力可按本规范式（6.2.2-1）计算，此时最大剪应力应符合下式规定：

$$\tau_{max} \leqslant 0.70\beta_{hp} f_t/\eta \qquad (6.2.3\text{-}2)$$

6.2.4 平板式筏基除应符合受冲切承载力的规定外，尚应按下列公式验算距内筒和柱边缘 h_0 处截面的受剪承载力：

$$V_s \leqslant 0.70\beta_{hs} f_t b_w h_0 \qquad (6.2.4\text{-}1)$$

$$\beta_{hs} = \left(\frac{800}{h_0}\right)^{1/4} \qquad (6.2.4\text{-}2)$$

式中：V_s——距内筒或柱边缘 h_0 处，扣除底板及其上填土的自重后，相应于荷载效应基本组合的基底平均净反力产生的筏板单位宽度剪力设计值（kN）；

β_{hs}——受剪承载力截面高度影响系数：当 h_0＜800mm 时，取 h_0＝800mm；当 h_0＞2000mm 时，取 h_0＝2000mm；其间按内插法取值；

b_w——筏板计算截面单位宽度（m）；

h_0——距内筒或柱边缘 h_0 处筏板的截面有效高度（m）。

当筏板变厚度时，尚应验算变厚度处筏板的截面受剪承载力。

6.2.5 梁板式筏基底板的厚度应符合受弯、受冲切和受剪承载力的要求，且不应小于 400mm；板厚与最大双向板格的短边净跨之比尚不应小于 1/14。梁板式筏基梁的高跨比不宜小于 1/6。

6.2.6 梁板式筏基的基础梁除应符合正截面受弯承载力的要求外，尚应验算柱边缘处或梁柱连接面八字角边缘处基础梁斜截面受剪承载力。

6.2.7 梁板式筏形基础梁和平板式筏形基础底板的顶面应符合底层柱下局部受压承载力的要求。对抗震设防烈度为 9 度的高层建筑，验算柱下基础梁、板局部受压承载力时，尚应按现行国家标准《建筑抗震设计规范》GB 50011 的要求，考虑竖向地震作用对柱轴力的影响。

6.2.8 地下室底层柱、剪力墙与梁板式筏基的基础梁连接的构造应符合下列规定：

1 当交叉基础梁的宽度小于柱截面的边长时，交叉基础梁连接处宜设置八字角，柱角和八字角之间的净距不宜小于 50mm（图 6.2.8*a*）；

2 当单向基础梁与柱连接且柱截面的边长大于 400mm 时，可按图 6.2.8*b*、图 6.2.8*c* 采用，柱角和八字角之间的净距不宜小于 50mm；当柱截面的边长小于或等于 400mm 时，可按图 6.2.8*d* 采用；

3 当基础梁与剪力墙连接时，基础梁边至剪力墙边的距离不宜小于 50mm（图 6.2.8*e*）。

6.2.9 筏形基础地下室的外墙厚度不应小于 250mm，内墙厚度不宜小于 200mm。墙体内应设置双面钢筋，钢筋不宜采用光面圆钢筋。钢筋配置量除应满足承载力要求外，尚应考虑变形、抗裂及外墙防渗等要求。水平钢筋的直径不应小于 12mm，竖向钢筋的直径不应小于 10mm，间距不应大于 200mm。当筏板的厚度大于 2000mm 时，宜在板厚中间部位设置直径不小于 12mm、间距不大于 300mm 的双向钢筋。

6.2.10 当地基土比较均匀、地基压缩层范围内无软弱土层或可液化土层、上部结构刚度较好，柱网和荷载较均匀、相邻柱荷载及柱间距的变化不超过 20%，且平板式筏基板的厚跨比或梁板式筏基梁的高跨比不小于 1/6 时，筏形基础可仅考虑底板局部弯曲作用，计算筏形基础的内力时，基底反力可按直线分布，并扣除底板及其上填土的自重。

当不符合上述要求时，筏基内力可按弹性地基梁板等理论进行分析。计算分析时应根据土层情况和地区经验选用地基模型和参数。

6.2.11 对有抗震设防要求的结构，嵌固端处的框架结构底层柱根截面组合弯矩设计值应按现行国家标准《建筑抗震设计规范》GB 50011 的规定乘以与其抗震等级相对应的增大系数。

6.2.12 当梁板式筏基的基底反力按直线分布计算时，其基础梁的内力可按连续梁分析，边跨的跨

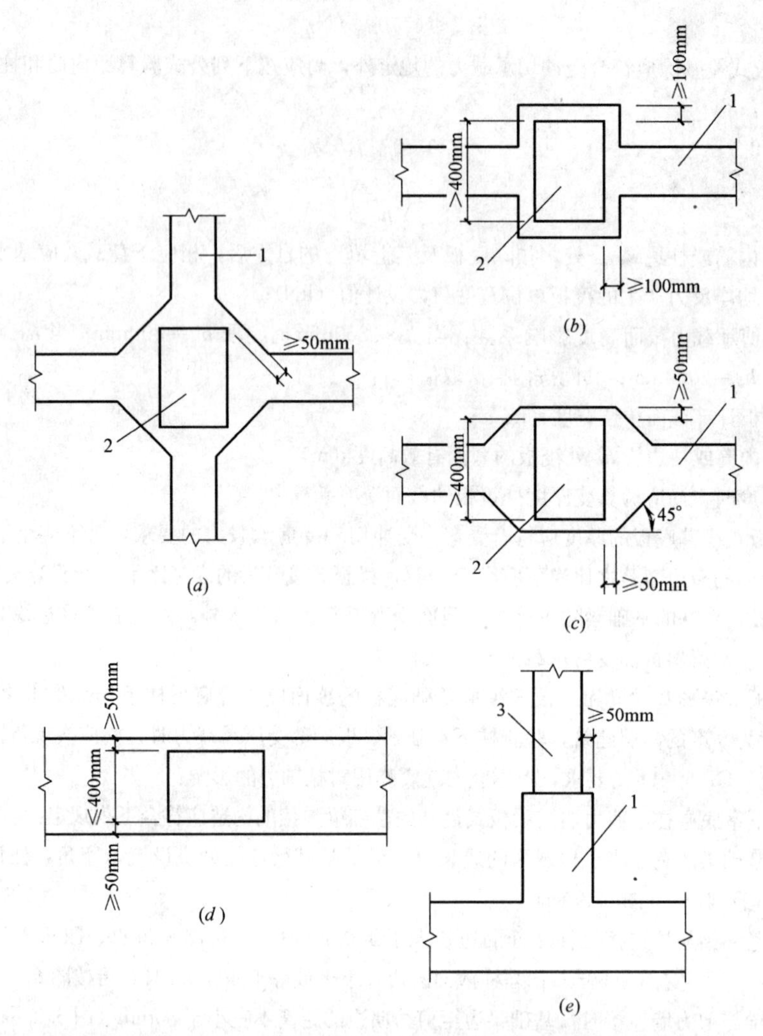

图 6.2.8 地下室底层柱和剪力墙与梁板式筏基的基础梁连接构造

1—基础梁；2—柱；3—墙

中弯矩以及第一内支座的弯矩值宜乘以 1.20 的增大系数。考虑到整体弯曲的影响，梁板式筏基的底板和基础梁的配筋除应满足计算要求外，基础梁和底板的顶部跨中钢筋应按实际配筋全部连通，纵横方向的底部支座钢筋尚应有 1/3 贯通全跨。底板上下贯通钢筋的配筋率均不应小于 0.15%。

6.2.13 按基底反力直线分布计算的平板式筏基，可按柱下板带和跨中板带分别进行内力分析，并应符合下列要求：

1 柱下板带中在柱宽及其两侧各 0.5 倍板厚且不大于 1/4 板跨的有效宽度范围内，其钢筋配置量不应小于柱下板带钢筋的一半，且应能承受部分不平衡弯矩 $\alpha_m M_{unb}$，M_{unb} 为作用在冲切临界截面重心上的部分不平衡弯矩，α_m 可按下式计算：

$$\alpha_m = 1 - \alpha_s \tag{6.2.13}$$

式中：α_m——不平衡弯矩通过弯曲传递的分配系数；

α_s——按本规范式（6.2.2-3）计算。

2 考虑到整体弯曲的影响，筏板的柱下板带和跨中板带的底部钢筋应有 1/3 贯通全跨，顶部钢筋应按实际配筋全部连通，上下贯通钢筋的配筋率均不应小于 0.15%。

3 有抗震设防要求、平板式筏基的顶面作为上部结构的嵌固端、计算柱下板带截面组合弯矩设计值时，柱根内力应考虑乘以与其抗震等级相应的增大系数。

6.2.14 带裙房高层建筑筏形基础的沉降缝和后浇带设置应符合下列要求：

1 当高层建筑与相连的裙房之间设置沉降缝时，高层建筑的基础埋深应大于裙房基础的埋深，其值不应小于 2m。地面以下沉降缝的缝隙应用粗砂填实（图 6.2.14*a*）。

2 当高层建筑与相连的裙房之间不设置沉降缝时，宜在裙房一侧设置用于控制沉降差的后浇带。当高层建筑基础面积满足地基承载力和变形要求时，后浇带宜设在与高层建筑相邻裙房的第一跨内。当需要满足高层建筑地基承载力、降低高层建筑沉降量，减小高层建筑与裙房间的沉降差而增大高层建筑基础面积时，后浇带可设在距主楼边柱的第二跨内，此时尚应满足下列条件：

1）地基土质应较均匀；

2）裙房结构刚度较好且基础以上的地下室和裙房结构层数不应少于两层；

3）后浇带一侧与主楼连接的裙房基础底板厚度应与高层建筑的基础底板厚度相同（图 6.2.14*b*）。

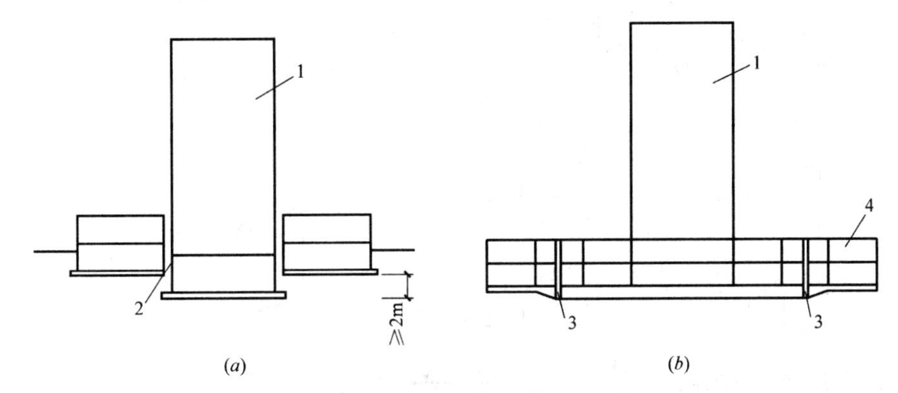

图 6.2.14 后浇带（沉降缝）示意

1—高层；2—室外地坪以下用粗砂填实；3—后浇带；4—裙房及地下室

根据沉降实测值和计算值确定的后期沉降差满足设计要求后，后浇带混凝土方可进行浇筑。

3 当高层建筑与相连的裙房之间不设沉降缝和后浇带时，高层建筑及与其紧邻一跨裙房的筏板应采用相同厚度，裙房筏板的厚度宜从第二跨裙房开始逐渐变化，应同时满足主、裙楼基础整体性和基础板的变形要求；应进行地基变形和基础内力的验算，验算时应分析地基与结构间变形的相互影响．并应采取有效措施防止产生有不利影响的差异沉降。

6.2.15 在同一大面积整体筏形基础上有多幢高层和低层建筑时，筏基的结构计算宜考虑上部结构、基础与地基土的共同作用。筏基可采用弹性地基梁板的理论进行整体计算；也可按各建筑物的有效影响区域将筏基划分为若干单元分别进行计算，计算时应考虑各单元的相互影响和交界处的变形协调条件。

6.2.16 带裙房的高层建筑下的大面积整体筏形基础，其主楼下筏板的整体挠曲值不应大于 0.5‰，主楼与相邻的裙房柱的差异沉降不应大于跨度的 1‰。

6.2.17 在同一大面积整体筏形基础上有多幢高层和低层建筑时，各建筑物的筏板厚度应各自满足冲切及剪切要求。

6.2.18 在大面积整体筏形基础上设置后浇带时，应符合本规范第 6.2.14 条以及第 7.4 节的规定。

2.4 桩基承台构造

桩基承台是建筑在桩基上的基础平台。平台一般采用钢筋混凝土结构，起承上传下的作用，把墩身荷载传到基桩上。各种承台的设计中都应对承台做桩顶局部压应力验算、承台抗弯及抗剪切强度验算。

1. 矩形承台配筋构造

11G101-3 中作出如下规定（图 2-58、图 2-59）。

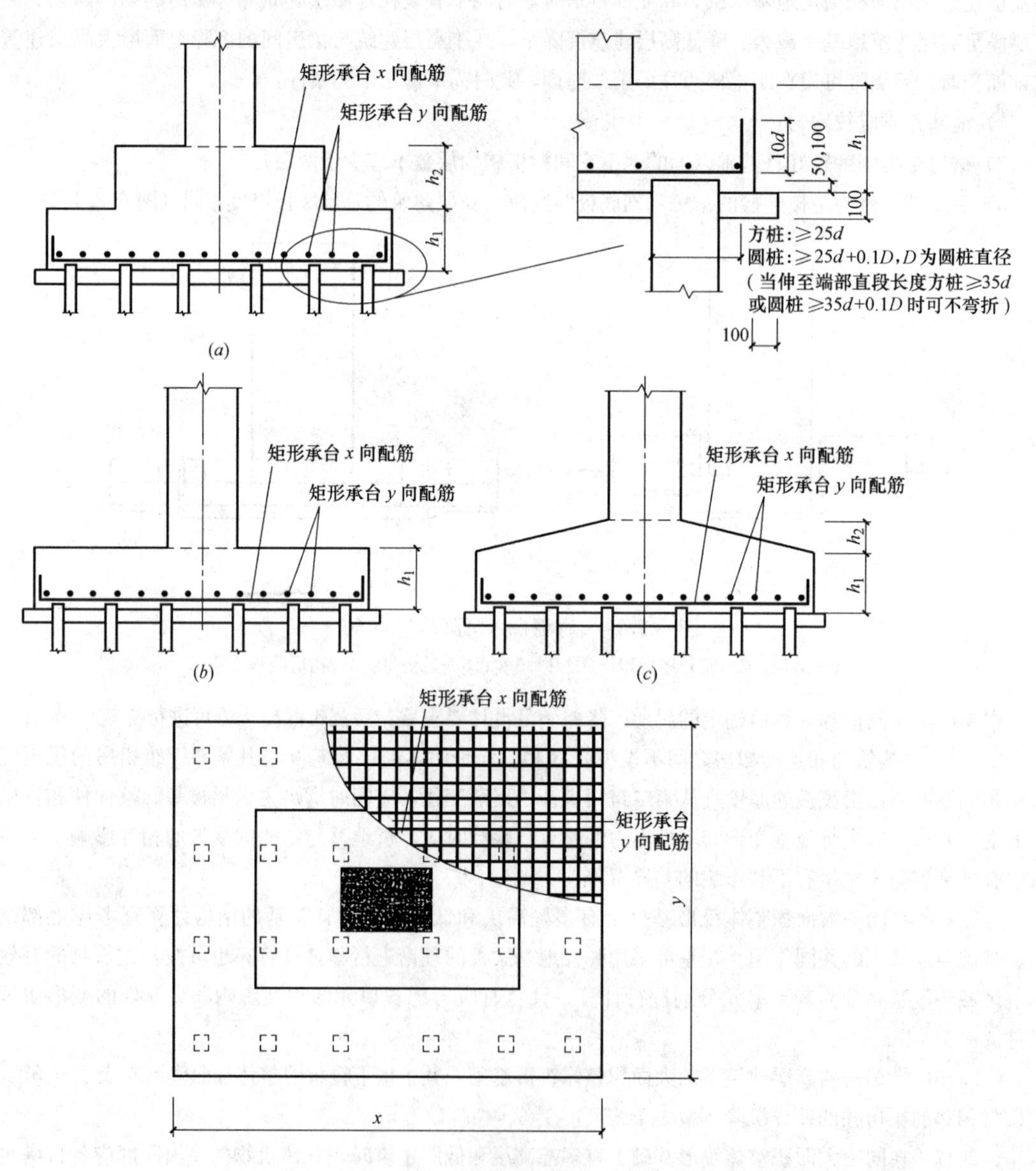

图 2-58 矩形承台配筋构造

(*a*) 阶形截面 CT_J；(*b*) 单阶形截面 CT_J；(*c*) 坡形截面 CT_P

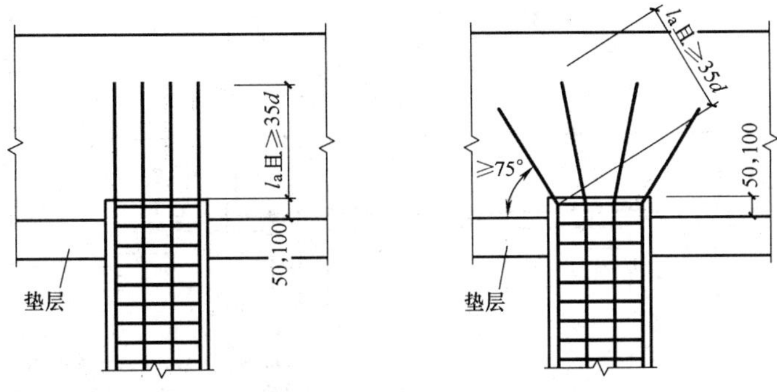

图 2-59 桩顶纵筋在承台内的锚固构造

注：当桩直径或桩截面边长小于 800mm 时，桩顶嵌入承台 50mm；当桩径或桩截面边长不小于 800mm 时，桩顶嵌入承台 100mm。

2. 等边、等腰三桩承台配筋构造

11G101-3 中作出如下规定（图 2-60、图 2-61）。

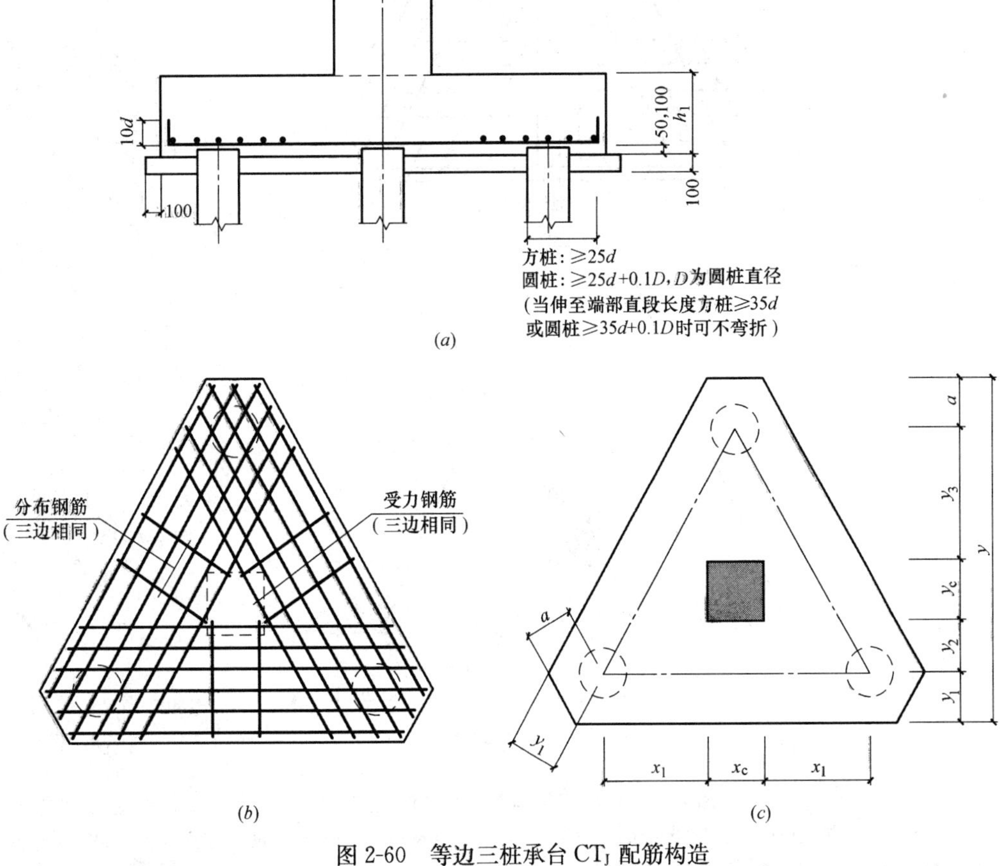

图 2-60 等边三桩承台 CT_J 配筋构造

注：1. 当桩直径或桩截面边长小于 800mm 时，桩顶嵌入承台 50mm；当桩径或桩截面边长不小于 800mm 时，桩顶嵌入承台 100mm。
2. 几何尺寸和配筋按具体结构设计和本图构造确定，等边三桩承台受力钢筋以“△”打头注写各边受力钢筋×3。

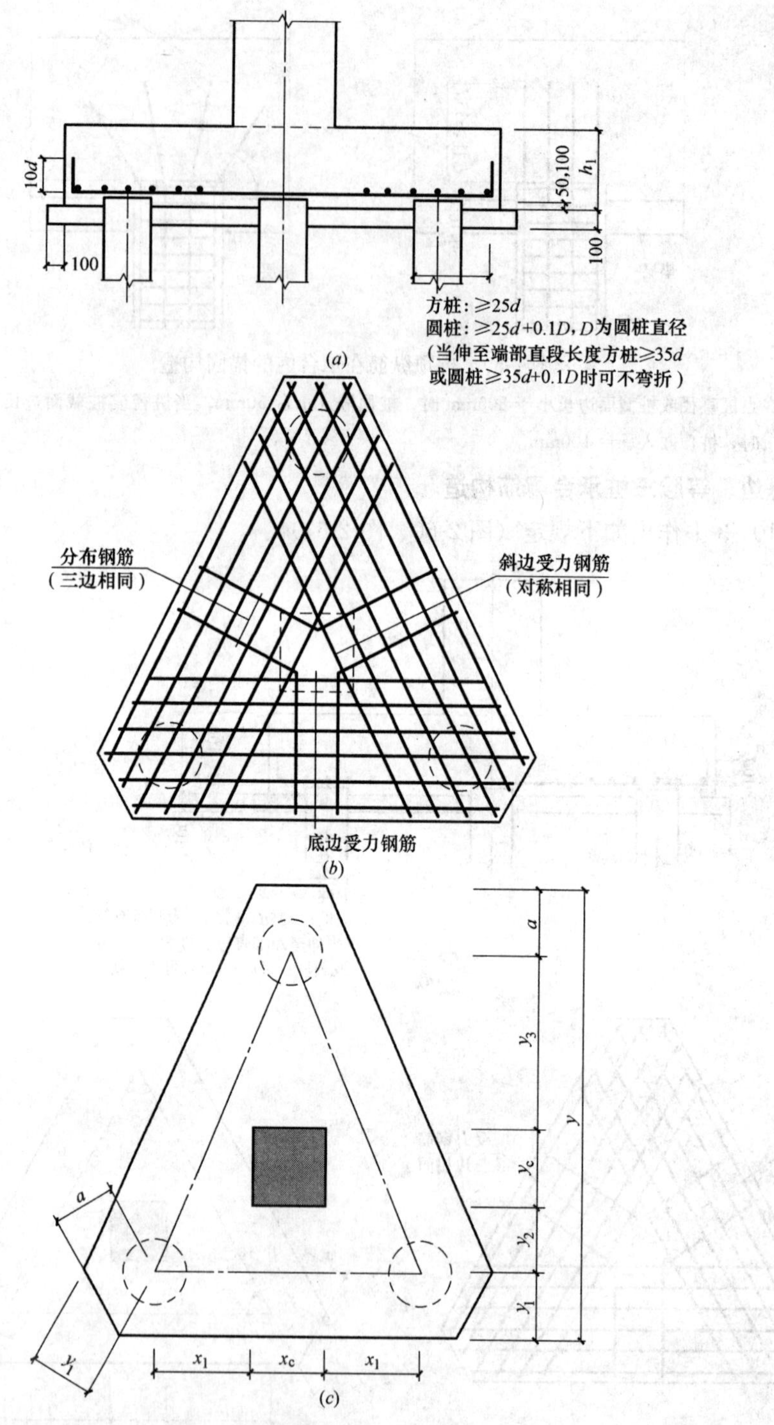

图 2-61　等腰三桩承台 CT_J 配筋构造

注：1. 当桩直径或桩截面边长小于 800mm 时，桩顶嵌入承台 50mm；当桩径或桩截面边长不小于 800mm 时，桩顶嵌入承台 100mm。

2. 几何尺寸和配筋按具体结构设计和本图构造确定。等腰三桩承台受力钢筋以“△”打头注写底边受力钢筋＋对称等腰斜边受力钢筋×2。

3. 六边形承台配筋构造

11G101-3 中作出如下规定（图 2-62）。

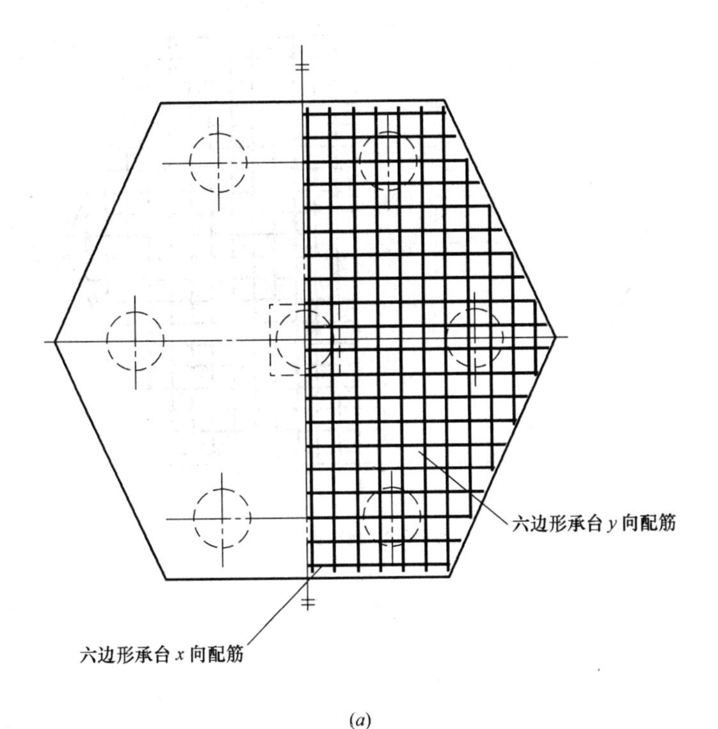

(a)

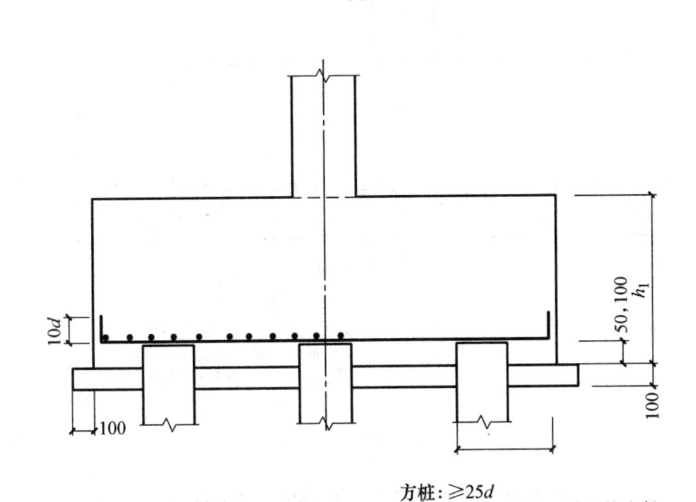

(b)

图 2-62　六边形承台 CT_J 配筋构造

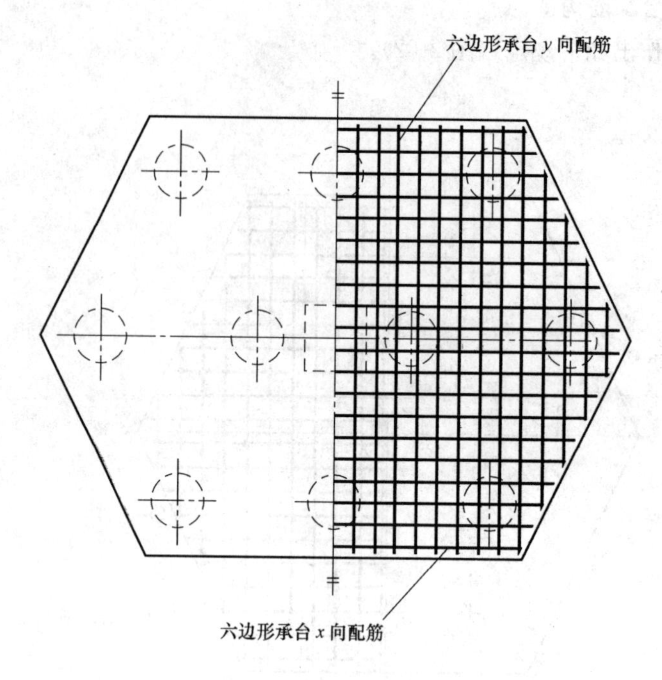

(c)

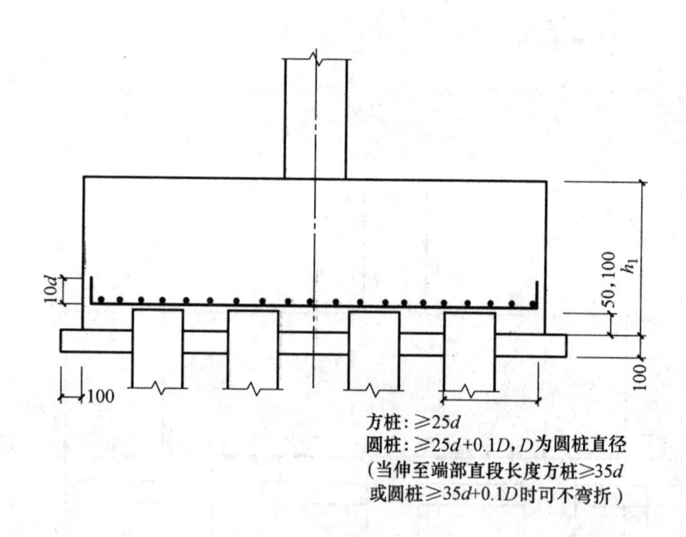

(d)

图 2-62　六边形承台 CT_J 配筋构造（续）

注：1. 当桩直径或桩截面边长小于 800mm 时，桩顶嵌入承台 50mm；当桩径或桩截面边长不小于 800mm 时，桩顶嵌入承台 100mm。

2. 几何尺寸和配筋按具体结构设计和本图构造确定。

4. 承台梁配筋构造

11G101-3 中作出如下规定（图 2-63、图 2-64）。

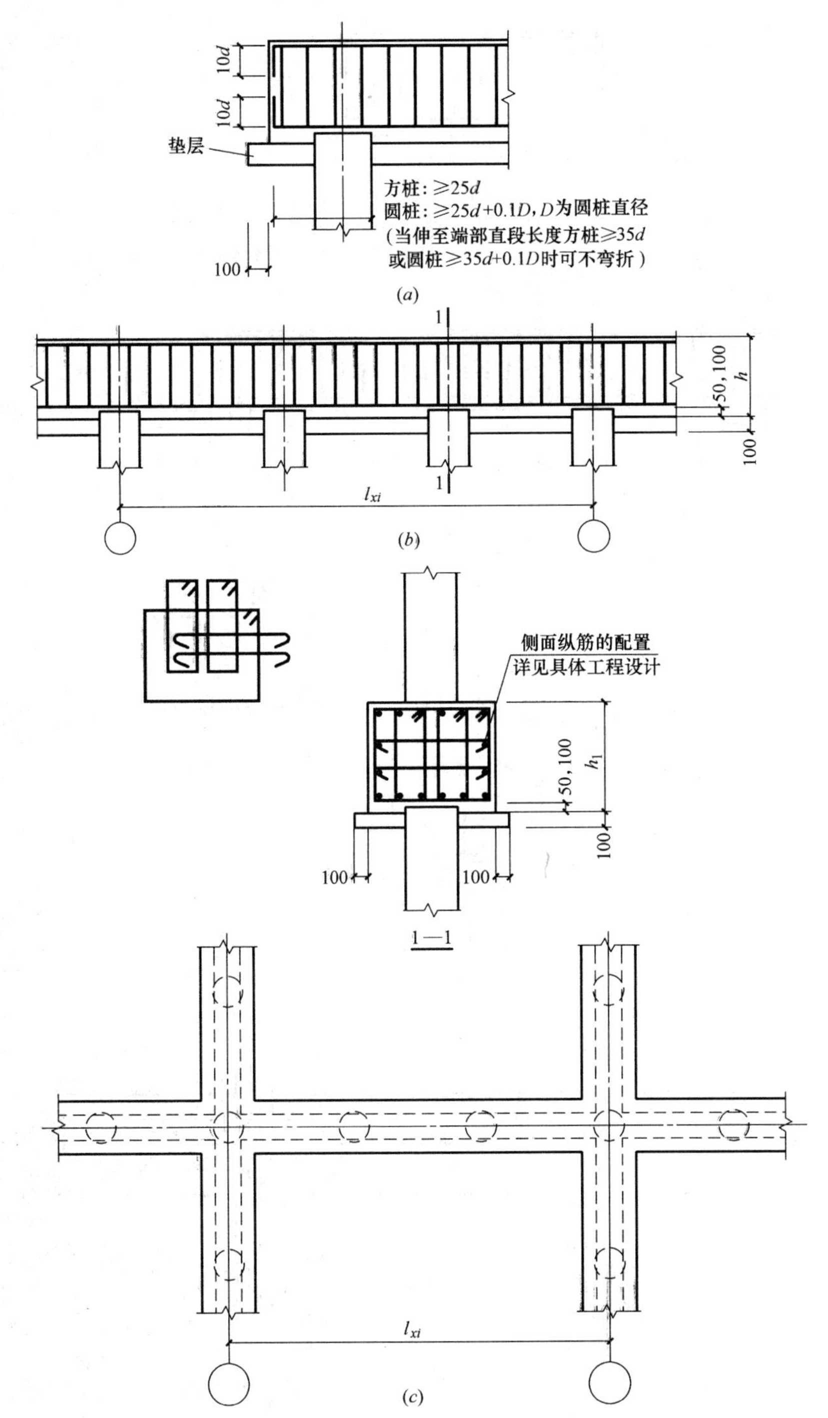

图 2-63 墙下单排桩承台梁 CTL 配筋构造

（a）承台梁端部钢筋构造

注：1. 当桩直径或桩截面边长小于 800mm 时，桩顶嵌入承台 50mm；当桩径或桩截面边长不小于 800mm 时，桩顶嵌入承台 100mm。

2. 拉筋直径为 8mm，间距为箍筋的 2 倍。当没有多排拉筋时，上下两排拉筋竖向错开设置。

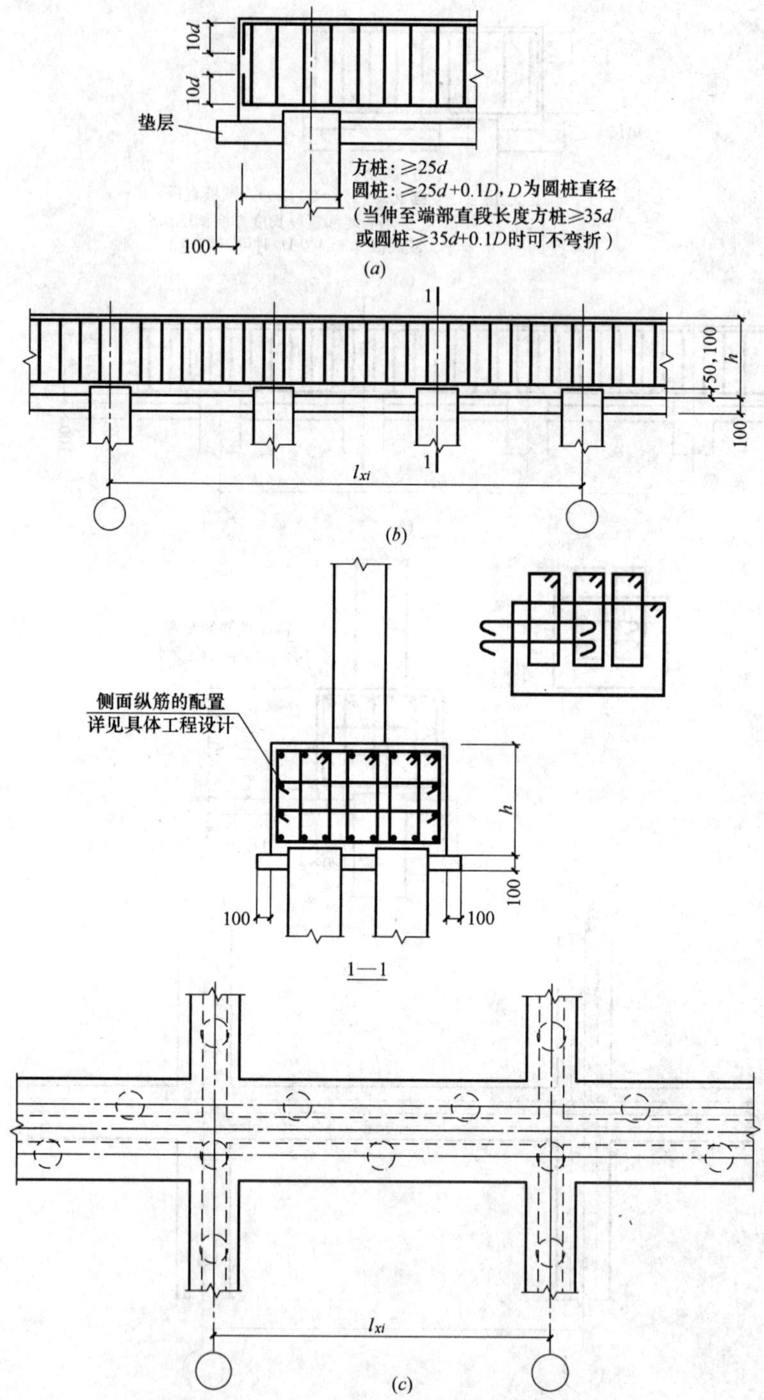

图 2-64 墙下双排桩承台梁 CTL 配筋构造

（a）承台梁端部钢筋构造

注：1. 当桩直径或桩截面边长小于 800mm 时，桩顶嵌入承台 50mm；当桩径或桩截面边长不小于 800mm 时，桩顶嵌入承台 100mm。

2. 拉筋直径为 8mm，间距为箍筋的 2 倍。当没有多排拉筋时，上下两排拉筋竖向错开设置。

【规范链接】

《建筑地基基础设计规范》(GB 50007—2011)

8.5.17 桩基承台的构造，除满足受冲切、受剪切、受弯承载力和上部结构的要求外，尚应符合下列要求：

1 承台的宽度不应小于 500mm。边桩中心至承台边缘的距离不宜小于桩的直径或边长，且桩的外边缘至承台边缘的距离不小于 150mm。对于条形承台梁，桩的外边缘至承台梁边缘的距离不小于 75mm。

2 承台的最小厚度不应小于 300mm。

3 承台的配筋，对于矩形承台，其钢筋应按双向均匀通长布置（图 8.5.17*a*），钢筋直径不宜小于 10mm，间距不宜大于 200mm；对于三桩承台，钢筋应按三向板带均匀布置，且最里面的三根钢筋围成的三角形应在柱截面范围内（图 8.5.17*b*）。承台梁的主筋除满足计算要求外，尚应符合现行国家标准《混凝土结构设计规范》GB 50010 关于最小配筋率的规定，主筋直径不宜小于 12mm，架立筋不宜小于 10mm，箍筋直径不宜小于 6mm（图 8.5.17*c*）；柱下独立桩基承台的最小配筋率不应小于 0.15%。钢筋锚固长度自边桩内侧（当为圆桩时，应将其直径乘以 0.886 等效为方桩）算起，锚固长度不应小于 35 倍钢筋直径，当不满足时应将钢筋向上弯折，此时钢筋水平段的长度不应小于 25 倍钢筋直径，弯折段的长度不应小于 10 倍钢筋直径。

4 承台混凝土强度等级不应低于 C20；纵向钢筋的混凝土保护层厚度不应小于 70mm，当有混凝土垫层时，不应小于 50mm；且不应小于桩头嵌入承台内的长度。

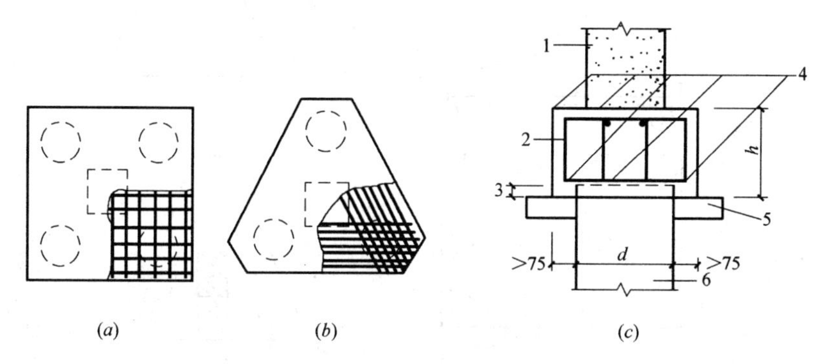

图 8.5.17 承台配筋

1—墙；2—箍筋直径不小于 6mm；3—桩顶入承台不小于 50mm；4—承台梁内主筋除须按计算配筋外尚应满足最小配筋率；5—垫层 100mm 厚 C10 混凝土

8.5.18 柱下桩基承台的弯矩可按以下简化计算方法确定：

1 多桩矩形承台计算截面取在柱边和承台高度变化处（杯口外侧或台阶边缘，图 8.5.18*a*）：

$$M_x = \sum N_i y_i \tag{8.5.18-1}$$

$$M_y = \sum N_i x_i \tag{8.5.18-2}$$

式中：M_x、M_y——分别为垂直 y 轴和 x 轴方向计算截面处的弯矩设计值（kN·m）；

x_i、y_i——垂直 y 轴和 x 轴方向自桩轴线到相应计算截面的距离（m）；

N_i——扣除承台和其上填土自重后相应于作用的基本组合时的第 i 桩竖向力设计值（kN）。

2 三桩承台

1）等边三桩承台（图 8.5.18b）。

$$M=\frac{N_{\max}}{3}\left(s-\frac{\sqrt{3}}{4}c\right) \tag{8.5.18-3}$$

式中：M——由承台形心至承台边缘距离范围内板带的弯矩设计值（kN·m）；

$N_{\max}$——扣除承台和其上填土自重后的三桩中相应于作用的基本组合时的最大单桩竖向力设计值（kN）；

s——桩距（m）；

c——方柱边长（m），圆柱时 $c=0.886d$（d 为圆柱直径）。

2）等腰三桩承台（图 8.5.18c）。

$$M_1=\frac{N_{\max}}{3}\left(s-\frac{0.75}{\sqrt{4-\alpha^2}}c_1\right) \tag{8.5.18-4}$$

$$M_2=\frac{N_{\max}}{3}\left(\alpha s-\frac{0.75}{\sqrt{4-\alpha^2}}c_2\right) \tag{8.5.18-5}$$

式中：M_1、M_2——分别为由承台形心到承台两腰和底边的距离范围内板带的弯矩设计值（kN·m）；

s——长向桩距（m）；

α——短向桩距与长向桩距之比，当时 α 小于 0.5 时，应按变截面的二桩承台设计；

c_1、c_2——分别为垂直于、平行于承台底边的柱截面边长（m）。

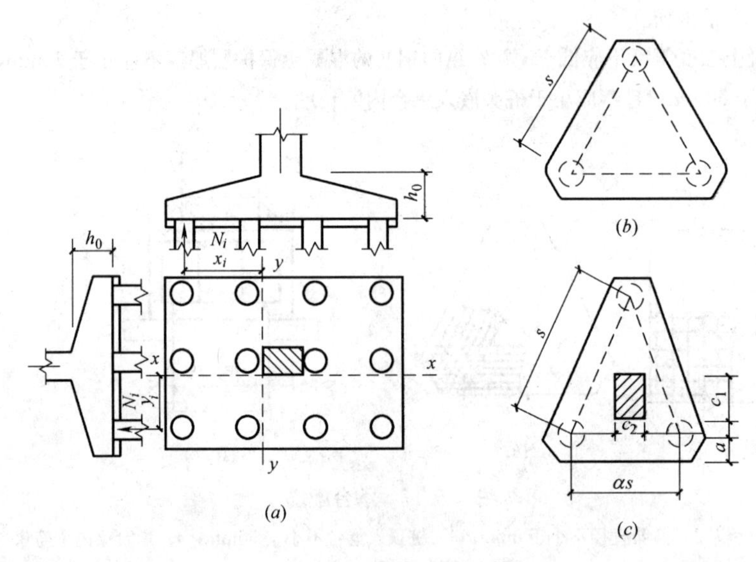

图 8.5.18 承台弯矩计算

8.5.19 柱下桩基础独立承台受冲切承载力的计算，应符合下列规定：

1 柱对承台的冲切，可按下列公式计算（图 8.5.19-1）：

$$F_l\leqslant 2[\alpha_{ox}(b_c+a_{oy})+\alpha_{oy}(h_c+a_{ox})]\beta_{hp}f_t h_0 \tag{8.5.19-1}$$

$$F_l=F-\sum N_i \tag{8.5.19-2}$$

$$\alpha_{ox}=0.84/(\lambda_{ox}+0.2) \tag{8.5.19-3}$$

$$\alpha_{oy}=0.84/(\lambda_{oy}+0.2) \tag{8.5.19-4}$$

式中：F_l——扣除承台及其上填土自重，作用在冲切破坏锥体上相应于作用的基本组合时的冲切力设计值（kN），冲切破坏锥体应采用自柱边或承台变阶处至相应桩顶边缘连线构成的锥体，锥体与承台底面的夹角不小于45°（图8.5.19-1）；

h_0——冲切破坏锥体的有效高度（m）；

β_{hp}——受冲切承载力截面高度影响系数，其值按本规范第8.2.8条的规定取用；

α_{ox}、α_{oy}——冲切系数；

λ_{ox}、λ_{oy}——冲跨比，$\lambda_{ox}=a_{ox}/h_0$、$\lambda_{oy}=a_{oy}/h_0$，a_{ox}、a_{oy}为柱边或变阶处至桩边的水平距离；当$a_{ox}(a_{oy})<0.25h_0$时，$a_{ox}(a_{oy})=0.25h_0$；当$a_{ox}(a_{oy})>h_0$时，$a_{ox}(a_{oy})=h_0$；

F——柱根部轴力设计值（kN）；

$\sum N_i$——冲切破坏锥体范围内各桩的净反力设计值之和（kN）。

对中低压缩性土上的承台，当承台与地基土之间没有脱空现象时，可根据地区经验适当减小柱下桩基础独立承台受冲切计算的承台厚度。

2 角桩对承台的冲切，可按下列公式计算：

1）多桩矩形承台受角桩冲切的承载力应按下列公式计算（图8.5.19-2）：

$$N_l \leqslant \left[\alpha_{1x}\left(c_2+\frac{a_{1y}}{2}\right)+\alpha_{1y}\left(c_1+\frac{a_{1x}}{2}\right)\right]\beta_{hp} f_t h_0 \tag{8.5.19-5}$$

$$\alpha_{1x}=\frac{0.56}{\lambda_{1x}+0.20} \tag{8.5.19-6}$$

$$\alpha_{1y}=\frac{0.56}{\lambda_{1y}+0.20} \tag{8.5.19-7}$$

式中：N_l——扣除承台和其上填土自重后的角桩桩顶相应于作用的基本组合时的竖向力设计值（kN）；

α_{1x}、α_{1y}——角桩冲切系数；

λ_{1x}、λ_{1y}——角桩冲跨比，其值满足0.25～1.00，$\lambda_{1x}=a_{1x}/h_0$，$\lambda_{1y}=a_{1y}/h_0$；

c_1、c_2——从角桩内边缘至承台外边缘的距离（m）；

a_{1x}、a_{1y}——从承台底角桩内边缘引45°冲切线与承台顶面或承台变阶处相交点至角桩内边缘的水平距离（m）；

h_0——承台外边缘的有效高度（m）。

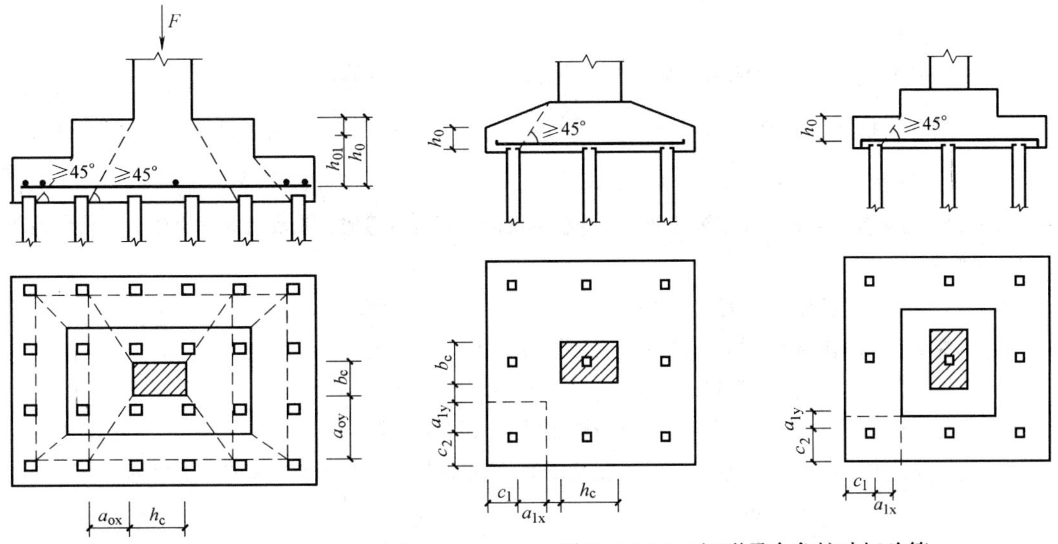

图8.5.19-1 柱对承台冲切

图8.5.19-2 矩形承台角桩冲切验算

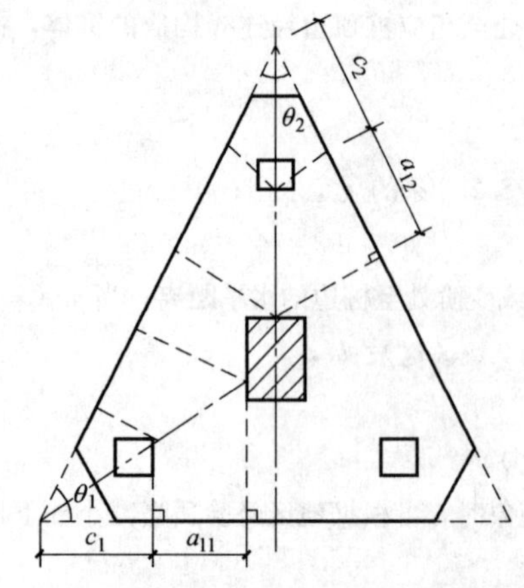

图 8.5.19-3 三角形承台角桩冲切验算

2）三桩三角形承台受角桩冲切的承载力可按下列公式计算（图 8.5.19-3）。对圆柱及圆桩，计算时可将圆形截面换算成正方形截面。

底部角桩

$$N_l \leqslant \alpha_{11}(2c_1+a_{11})\tan\frac{\theta_1}{2}\beta_{hp}f_t h_0 \quad (8.5.19\text{-}8)$$

$$\alpha_{11}=\frac{0.56}{\lambda_{11}+0.20} \quad (8.5.19\text{-}9)$$

顶部角桩

$$N_l \leqslant \alpha_{12}(2c_2+a_{12})\tan\frac{\theta_2}{2}\beta_{hp}f_t h_0 \quad (8.5.19\text{-}10)$$

$$\alpha_{12}=\frac{0.56}{\lambda_{12}+0.20} \quad (8.5.19\text{-}11)$$

式中：λ_{11}、λ_{12}——角桩冲跨比，其值满足 0.25～1.00，$\lambda_{11}=\frac{a_{11}}{h_0}$，$\lambda_{12}=\frac{a_{12}}{h_0}$；

a_{11}、a_{12}——从承台底角桩内边缘向相邻承台边引 45°冲切线与承台顶面相交点至角桩内边缘的水平距离（m）；当柱位于该 45°线以内时则取柱边与桩内边缘连线为冲切锥体的锥线。

8.5.20 柱下桩基础独立承台应分别对柱边和桩边、变阶处和桩边连线形成的斜截面进行受剪计算。当柱边外有多排桩形成多个剪切斜截面时，尚应对每个斜截面进行验算。

8.5.21 柱下桩基独立承台斜截面受剪承载力可按下列公式进行计算（图 8.5.21）：

$$V \leqslant \beta_{hs}\beta f_t b_0 h_0 \quad (8.5.21\text{-}1)$$

$$\beta=\frac{1.75}{\lambda+1.00} \quad (8.5.21\text{-}2)$$

式中：V——扣除承台及其上填土自重后相应于作用的基本组合时的斜截面的最大剪力设计值（kN）；

b_0——承台计算截面处的计算宽度（m）；阶梯形承台变阶处的计算宽度、锥形承台的计算宽度应按本规范附录 U 确定；

h_0——计算宽度处的承台有效高度（m）；

β——剪切系数；

β_{hs}——受剪切承载力截面高度影响系数，按公式（8.2.9-2）计算；

λ——计算截面的剪跨比，$\lambda_x=\frac{a_x}{h_0}$，$\lambda_y=\frac{a_y}{h_0}$；$a_x$、$a_y$ 为柱边或承台变阶处至 x、y 方向计算一排桩的桩边的水平距离，当 $\lambda<0.25$ 时，取 $\lambda=0.25$；当 $\lambda>3$ 时，取 $\lambda=3$。

8.5.22 当承台的混凝土强度等级低于柱或桩的混凝土强度等级时，尚应验算柱下或桩上承台的局部受压承载力。

8.5.23 承台之间的连接应符合下列要求：

1 单桩承台，应在两个互相垂直的方向上设置连系梁。

2 两桩承台，应在其短向设置连系梁。

3 有抗震要求的柱下独立承台，宜在两个主轴方向设置连系梁。

4 连系梁顶面宜与承台位于同一标高。连系梁的宽度不应小于 250mm，梁的高度可取承台中心距的 1/10～1/15，且不小于 400mm。

5 连系梁的主筋应按计算要求确定。连系梁内上下纵向钢筋直径不应小于 12mm 且不应少于 2 根，

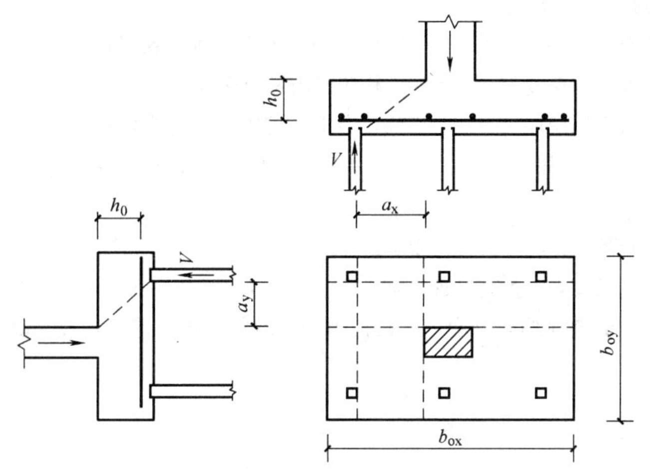

图 8.5.21 承台斜截面受剪计算

并应按受拉要求锚入承台。

《高层建筑混凝土结构技术规程》(JGJ 3—2010)

12.3.10 桩基可采用钢筋混凝土预制桩、灌注桩或钢桩。桩基承台可采用柱下单独承台、双向交叉梁、筏形承台、箱形承台。桩基选择和承台设计应根据上部结构类型、荷载大小、桩穿越的土层、桩端持力层土质、地下水位、施工条件和经验、制桩材料供应条件等因素综合考虑。

12.3.11 桩基的竖向承载力、水平承载力和抗拔承载力设计，应符合现行行业标准《建筑桩基技术规范》JGJ 94 的有关规定。

12.3.12 桩的布置应符合下列要求：

1 等直径桩的中心距不应小于 3 倍桩横截面的边长或直径；扩底桩中心距不应小于扩底直径的 1.5 倍，且两个扩大头间的净距不宜小于 1m。

2 布桩时，宜使各桩承台承载力合力点与相应竖向永久荷载合力作用点重合，并使桩基在水平力产生的力矩较大方向有较大的抵抗矩。

3 平板式桩筏基础，桩宜布置在柱下或墙下，必要时可满堂布置，核心筒下可适当加密布桩；梁板式桩筏基础，桩宜布置在基础梁下或柱下；桩箱基础，宜将桩布置在墙下。直径不小于 800mm 的大直径桩可采用一柱一桩。

4 应选择较硬土层作为桩端持力层。桩径为 d 的桩端全截面进入持力层的深度，对于黏性土、粉土不宜小于 $2d$；砂土不宜小于 $1.5d$；碎石类土不宜小于 $1d$。当存在软弱下卧层时，桩端下部硬持力层厚度不宜小于 $4d$。

抗震设计时，桩进入碎石土、砾砂、粗砂、中砂、密实粉土、坚硬黏性土的深度尚不应小于 0.5m，对其他非岩石类土尚不应小于 1.5m。

12.3.13 对沉降有严格要求的建筑的桩基础以及采用摩擦型桩的桩基础，应进行沉降计算。受较大永久水平作用或对水平变位要求严格的建筑桩基，应验算其水平变位。

按正常使用极限状态验算桩基沉降时，荷载效应应采用准永久组合；验算桩基的横向变位、抗裂、裂缝宽度时，根据使用要求和裂缝控制等级分别采用荷载的标准组合、准永久组合，并考虑长期作用影响。

12.3.14 钢桩应符合下列规定：

1 钢桩可采用管形或 H 形，其材质应符合国家现行有关标准的规定；

2 钢桩的分段长度不宜超过 15m，焊接结构应采用等强连接；

3 钢桩防腐处理可采用增加腐蚀余量措施；当钢管桩内壁同外界隔绝时，可不采用内壁防腐。钢桩的防腐速率无实测资料时，如桩顶在地下水位以下且地下水无腐蚀性，可取每年 0.03mm，且腐蚀预留量不应小于 2mm。

12.3.15 桩与承台的连接应符合下列规定：

1 桩顶嵌入承台的长度，对大直径桩不宜小于 100mm，对中、小直径的桩不宜小于 50mm；

2 混凝土桩的桩顶纵筋应伸入承台内，其锚固长度应符合现行国家标准《混凝土结构设计规范》GB 50010 的有关规定。

《建筑桩基技术规范》（JGJ 94—2008）

4.2.1 桩基承台的构造，除应满足抗冲功、抗剪切、抗弯承载力和上部结构要求外，尚应符合下列要求：

1 柱下独立桩基承台的最小宽度不应小于 500mm，边桩中心至承台边缘的距离不应小于桩的直径或边长，且桩的外边缘至承台边缘的距离不应小于 150mm。对于墙下条形承台梁，桩的外边缘至承台梁边缘的距离不应小于 75mm，承台的最小厚度不应小于 300mm。

2 高层建筑平板式和梁板式筏形承台的最小厚度不应小于 400mm，墙下布桩的剪力墙结构筏形承台的最小厚度不应小于 200mm。

3 高层建筑箱形承台的构造应符合《高层建筑筏形与箱形基础技术规范》JGJ 6 的规定。

4.2.2 承台混凝土材料及其强度等级应符合结构混凝土耐久性的要求和抗渗要求。

4.2.3 承台的钢筋配置应符合下列规定：

1 柱下独立桩基承台钢筋应通长配置（图 4.2.3*a*），对四桩以上（含四桩）承台宜按双向均匀布置，对三桩的三角形承台应按三向板带均匀布置，且最里面的三根钢筋围成的三角形应在柱截面范围内（图 4.2.3*b*）。钢筋锚固长度自边桩内侧（当为圆桩时，应将其直径乘以 0.886 等效为方桩）算起，不应小于 $35d_g$（d_g 为钢筋直径）；当不满足时应将钢筋向上弯折，此时水平段的长度不应小于 $25d_g$，弯折段长度不应小于 $10d_g$。承台纵向受力钢筋的直径不应小于 12mm，间距不应大于 200mm。柱下独立桩基承台的最小配筋率不应小于 0.15%。

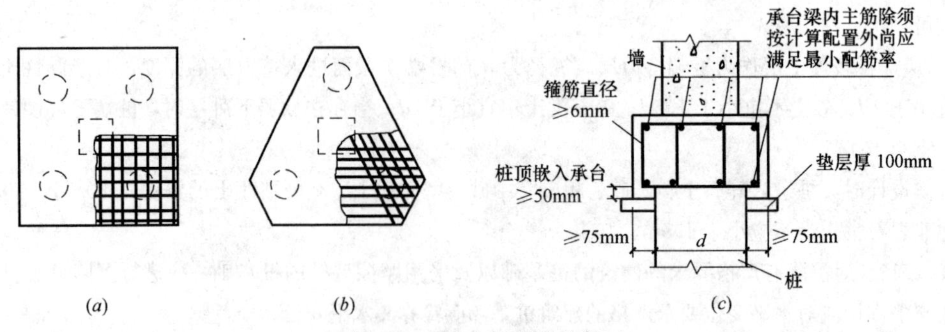

图 4.2.3 承台配筋示意

2 柱下独立两桩承台，应按现行国家标准《混凝土结构设计规范》GB 50010 中的深受弯构件配置纵向受拉钢筋、水平及竖向分布钢筋。承台纵向受力钢筋端部的锚同长度及构造应与柱下多桩承台的规定相同。

3 条形承台梁的纵向主筋应符合现行国家标准《混凝土结构设计规范》GB 50010关于最小配筋率的规定（图4.2.3*c*），主筋直径不应小于12mm，架立筋直径不应小于10mm，箍筋直径不应小于6mm。承台梁端部纵向受力钢筋的锚固长度及构造应与柱下多桩承台的规定相同。

4 筏形承台板或箱形承台板在计算中当仅考虑局部弯矩作用时，考虑到整体弯曲的影响，在纵横两个方向的下层钢筋配筋率不宜小于0.15%；上层钢筋应按计算配筋率全部连通。当筏板的厚度大于2000mm时，宜在板厚中间部位设置直径不小于12mm、间距不大于300mm的双向钢筋网。

5 承台底面钢筋的混凝土保护层厚度，当有混凝土垫层时，不应小于50mm，尤垫层时不应小于70mm；此外尚不应小于桩头嵌入承台内的长度。

4.2.4 桩与承台的连接构造应符合下列规定：

1 桩嵌入承台内的长度对中等直径桩不宜小于50mm；对大直径桩不宜小于100mm。

2 混凝土桩的桩顶纵向主筋应锚入承台内，其锚入长度不宜小于35倍纵向主筋直径。对于抗拔桩，桩顶纵向主筋的锚固长度应按现行国家标准《混凝土结构设计规范》GB 50010确定。

3 对于大直径灌注桩，当采用一柱一桩时可设置承台或将桩与柱直接连接。

4.2.5 柱与承台的连接构造应符合下列规定：

1 对于一柱一桩基础，柱与桩直接连接时，柱纵向主筋锚入桩身内长度不应小于35倍纵向主筋直径。

2 对于多桩承台，柱纵向主筋应锚入承台不小于35倍纵向主筋直径；当承台高度不满足锚固要求时，竖向锚固长度不应小于20倍纵向主筋直径，并向柱轴线方向呈90°弯折。

3 当有抗震设防要求时，对于一、二级抗震等级的柱，纵向主筋锚固长度应乘以1.15的系数；对于三级抗震等级的柱，纵向主筋锚固长度应乘以1.05的系数。

4.2.6 承台与承台之间的连接构造应符合下列规定：

1 一柱一桩时，应在桩顶两个主轴方向上设置连系梁。当桩与柱的截面直径之比大于2时，可不设连系梁。

2 两桩桩基的承台，应在其短向设置连系梁。

3 有抗震设防要求的柱下桩基承台，宜沿两个主轴方向设置连系梁。

4 连系梁顶面宜与承台顶面位于同一标高。连系梁宽度不宜小于250mm，其高度可取承台中心距的1/10～1/15，且不宜小于400mm。

5 连系梁配筋应按计算确定，梁上下部配筋不宜小于2根直径12mm钢筋；位于同一轴线上的相邻跨连系梁纵筋应连通。

4.2.7 承台和地下室外墙与基坑侧壁间隙应灌注素混凝土或搅拌流动性水泥土，或采用灰土、级配砂石、压实性较好的素土分层夯实，其压实系数不宜小于0.94。

3 柱构造

3.1 抗震 KZ、QZ、LZ 钢筋构造

1. 抗震 KZ 纵向钢筋连接构造

抗震 KZ 纵向钢筋连接构造共分为绑扎搭接、机械连接、焊接连接三种情况。11G101-1 中作出如下规定（图 3-1、图 3-2）。

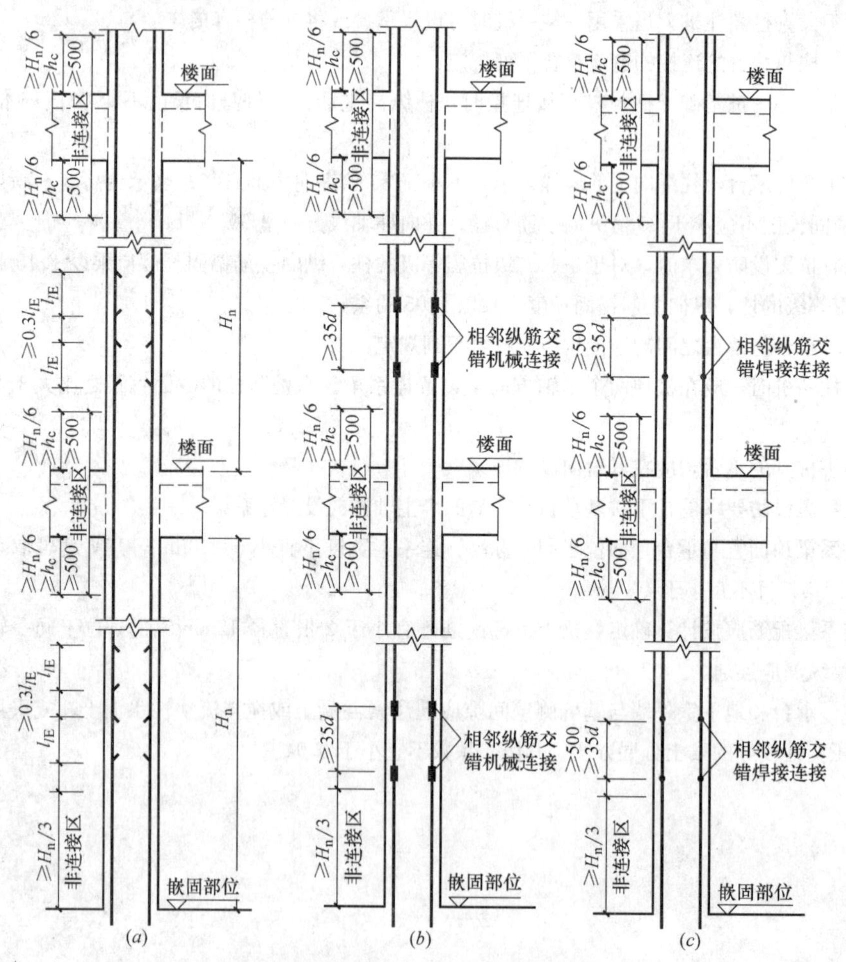

图 3-1　抗震 KZ 纵向钢筋连接构造

(*a*) 绑扎搭接；(*b*) 机械连接；(*c*) 焊接连接

注：当某层连接区的高度小于纵筋分两批搭接所需要的高度时，应改用机械连接或焊接连接。

由上图（图3-1）可以看出：

（1）上部结构的嵌固位置，即基础结构和上部结构的划分位置；

（2）上部结构嵌固位置，柱纵筋非连接区高度为 $H_n/3$；

（3）各层纵筋非连接区高度为 max（$H_n/6$，h_c，500）；

（4）基础顶面非连接区高度不小于 $H_n/3$；

（5）柱相邻纵向钢筋连接接头相互错开。在同一截面内钢筋接头面积百分率不宜大于50%。

柱纵向钢筋连接接头相互错开的距离：

1）绑扎连接：搭接长度 $1.3l_{lE}$；

2）机械连接：接头错开距离不小于 $35d$；

3）焊接连接：接头错开距离不小于 $35d$ 且不小于500mm。

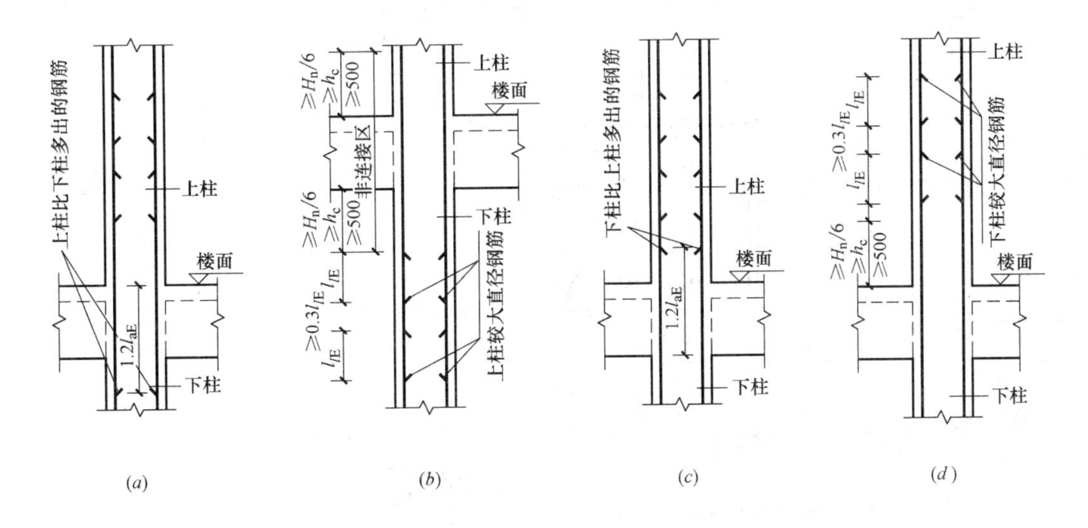

图3-2　上、下柱钢筋不同时钢筋构造

由上图（图3-2）可以看出：

（1）上柱钢筋比下柱多时，上柱纵向钢筋从楼面算起深入下柱长度 $1.2l_{aE}$。

（2）上柱钢筋直径比下柱钢筋直径大时，要错开下柱“非连接区”采用绑扎搭接构造，也可采用机械连接和焊接连接。

（3）下柱钢筋比上柱多时，下柱纵向钢筋从梁底算起深入上柱长度 $1.2l_{aE}$。

（4）下柱钢筋直径比上柱钢筋直径大时，要错开上柱“非连接区”采用绑扎搭接构造，也可采用机械连接和焊接连接。

2. 抗震KZ边柱和角柱柱顶纵向钢筋构造

11G101-1中作出如下规定（图3-3）。

3. 抗震KZ中柱柱顶纵向钢筋构造

11G101-1中作出如下规定（图3-4）。

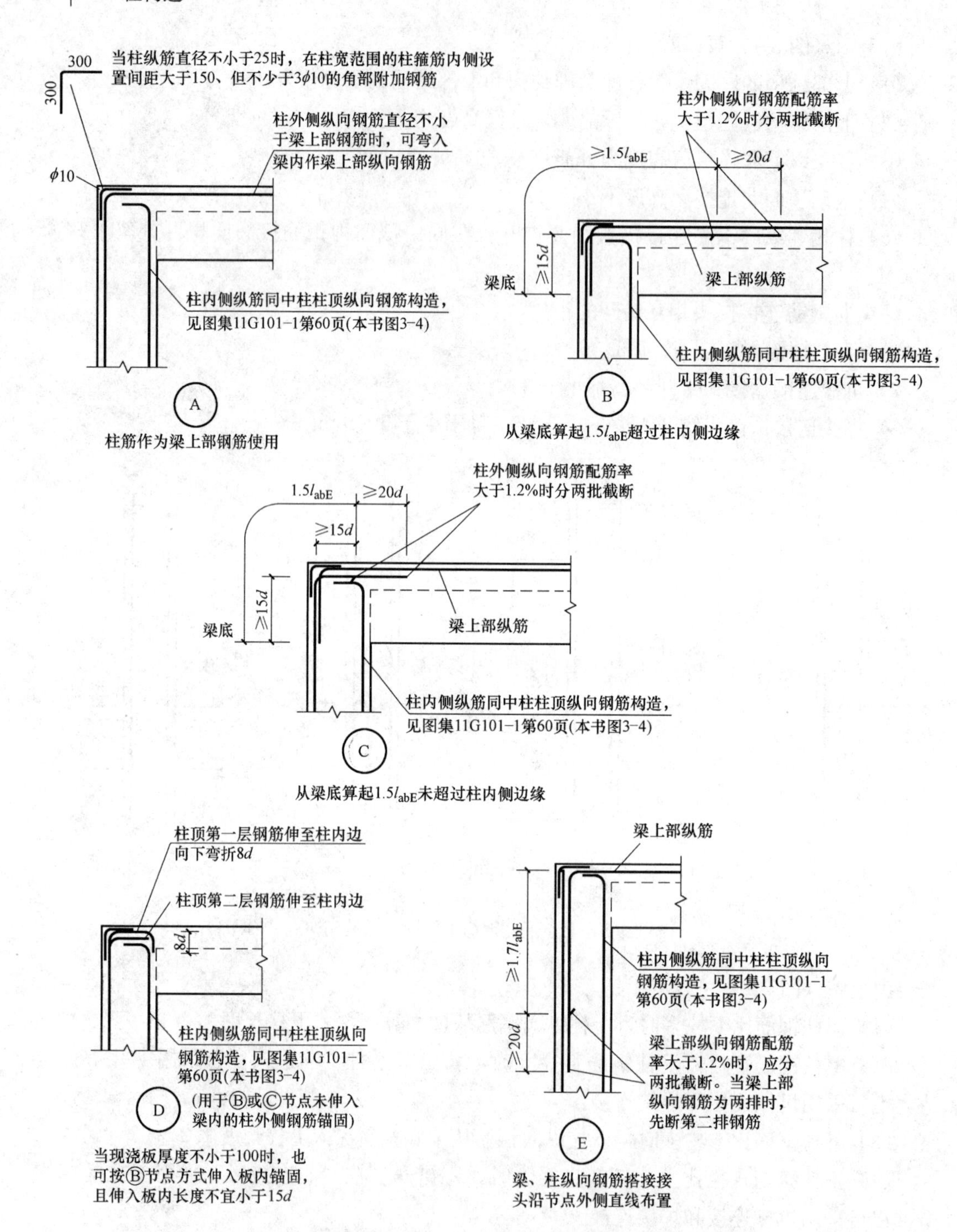

图 3-3 抗震 KZ 边柱和角柱柱顶纵向钢筋构造

注：1. 节点Ⓐ、Ⓑ、Ⓒ、Ⓓ应配合使用，节点Ⓓ不应单独使用（仅用于未伸入梁内的柱外侧纵筋锚固），伸入梁内的柱外侧纵筋不宜少于柱外侧全部纵筋面积的 65%。可选择Ⓑ+Ⓓ或Ⓒ+Ⓓ或Ⓐ+Ⓑ+Ⓓ或Ⓐ+Ⓒ+Ⓓ的做法。

2. 节点Ⓔ用于梁、柱纵向钢筋接头沿节点柱顶外侧直线布置的情况，可与节点Ⓐ组合使用。

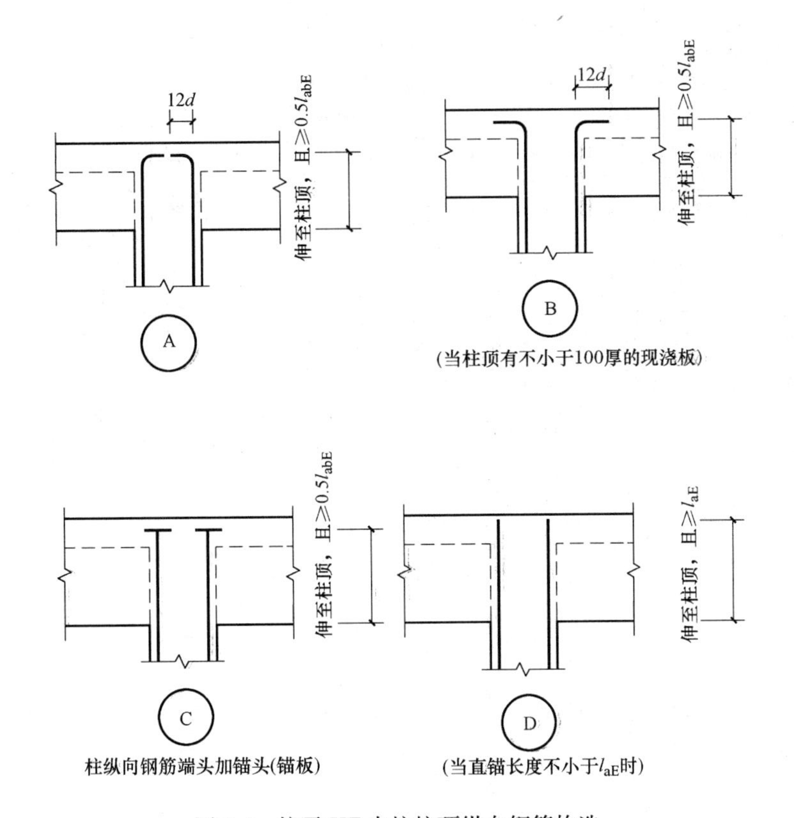

图 3-4 抗震KZ中柱柱顶纵向钢筋构造

注：中柱柱头纵向钢筋构造分四种构造做法，施工人员应根据各种做法所要求的条件正确选用。

由上图（图 3-4）可以看出：

（1）柱纵筋不仅满足直锚长度的要求，且纵向钢筋应伸至柱顶，从梁底面计算的锚固长度不小于 l_{aE}（l_a），可不必水平弯折（图 3-4Ⓓ）。

（2）不满足直锚时，弯折前的竖直投影长度不应小于 0.5l_{abE}（0.5l_{ab}），且伸至柱顶，弯折后的水平投影长度不宜小于 12d（图 3-4Ⓑ）。

（3）梁宽外的柱纵向钢筋，应伸至板顶后水平弯折 12d（图 3-4Ⓐ）。

（4）平法增加了柱头钢筋加锚头（锚板）的锚固做法（图 3-4Ⓒ）。

4. 抗震KZ柱变截面位置纵向钢筋构造

11G101-1 中作出如下规定（图 3-5）。

由上图（图 3-5）可以看出：

（1）坡度大于 6 时，上柱纵向钢筋锚入下柱内 1.2l_{aE}（1.2l_a），这是规范要求，为增强柱子的安全性，下柱纵筋伸至梁顶面竖向长度不小于 0.5l_{abE}（对于梁高 h_b 大于 0.5l_{aE} 时，也应将钢筋伸到梁上部纵筋的底部再弯 12d），水平弯折后的直线段为 12d。

（2）坡度不大于 6 时，可采用弯折延伸至上柱后在非连接区外连接。

（3）中柱当一侧收进时，能通长的纵筋在上柱连接，不能通长的纵筋按方法（1）锚固。

（4）边柱内侧收进时，不能通长的纵筋伸至梁顶面竖向长度≥0.5l_{abE}（0.5l_{ab}）；水平

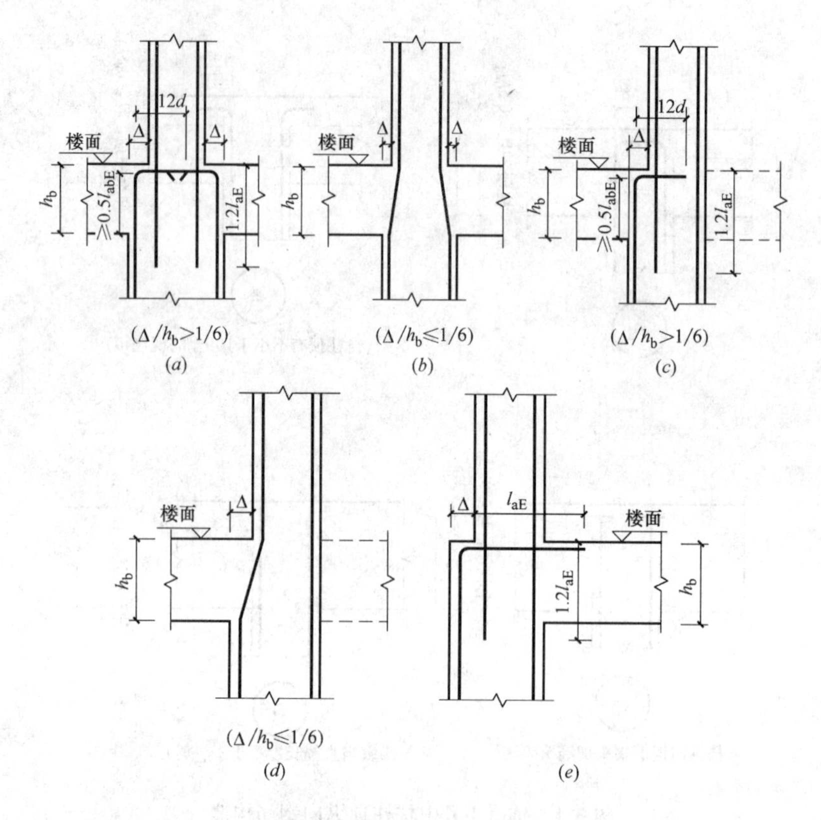

图 3-5 抗震 KZ 柱变截面位置纵向钢筋构造

注：楼层以上柱纵筋连接构造见图集 11G101-1 第 57、58 页。

弯折后的直线段为 12d。

（5）边柱外侧收进时，不能通长的纵筋伸至梁顶面竖向长度≥1.2l_{aE}；水平弯折后的直线段为 l_{aE}。

5. 抗震 KZ、QZ、LZ 箍筋加密区范围

11G101-1 中作出如下规定（图 3-6、图 3-7）。

由图 3-6 可以看出：

（1）底层柱根加密区不小于 $H_n/3$（H_n 是从基础顶面到顶板梁底的柱的净高）。

（2）楼板梁上下部位的箍筋加密区长度由以下三部分组成：

1）梁底以下部分：max（$H_n/6$，h_c，500）（H_n 是当前楼层的柱净高；h_c 为柱截面长边尺寸，圆柱为截面直径）；

2）楼板顶面以上部分：max（$H_n/6$，h_c，500）（H_n 是上一层的柱净高；h_c 为柱截面长边尺寸，圆柱为截面直径）；

3）再加上一个梁截面高度。

（3）箍筋加密区直到柱顶。

由图 3-7 可以看出：

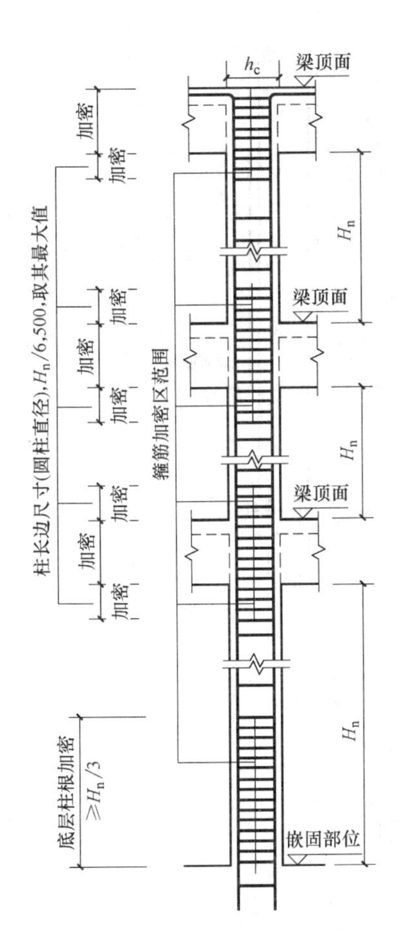

图 3-6 抗震 KZ、QZ、LZ 箍筋加密区范围

注：QZ 嵌固部位为墙顶面，LZ 嵌固部位为梁顶面。

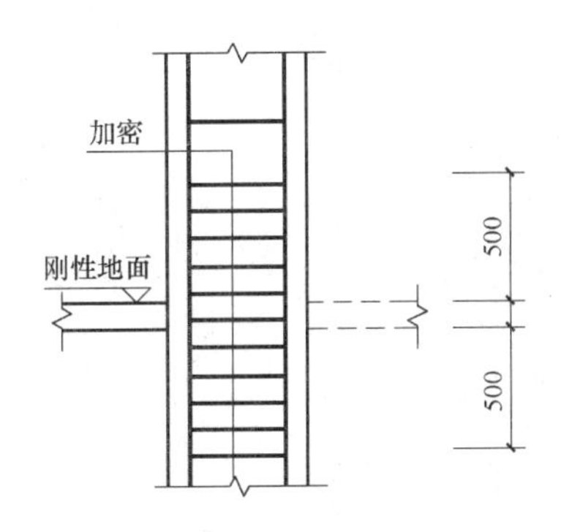

图 3-7 底层刚性地面上下各加密 500

本结构只适用于没有地下室或架空层的建筑。若“地面”的标高落在基础顶面 $H_n/3$ 的范围内，则这个加密区就与 $H_n/3$ 的加密区重合了，这两种箍筋加密区不必重复设置。

6. 抗震 QZ、LZ 纵向钢筋构造

11G101-1 中作出如下规定（图 3-8、图 3-9）。

由图 3-8 可以看出：

(1) 第一种方法：剪力墙上柱 QZ 与下层剪力墙重叠一层。这种锚固方法就是把上层框架柱的全部柱纵筋向下伸至下层剪力墙的楼面上，也就是与下层剪力墙重叠一个楼层。在墙顶面标高以下锚固范围内的柱箍筋按上柱非加密区要求设置。

(2) 第二种方法：剪力墙上柱 QZ 的纵筋锚固在下层剪力墙的上部。这种锚固方法与第一种不同，只是在下层剪力墙的上端进行锚固，而不是与下层剪力墙重叠一个楼层。

其做法要点是：锚入下层剪力墙上部，其直锚长度 $1.2l_{aE}$，弯直钩 150mm。在墙顶面标高以下锚固范围内的柱箍筋按上柱非加密区箍筋要求设置。

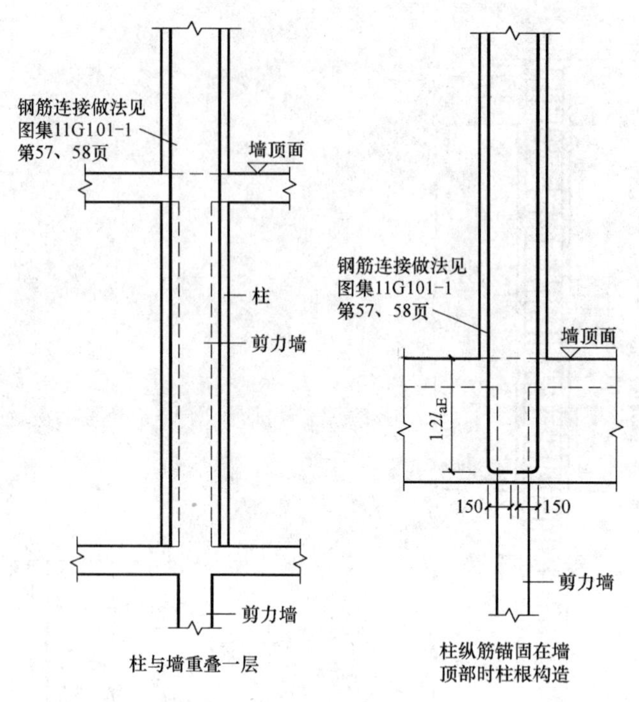

图 3-8 抗震剪力墙上 QZ 纵筋构造

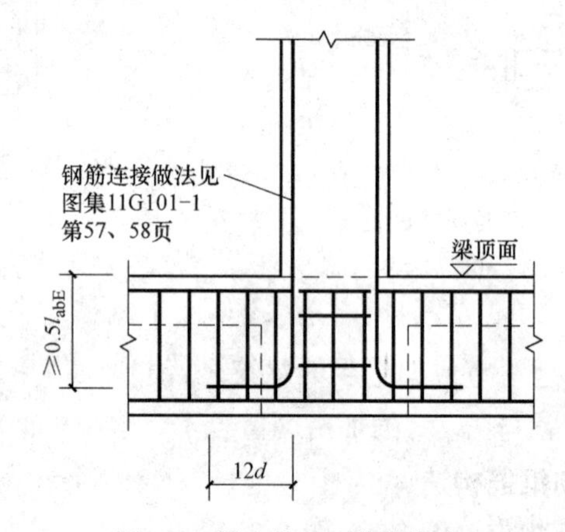

图 3-9 梁上柱 LZ 纵筋构造

由图 3-9 可以看出：

(1) 梁上柱纵筋伸至梁底并弯直钩 12d，要求直锚长度不小于 0.5l_{abE}。

(2) 柱插筋在梁内的部分只需设置两道柱箍筋（其作用是固定柱插筋）。

【规范链接】

《混凝土结构设计规范》(GB 50010—2010)

9.3.1 柱中纵向钢筋的配置应符合下列规定：

1　纵向受力钢筋直径不宜小于12mm；全部纵向钢筋的配筋率不宜大于5%；

2　柱中纵向钢筋的净间距不应小于50mm，且不宜大于300mm；

3　偏心受压柱的截面高度不小于600mm时，在柱的侧面上应设置直径不小于10mm的纵向构造钢筋，并相应设置复合箍筋或拉筋；

4　圆柱中纵向钢筋不宜少于8根，不应少于6根；且宜沿周边均匀布置；

5　在偏心受压柱中，垂直于弯矩作用平面的侧面上的纵向受力钢筋以及轴心受压柱中各边的纵向受力钢筋，其中距不宜大于300mm。

注：水平浇筑的预制柱，纵向钢筋的最小净间距可按本规范第9.2.1条关于梁的有关规定取用。

9.3.2　（略，详见1.4　箍筋及拉筋弯钩构造）

9.3.3　I形截面柱的翼缘厚度不宜小于120mm，腹板厚度不宜小于100mm。当腹板开孔时，宜在孔洞周边每边设置2～3根直径不小于8mm的补强钢筋，每个方向补强钢筋的截面面积不宜小于该方向被截断钢筋的截面面积。

腹板开孔的I形截面柱，当孔的横向尺寸小于柱截面高度的一半、孔的竖向尺寸小于相邻两孔之间的净间距时，柱的刚度可按实腹I形截面柱计算，但在计算承载力时应扣除孔洞的削弱部分。当开孔尺寸超过上述规定时，柱的刚度和承载力应按双肢柱计算。

9.3.6　柱纵向钢筋应贯穿中间层的中间节点或端节点，接头应设在节点区以外。

柱纵向钢筋在顶层中节点的锚固应符合下列要求：

1　柱纵向钢筋应伸至柱顶，且自梁底算起的锚固长度不应小于l_a。

2　当截面尺寸不满足直线锚固要求时，可采用90°弯折锚固措施。此时，包括弯弧在内的钢筋垂直投影锚固长度不应小于$0.5l_{ab}$，在弯折平面内包含弯弧段的水平投影长度不宜小于$12d$（图9.3.6a）。

3　当截面尺寸不足时，也可采用带锚头的机械锚固措施。此时，包含锚头在内的竖向锚固长度不应小于$0.5l_{ab}$（图9.3.6b）。

4　当柱顶有现浇楼板且板厚不小于100mm时，柱纵向钢筋也可向外弯折，弯折后的水平投影长度不宜小于$12d$。

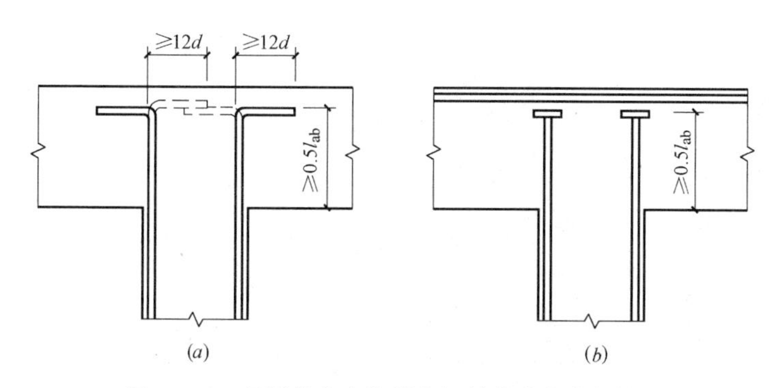

图9.3.6　顶层节点中柱纵向钢筋在节点内的锚固

（a）柱纵向钢筋90°弯折锚固；（b）柱纵向钢筋端头加锚板锚固

9.4.8　剪力墙墙肢两端应配置竖向受力钢筋，并与墙内的竖向分布钢筋共同用于墙的正截面受弯承载力计算。每端的竖向受力钢筋不宜少于4根直径为12mm或2根直径为16mm的钢筋；并宜沿该竖向钢筋方向配置直径不小于6mm，间距为250mm的箍筋或拉筋。

11.1.4　确定钢筋混凝土房屋结构构件的抗震等级时，尚应符合下列要求：

1 对框架-剪力墙结构，在规定的水平地震力作用下，框架底部所承担的倾覆力矩大于结构底部总倾覆力矩的50%时，其框架的抗震等级应按框架结构确定。

2 与主楼相连的裙房，除应按裙房本身确定抗震等级外，相关范围不应低于主楼的抗震等级；主楼结构在裙房顶板对应的相邻上下各一层应适当加强抗震构造措施。裙房与主楼分离时，应按裙房本身确定抗震等级。

3 当地下室顶板作为上部结构的嵌固部位时，地下一层的抗震等级应与上部结构相同，地下一层以下确定抗震构造措施的抗震等级可逐层降低一级，但不应低于四级。地下室中无上部结构的部分，其抗震构造措施的抗震等级可根据具体情况采用三级或四级。

4 甲、乙类建筑按规定提高一度确定其抗震等级时，如其高度超过对应的房屋最大适用高度，则应采取比相应抗震等级更有效的抗震构造措施。

11.1.5 剪力墙底部加强部位的范围，应符合下列规定：

1 底部加强部位的高度应从地下室顶板算起。

2 部分框支剪力墙结构的剪力墙，底部加强部位的高度可取框支层加框支层以上两层的高度和落地剪力墙总高度的1/10二者的较大值。其他结构的剪力墙，房屋高度大于24m时，底部加强部位的高度可取底部两层和墙肢总高度的1/10二者的较大值；房屋高度不大于24m时，底部加强部位可取底部一层。

3 当结构计算嵌固端位于地下一层的底板或以下时，按本条第1、2款确定的底部加强部位的范围尚宜向下延伸到计算嵌固端。

11.4.1 除框架顶层柱、轴压比小于0.15的柱以及框支梁与框支柱的节点外，框架柱节点上、下端和框支柱的中间层节点上、下端的截面弯矩设计值应符合下列要求：

1 一级抗震等级的框架结构和9度设防烈度的一级抗震等级框架

$$\sum M_c = 1.2\sum M_{bua} \qquad (11.4.1\text{-}1)$$

2 框架结构

二级抗震等级

$$\sum M_c = 1.5\sum M_b \qquad (11.4.1\text{-}2)$$

三级抗震等级

$$\sum M_c = 1.3\sum M_b \qquad (11.4.1\text{-}3)$$

四级抗震等级

$$\sum M_c = 1.2\sum M_b \qquad (11.4.1\text{-}4)$$

3 其他情况

一级抗震等级

$$\sum M_c = 1.4\sum M_b \qquad (11.4.1\text{-}5)$$

二级抗震等级

$$\sum M_c = 1.2\sum M_b \qquad (11.4.1\text{-}6)$$

三、四级抗震等级

$$\sum M_c = 1.1\sum M_b \qquad (11.4.1\text{-}7)$$

式中：$\sum M_c$——考虑地震组合的节点上、下柱端的弯矩设计值之和；柱端弯矩设计值的确定，在一般情况下，可将公式（11.4.1-1）至公式（11.4.1-5）计算的弯矩之和，按上、下柱端弹性分析所得的考虑地震组合的弯矩比进行分配；

$\sum M_{bua}$——同一节点左、右梁端按顺时针和逆时针方向采用实配钢筋和材料强度标准值，且考虑承载力抗震调整系数计算的正截面受弯承载力所对应的弯矩值之和的较大值；当有现浇板时，梁端的实配钢筋应包含梁有效翼缘宽度范围内楼板的纵向钢筋；

$\sum M_{b}$——同一节点左、右梁端，按顺时针和逆时针方向计算的两端考虑地震组合的弯矩设计值之和的较大值；一级抗震等级，当两端弯矩均为负弯矩时，绝对值较小的弯矩值应取零。

11.4.2 一、二、三、四级抗震等级框架结构的底层，柱下端截面组合的弯矩设计值，应分别乘以增大系数1.70、1.50、1.30和1.20。底层柱纵向钢筋应按柱上、下端的不利情况配置。

注：底层指无地下室的基础以上或地下室以上的首层。

11.4.3 框架柱、框支柱的剪力设计值 V_c 应按下列公式计算：

1 一级抗震等级的框架结构和9度设防烈度的一级抗震等级框架

$$V_c=1.2\frac{(M_{cua}^{t}+M_{cua}^{b})}{H_n} \tag{11.4.3-1}$$

2 框架结构

二级抗震等级

$$V_c=1.3\frac{(M_c^{t}+M_c^{b})}{H_n} \tag{11.4.3-2}$$

三级抗震等级

$$V_c=1.2\frac{(M_c^{t}+M_c^{b})}{H_n} \tag{11.4.3-3}$$

四级抗震等级

$$V_c=1.1\frac{(M_c^{t}+M_c^{b})}{H_n} \tag{11.4.3-4}$$

3 其他情况

一级抗震等级

$$V_c=1.4\frac{(M_c^{t}+M_c^{b})}{H_n} \tag{11.4.3-5}$$

二级抗震等级

$$V_c=1.2\frac{(M_c^{t}+M_c^{b})}{H_n} \tag{11.4.3-6}$$

三、四级抗震等级

$$V_c=1.1\frac{(M_c^{t}+M_c^{b})}{H_n} \tag{11.4.3-7}$$

式中：M_{cua}^{t}、M_{cua}^{b}——框架柱上、下端按实配钢筋截面面积和材料强度标准值，且考虑承载力抗震调整系数计算的正截面抗震承载力所对应的弯矩值；

M_c^{t}、M_c^{b}——考虑地震组合，且经调整后的框架柱上、下端弯矩设计值；

H_n——柱的净高。

在公式（11.4.3-1）中，M_{cua}^{t} 与 M_{cua}^{b} 之和应分别按顺时针和逆时针方向进行计算，并取其较大值；

N 可取重力荷载代表值产生的轴向压力设计值。

在公式（11.4.3-3）～公式（11.4.3-5）中，M_c^t 与 M_c^b 之和应分别按顺时针和逆时针方向进行计算，并取其较大值。M_c^t、M_c^b 的取值应符合本规范第 11.4.1 条和第 11.4.2 条的规定。

11.4.4 一、二级抗震等级的框支柱，由地震作用引起的附加轴向力应分别乘以增大系数 1.50、1.20；计算轴压比时，可不考虑增大系数。

11.4.5 各级抗震等级的框架角柱，其弯矩、剪力设计值应在按本规范第 11.4.1 条～第 11.4.3 条调整的基础上再乘以不小于 1.10 的增大系数。

11.4.11 框架柱的截面尺寸应符合下列要求：

1 矩形截面柱，抗震等级为四级或层数不超过 2 层时，其最小截面尺寸不宜小于 300mm，一、二、三级抗震等级且层数超过 2 层时不宜小于 400mm；圆柱的截面直径，抗震等级为四级或层数不超过 2 层时不宜小于 350mm，一、二、三级抗震等级且层数超过 2 层时不宜小于 450mm；

2 柱的剪跨比宜大于 2；

3 柱截面长边与短边的边长比不宜大于 3。

11.4.12 （略，详见 1.4 箍筋及拉筋弯钩构造）

11.4.13 框架边柱、角柱及剪力墙端柱在地震组合下处于小偏心受拉时，柱内纵向受力钢筋总截面面积应比计算值增加 25%。

框架柱、框支柱中全部纵向受力钢筋配筋率不应大于 5%。柱的纵向钢筋宜对称配置。截面尺寸大于 400mm 的柱，纵向钢筋的间距不宜大于 200mm。当按一级抗震等级设计，且柱的剪跨比不大于 2 时，柱每侧纵向钢筋的配筋率不宜大于 1.2%。

11.4.14 （略，详见 1.4 箍筋及拉筋弯钩构造）

11.4.15 （略，详见 1.4 箍筋及拉筋弯钩构造）

11.4.16 一、二、三、四级抗震等级的各类结构的框架柱、框支柱，其轴压比不宜大于表 11.4.16 规定的限值。对Ⅳ类场地上较高的高层建筑，柱轴压比限值应适当减小。

柱轴压比限值 **表 11.4.16**

结构体系	抗震等级			
	一级	二级	三级	四级
框架结构	0.65	0.75	0.85	0.90
框架-剪力墙结构、筒体结构	0.75	0.85	0.90	0.95
部分框支剪力墙结构	0.60	0.70	—	

注：1 轴压比指柱地震作用组合的轴向压力设计值与柱的全截面面积和混凝土轴心抗压强度设计值乘积之比值；

2 当混凝土强度等级为 C65、C70 时，轴压比限值宜按表中数值减小 0.05；混凝土强度等级为 C75、C80 时，轴压比限值宜按表中数值减小 0.10；

3 表内限值适用于剪跨比大于 2、混凝土强度等级不高于 C60 的柱；剪跨比不大于 2 的柱轴压比限值应降低 0.05；剪跨比小于 1.5 的柱，轴压比限值应专门研究并采取特殊构造措施；

4 沿柱全高采用井字复合箍，且箍筋间距不大于 100mm、肢距不大于 200mm、直径不小于 12mm，或沿柱全高采用复合螺旋箍，且螺距不大于 100mm、肢距不大于 200mm、直径不小于 12mm，或沿柱全高采用连续复合矩形螺旋箍，且螺旋净距不大于 80mm、肢距不大于 200mm、直径不小于 10mm 时，轴压比限值均可按表中数值增加 0.10；

5 当柱截面中部设置由附加纵向钢筋形成的芯柱，且附加纵向钢筋的总截面面积不少于柱截面面积的 0.8% 时，轴压比限值可按表中数值增加 0.05。此项措施与注 4 的措施同时采用时，轴压比限值可按表中数值增加 0.15，但箍筋的配箍特征值 λ_v 仍应按轴压比增加 0.10 的要求确定；

6 调整后的柱轴压比限值不应大于 1.05。

11.4.17 （略，详见 1.4 箍筋及拉筋弯钩构造）

11.7.1 一级抗震等级剪力墙各墙肢截面考虑地震组合的弯矩设计值，底部加强部位应按墙肢截面地震组合弯矩设计值采用；底部加强部位以上部位应按墙肢截面地震组合弯矩设计值乘增大系数，其值可取 1.20；剪力设计值应作相应调整。

11.7.12 剪力墙的墙肢截面厚度应符合下列规定：

1 剪力墙结构：一、二级抗震等级时，一般部位不应小于 160mm，且不宜小于层高或无支长度的 1/20；三、四级抗震等级时，不应小于 140mm，且不宜小于层高或无支长度的 1/25。一、二级抗震等级的底部加强部位，不应小于 200mm，且不宜小于层高或无支长度的 1/16，当墙端无端柱或翼墙时，墙厚不宜小于层高或无支长度的 1/12。

2 框架-剪力墙结构：一般部位不应小于 160mm，且不宜小于层高或无支长度的 1/20；底部加强部位不应小于 200mm，且不宜小于层高或无支长度的 1/16。

3 框架-核心筒结构、筒中筒结构：一般部位不应小于 160mm，且不宜小于层高或无支长度的 1/20；底部加强部位不应小于 200mm，且不宜小于层高或无支长度的 1/16。筒体底部加强部位及其以上一层不宜改变墙体厚度。

《建筑抗震设计规范》(GB 50011—2010)

6.1.3 钢筋混凝土房屋抗震等级的确定，尚应符合下列要求：

1 设置少量抗震墙的框架结构，在规定的水平力作用下，底层框架部分所承担的地震倾覆力矩大于结构总地震倾覆力矩的 50%时，其框架的抗震等级应按框架结构确定，抗震墙的抗震等级可与其框架的抗震等级相同。

注：底层指计算嵌固端所在的层。

2 裙房与主楼相连，除应按裙房本身确定抗震等级外，相关范围不应低于主楼的抗震等级；主楼结构在裙房顶板对应的相邻上下各一层应适当加强抗震构造措施。裙房与主楼分离时，应按裙房本身确定抗震等级。

3 当地下室顶板作为上部结构的嵌固部位时，地下一层的抗震等级应与上部结构相同，地下一层以下抗震构造措施的抗震等级可逐层降低一级，但不应低于四级。地下室中无上部结构的部分，抗震构造措施的抗震等级可根据具体情况采用三级或四级。

4 当甲乙类建筑按规定提高一度确定其抗震等级而房屋的高度超过本规范表 6.1.2 相应规定的上界时，应采取比一级更有效的抗震构造措施。

注：本章“一、二、三、四级”即“抗震等级为一、二、三、四级”的简称。

6.1.10 抗震墙底部加强部位的范围，应符合下列规定：

1 底部加强部位的高度，应从地下室顶板算起。

2 部分框支抗震墙结构的抗震墙，其底部加强部位的高度，可取框支层加框支层以上两层的高度及落地抗震墙总高度的 1/10 二者的较大值。其他结构的抗震墙，房屋高度大于 24m 时，底部加强部位的高度可取底部两层和墙体总高度的 1/10 二者的较大值；房屋高度不大于 24m 时，底部加强部位可取底部一层。

3 当结构计算嵌固端位于地下一层的底板或以下时，底部加强部位尚宜向下延伸到计算嵌固端。

6.2.7 抗震墙各墙肢截面组合的内力设计值，应按下列规定采用：

1 一级抗震墙的底部加强部位以上部位，墙肢的组合弯矩设计值应乘以增大系数，其值可采用

1.20，剪力相应调整。

2 部分框支抗震墙结构的落地抗震墙墙肢不应出现小偏心受拉。

3 双肢抗震墙中，墙肢不宜出现小偏心受拉；当任一墙肢为偏心受拉时，另一墙肢的剪力设计值、弯矩设计值应乘以增大系数1.25。

6.2.11 部分框支抗震墙结构的一级落地抗震墙底部加强部位尚应满足下列要求：

1 当墙肢在边缘构件以外的部位在两排钢筋间设置直径不小于8mm、间距不大于400mm的拉结筋时，抗震墙受剪承载力验算可计入混凝土的受剪作用。

2 墙肢底部截面出现大偏心受拉时，宜在墙肢的底截面处另设交叉防滑斜筋，防滑斜筋承担的地震剪力可按墙肢底截面处剪力设计值的30%采用。

6.3.5 柱的截面尺寸，宜符合下列各项要求：

1 截面的宽度和高度，四级或不超过2层时不宜小于300mm，一、二、三级且超过2层时不宜小于400mm；圆柱的直径，四级或不超过2层时不宜小于350mm，一、二、三级且超过2层时不宜小于450mm。

2 剪跨比宜大于2。

3 截面长边与短边的边长比不宜大于3。

6.3.6 柱轴压比不宜超过表6.3.6的规定；建造于Ⅳ类场地且较高的高层建筑，柱轴压比限值应适当减小。

柱轴压比限值 **表6.3.6**

结构类型	抗震等级			
	一	二	三	四
框架结构	0.65	0.75	0.85	0.90
框架-抗震墙、板柱-抗震墙、框架-核心筒，筒中筒	0.75	0.85	0.90	0.95
部分框支抗震墙	0.60	0.70	—	

注：1 轴压比指柱组合的轴压力设计值与柱的全截面面积和混凝土轴心抗压强度设计值乘积之比值；对本规范规定不进行地震作用计算的结构，可取无地震作用组合的轴力设计值计算；

2 表内限值适用于剪跨比大于2、混凝土强度等级不高于C60的柱；剪跨比不大于2的柱，轴压比限值应降低0.05；剪跨比小于1.5的柱，轴压比限值应专门研究并采取特殊构造措施；

3 沿柱全高采用井字复合箍且箍筋肢距不大于200mm、间距不大于100mm、直径不小于12mm，或沿柱全高采用复合螺旋箍、螺旋间距不大于100mm、箍筋肢距不大于200mm、直径不小于12mm，或沿柱全高采用连续复合矩形螺旋箍、螺旋净距不大于80mm、箍筋肢距不大于200mm、直径不小于10mm，轴压比限值均可增加0.10；上述三种箍筋的最小配箍特征值均应按增大的轴压比由本规范表6.3.9确定；

4 在柱的截面中部附加芯柱，其中另加的纵向钢筋的总面积不少于柱截面面积的0.8%，轴压比限值可增加0.05；此项措施与注3的措施共同采用时，轴压比限值可增加0.15，但箍筋的体积配箍率仍可按轴压比增加0.10的要求确定；

5 柱轴压比不应大于1.05。

6.3.7 （略，详见1.4 箍筋及拉筋弯钩构造）

6.3.8 柱的纵向钢筋配置，尚应符合下列规定：

1 柱的纵向钢筋宜对称配置。

2 截面边长大于400mm的柱，纵向钢筋间距不宜大于200mm。

3 柱总配筋率不应大于5%；剪跨比不大于2的一级框架的柱，每侧纵向钢筋配筋率不宜大于1.2%。

4 边柱、角柱及抗震墙端柱在小偏心受拉时，柱内纵筋总截面面积应比计算值增加 25%。

5 柱纵向钢筋的绑扎接头应避开柱端的箍筋加密区。

6.3.9 （略，详见 1.4 箍筋及拉筋弯钩构造）

6.4.6 抗震墙的墙肢长度不大于墙厚的 3 倍时，应按柱的有关要求进行设计；矩形墙肢的厚度不大于 300mm 时，尚宜全高加密箍筋。

7.3.1 各类多层砖砌体房屋，应按下列要求设置现浇钢筋混凝土构造柱（以下简称构造柱）：

1 构造柱设置部位，一般情况下应符合表 7.3.1 的要求。

2 外廊式和单面走廊式的多层房屋，应根据房屋增加一层的层数，按表 7.3.1 的要求设置构造柱，且单面走廊两侧的纵墙均应按外墙处理。

3 横墙较少的房屋，应根据房屋增加一层的层数，按表 7.3.1 的要求设置构造柱。当横墙较少的房屋为外廊式或单面走廊式时，应按本条 2 款要求设置构造柱；但 6 度不超过四层、7 度不超过三层和 8 度不超过二层时，应按增加二层的层数对待。

4 各层横墙很少的房屋，应按增加二层的层数设置构造柱。

5 采用蒸压灰砂砖和蒸压粉煤灰砖的砌体房屋，当砌体的抗剪强度仅达到普通黏土砖砌体的 70% 时，应根据增加一层的层数按本条 1～4 款要求设置构造柱；但 6 度不超过四层、7 度不超过三层和 8 度不超过二层时，应按增加二层的层数对待。

多层砖砌体房屋构造柱设置要求　　表 7.3.1

<table>
<tr><th colspan="4">房屋层数</th><th colspan="2" rowspan="2">设 置 部 位</th></tr>
<tr><th>6 度</th><th>7 度</th><th>8 度</th><th>9 度</th></tr>
<tr><td>四、五</td><td>三、四</td><td>二、三</td><td></td><td rowspan="3">楼、电梯间四角，楼梯斜梯段上下端对应的墙体处；
外墙四角和对应转角；
错层部位横墙与外纵墙交接处；
大房间内外墙交接处；
较大洞口两侧</td><td>隔 12m 或单元横墙与外纵墙交接处；
楼梯间对应的另一侧内横墙与外纵墙交接处</td></tr>
<tr><td>六</td><td>五</td><td>四</td><td>二</td><td>隔开间横墙（轴线）与外墙交接处；
山墙与内纵墙交接处</td></tr>
<tr><td>七</td><td>≥六</td><td>≥五</td><td>≥三</td><td>内墙（轴线）与外墙交接处；
内横墙的局部较小墙垛处；
内纵墙与横墙（轴线）交接处</td></tr>
</table>

注：较大洞口，内墙指不小于 2.1m 的洞口；外墙在内外墙交接处已设置构造柱时应允许适当放宽，但洞侧墙体应加强。

7.3.2 多层砖砌体房屋的构造柱应符合下列构造要求：

1 构造柱最小截面可采用 180mm×240mm（墙厚 190mm 时为 180mm×190mm），纵向钢筋宜采用 4ϕ12，箍筋间距不宜大于 250mm，且在柱上下端应适当加密；6、7 度时超过六层、8 度时超过五层和 9 度时，构造柱纵向钢筋宜采用 4ϕ14，箍筋间距不应大于 200mm；房屋四角的构造柱应适当加大截面及配筋。

2 构造柱与墙连接处应砌成马牙槎，沿墙高每隔 500mm 设 2ϕ6 水平钢筋和 ϕ4 分布短筋平面内点焊组成的拉结网片或 ϕ4 点焊钢筋网片，每边伸入墙内不宜小于 1m。6、7 度时底部 1/3 楼层，8 度时底部

1/2楼层，9度时全部楼层，上述拉结钢筋网片应沿墙体水平通长设置。

3 构造柱与圈梁连接处，构造柱的纵筋应在圈梁纵筋内侧穿过，保证构造柱纵筋上下贯通。

4 构造柱可不单独设置基础，但应伸入室外地面下500mm，或与埋深小于500mm的基础圈梁相连。

5 房屋高度和层数接近本规范表7.1.2的限值时，纵、横墙内构造柱间距尚应符合下列要求：

1）横墙内的构造柱间距不宜大于层高的2倍；下部1/3楼层的构造柱间距适当减小；

2）当外纵墙开间大于3.9m时，应另设加强措施。内纵墙的构造柱间距不宜大于4.2m。

7.5.6 底部框架-抗震墙砌体房屋的框架柱应符合下列要求：

1 柱的截面不应小于400mm×400mm，圆柱直径不应小于450mm。

2 柱的轴压比，6度时不宜大于0.85，7度时不宜大于0.75，8度时不宜大于0.65。

3 柱的纵向钢筋最小总配筋率，当钢筋的强度标准值低于400MPa时，中柱在6、7度时不应小于0.90%，8度时不应小于1.10%；边柱、角柱和混凝土抗震墙端柱在6、7度时不应小于1.00%，8度时不应小于1.20%。

4 柱的箍筋直径，6、7度时不应小于8mm，8度时不应小于10mm，并应全高加密箍筋，间距不大于100mm。

5 柱的最上端和最下端组合的弯矩设计值应乘以增大系数，一、二、三级的增大系数应分别按1.50、1.25和1.15采用。

《高层建筑混凝土结构技术规程》（JGJ 3—2010）

3.10.2 特一级框架柱应符合下列规定：

1 宜采用型钢混凝土柱、钢管混凝土柱；

2 柱端弯矩增大系数η_c、柱端剪力增大系数η_{vc}应增大20%；

3 钢筋混凝土柱柱端加密区最小配箍特征值λ_v应按本规程表6.4.7规定的数值增加0.02采用；全部纵向钢筋构造配筋百分率，中、边柱不应小于1.40%，角柱不应小于1.60%。

3.10.4 特一级框支柱应符合下列规定：

1 宜采用型钢混凝土柱、钢管混凝土柱；

2 底层柱下端及与转换层相连的柱上端的弯矩增大系数取1.80，其余层柱端弯矩增大系数η_c应增大20%；柱端剪力增大系数η_{vc}应增大20%；地震作用产生的柱轴力增大系数取1.80，但计算柱轴压比时可不计该项增大。

3 钢筋混凝土柱柱端加密区最小配箍特征值λ_v应按本规程表6.4.7的数值增大0.03采用；且箍筋体积配箍率不应小于1.60%；全部纵向钢筋构造配筋百分率取1.60%。

6.4.1 柱截面尺寸宜符合下列规定：

1 矩形截面柱的边长，非抗震设计时不宜小于250mm，抗震设计时，四级不宜小于300mm，一、二、三级时不宜小于400mm；圆柱直径，非抗震和四级抗震设计时不宜小于350mm，一、二、三级时不宜小于450mm。

2 柱剪跨比宜大于2。

3 柱截面高宽比不宜大于3。

6.4.2 抗震设计时，钢筋混凝土柱轴压比不宜超过表6.4.2的规定；对于Ⅳ类场地上较高的高层建筑，其轴压比限值应适当减小。

柱轴压比限值 **表 6.4.2**

结构类型	抗震等级			
	一	二	三	四
框架结构	0.65	0.75	0.85	—
板柱-剪力墙、框架-剪力墙、框架-核心筒、筒中筒结构	0.75	0.85	0.90	0.95
部分框支剪力墙结构	0.60	0.70	—	

注：1 轴压比指柱考虑地震作用组合的轴压力设计值与柱全截面面积和混凝土轴心抗压强度设计值乘积的比值；
2 表内数值适用于混凝土强度等级不高于 C60 的柱。当混凝土强度等级为 C65～C70 时，轴压比限值应比表中数值降低 0.05；当混凝土强度等级为 C75～C80 时，轴压比限值应比表中数值降低 0.10；
3 表内数值适用于剪跨比大于 2 的柱；剪跨比不大于 2 但不小于 1.5 的柱，其轴压比限值应比表中数值减小 0.05；剪跨比小于 1.5 的柱，其轴压比限值应专门研究并采取特殊构造措施；
4 当沿柱全高采用井字复合箍，箍筋间距不大于 100mm、肢距不大于 200mm、直径不小于 12mm，或当沿柱全高采用复合螺旋箍，箍筋螺距不大于 100mm、肢距不大于 200mm、直径不小于 12mm 或当沿柱全高采用复合螺旋箍，且螺距不大于 80mm、肢距不大于 200mm、直径不小于 10mm 时，轴压比限值可增加 0.10；
5 当柱截面中部设置由附加纵向钢筋形成的芯柱，且附加纵向钢筋的截面面积不小于柱截面面积的 0.8% 时，柱轴压比限值可增加 0.05。当本项措施与注 4 的措施共同采用时，柱轴压比限值可比表中数值增加 0.15，但箍筋的配箍特征值仍可按轴压比增加 0.10 的要求确定；
6 调整后的柱轴压比限值不应大于 1.05。

6.4.3 （略，详见 1.4 箍筋及拉筋弯钩构造）

6.4.4 （略，详见 1.4 箍筋及拉筋弯钩构造）

6.4.5 （略，详见 1.4 箍筋及拉筋弯钩构造）

6.4.6 （略，详见 1.4 箍筋及拉筋弯钩构造）

6.4.7 （略，详见 1.4 箍筋及拉筋弯钩构造）

6.4.8 （略，详见 1.4 箍筋及拉筋弯钩构造）

6.5.5 （略，详见 1.1 钢筋的锚固）

10.2.10 （略，详见 1.4 箍筋及拉筋弯钩构造）

10.2.11 转换柱设计尚应符合下列规定：

1 柱截面宽度，非抗震设计时不宜小于 400mm，抗震设计时不应小于 450mm；柱截面高度，非抗震设计时不宜小于转换梁跨度的 1/15，抗震设计时不宜小于转换梁跨度的 1/12。

2 一、二级转换柱由地震作用产生的轴力应分别乘以增大系数 1.50、1.20，但计算柱轴压比时可不考虑该增大系数。

3 与转换构件相连的一、二级转换柱的上端和底层柱下端截面的弯矩组合值应分别乘以增大系数 1.50、1.30，其他层转换柱柱端弯矩设计值应符合本规程第 6.2.1 条的规定。

4 一、二级柱端截面的剪力设计值应符合本规程第 6.2.3 条的有关规定。

5 转换角柱的弯矩设计值和剪力设计值应分别在本条第 3、4 款的基础上乘以增大系数 1.10。

6 柱截面的组合剪力设计值应符合下列规定：

持久、短暂设计状况 $$V \leqslant 0.20\beta_c f_c b h_0 \tag{10.2.11-1}$$

地震设计状况 $$V \leqslant \frac{1}{\gamma_{RE}}(0.15\beta_c f_c b h_0) \tag{10.2.11-2}$$

7 纵向钢筋间距均不应小于 80mm，且抗震设计时不宜大于 200mm，非抗震设计时不宜大于 250mm；抗震设计时，柱内全部纵向钢筋配筋率不宜大于 4.00%。

8 非抗震设计时，转换柱宜采用复合螺旋箍或井字复合箍，其箍筋体积配箍率不宜小于 0.80%，箍筋直径不宜小于 10mm，箍筋间距不宜大于 150mm。

9 部分框支剪力墙结构中的框支柱在上部墙体范围内的纵向钢筋应伸入上部墙体内不少于一层，其余柱纵筋应锚入转换层梁内或板内；从柱边算起，锚入梁内、板内的钢筋长度，抗震设计时不应小于

l_{aE}，非抗震设计时不应小于 l_a。

11.4.4 抗震设计时，混合结构中型钢混凝土柱的轴压比不宜大于表 11.4.4 的限值，轴压比可按下式计算：

$$\mu_N = N/(f_c A_c + f_a A_a) \tag{11.4.4}$$

式中：μ_N——型钢混凝土柱的轴压比；

N——考虑地震组合的柱轴向力设计值；

A_c——扣除型钢后的混凝土截面面积；

f_c——混凝土的轴心抗压强度设计值；

f_a——型钢的抗压强度设计值；

A_a——型钢的截面面积。

型钢混凝土柱的轴压比限值 **表 11.4.4**

抗震等级	一	二	三
轴压比限值	0.70	0.80	0.90

注：1. 转换柱的轴压比应比表中数值减少 0.10 采用；
2. 剪跨比不大于 2 的柱，其轴压比应比表中数值减少 0.05 采用；
3. 当采用 C60 以上混凝土时，轴压比宜减少 0.05。

11.4.5 型钢混凝土柱设计应符合下列构造要求：

1 型钢混凝土柱的长细比不宜大于 80。

2 房屋的底层、顶层以及型钢混凝土与钢筋混凝土交接层的型钢混凝土柱宜设置栓钉，型钢截面为箱形的柱子也宜设置栓钉，栓钉水平间距不宜大于 250mm。

3 混凝土粗骨料的最大直径不宜大于 25mm。型钢柱中型钢的保护层厚度不宜小于 150mm；柱纵向钢筋净间距不宜小于 50mm，且不应小于柱纵向钢筋直径的 1.5 倍；柱纵向钢筋与型钢的最小净距不应小于 30mm，且不应小于粗骨料最大粒径的 1.5 倍。

4 型钢混凝土柱的纵向钢筋最小配筋率不宜小于 0.80%，且在四角应各配置一根直径不小于 16mm 的纵向钢筋。

5 柱中纵向受力钢筋的间距不宜大于 300mm；当间距大于 300mm 时，宜附加配置直径不小于 14mm 的纵向构造钢筋。

6 型钢混凝土柱的型钢含钢率不宜小于 4%。

11.4.6 （略，详见 1.4 箍筋及拉筋弯钩构造）

11.4.9 圆形钢管混凝土柱尚应符合下列构造要求：

1 钢管直径不宜小于 400mm。

2 钢管壁厚不宜小于 8mm。

3 钢管外径与壁厚的比值 D/t 宜在（20～100）$\sqrt{235/f_y}$之间，f_y 为钢材的屈服强度。

4 圆钢管混凝土柱的套箍指标$\frac{f_a A_a}{f_c A_c}$，不应小于 0.50，也不宜大于 2.50。

5 柱的长细比不宜大于 80。

6 轴向压力偏心率 e_0/r_c 不宜大于 1.00，e_0 为偏心距，r_c 为核心混凝土横截面半径。

7 钢管混凝土柱与框架梁刚性连接时，柱内或柱外应设置与梁上、下翼缘位置对应的加劲肋；加劲肋设置于柱内时，应留孔以利混凝土浇筑；加劲肋设置于柱外时，应形成加劲环板。

8 直径大于 2m 的圆形钢管混凝土构件应采取有效措施减小钢管内混凝土收缩对构件受力性能的影响。

11.4.10 矩形钢管混凝土柱应符合下列构造要求：

1 钢管截面短边尺寸不宜小于 400mm；

2 钢管壁厚不宜小于 8mm；

3 钢管截面的高宽比不宜大于 2，当矩形钢管混凝土柱截面最大边尺寸不小于 800mm 时，宜采取在柱子内壁上焊接栓钉、纵向加劲肋等构造措施；

4 钢管管壁板件的边长与其厚度的比值不应大于 $60\sqrt{235/f_y}$；

5 柱的长细比不宜大于 80；

6 矩形钢管混凝土柱的轴压比应按本规程公式（11.4.4）计算，并不宜大于表 11.4.10 的限值。

矩形钢管混凝土柱轴压比限值 **表 11.4.10**

一级	二级	三级
0.70	0.80	0.90

3.2 地下室抗震 KZ 钢筋构造

1. 地下室抗震 KZ 纵向钢筋连接构造

地下室抗震 KZ 纵向钢筋连接构造，可分为绑扎搭接、机械连接和焊接连接三种情况。

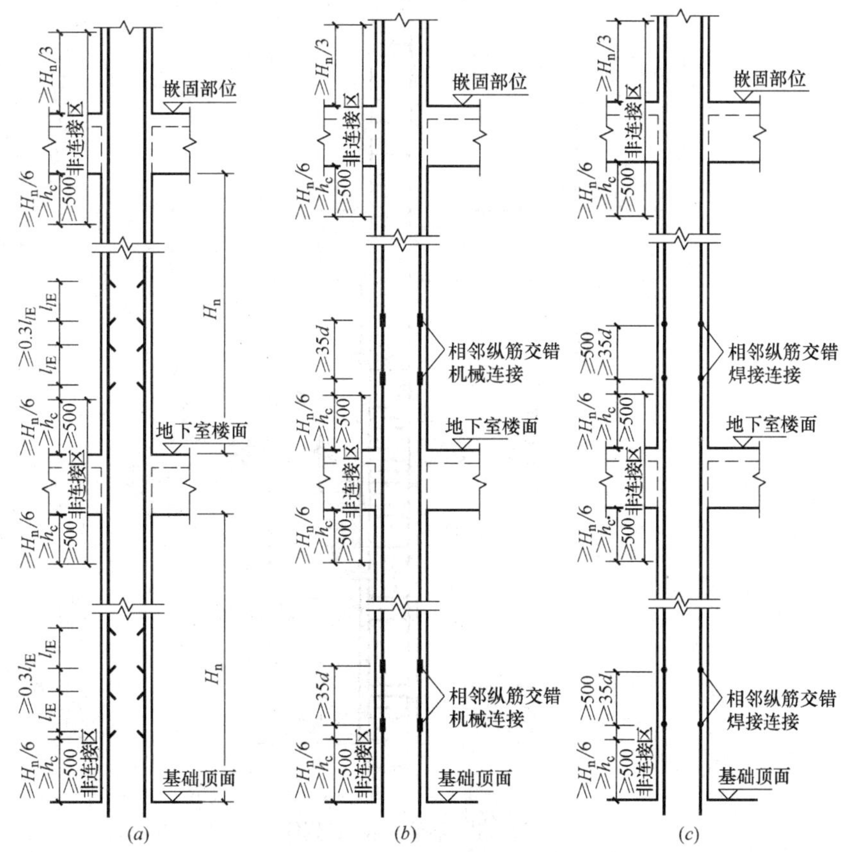

图 3-10 地下室抗震 KZ 的纵向钢筋连接构造

(*a*) 绑扎搭接；(*b*) 机械连接；(*c*) 焊接连接

注：当某层连接区的高度小于纵筋分两批搭接所需要的高度时，应改用机械连接或焊接连接。

11G101-1 中作出如下规定（图 3-10）。

由上图（图 3-10）可以看出：

（1）上部结构的嵌固位置，即基础结构和上部结构的划分位置，在地下室顶面；

（2）上部结构嵌固位置，柱纵筋非连接区高度为 $H_n/3$；

（3）地下室各层纵筋非连接区高度为 max（$H_n/6$，h_c，500）；

（4）地下室顶面非连接区高度不小于 $H_n/3$；

（5）柱相邻纵向钢筋连接接头相互错开，在同一截面内钢筋接头面积百分率不宜大于 50%。

2. 地下室抗震 KZ 的箍筋加密区范围

11G101-1 中作出如下规定（图 3-11）。

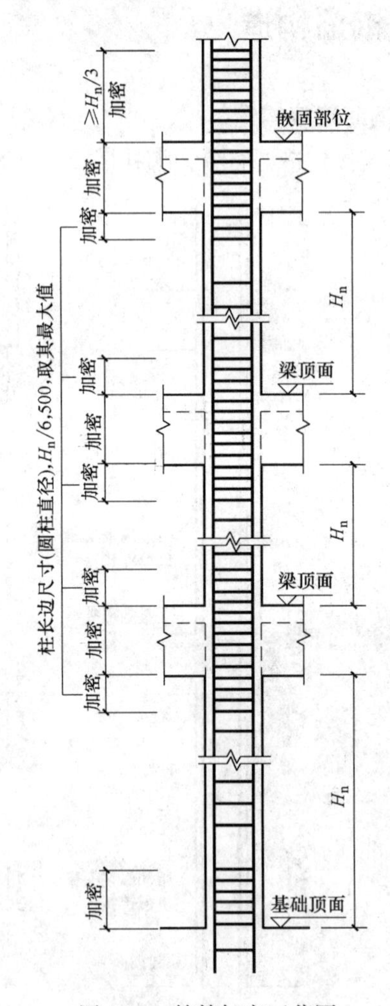

图 3-11　箍筋加密区范围

3. 地下一层增加钢筋在嵌固部位的锚固构造

11G101-1 中作出如下规定（图 3-12）。

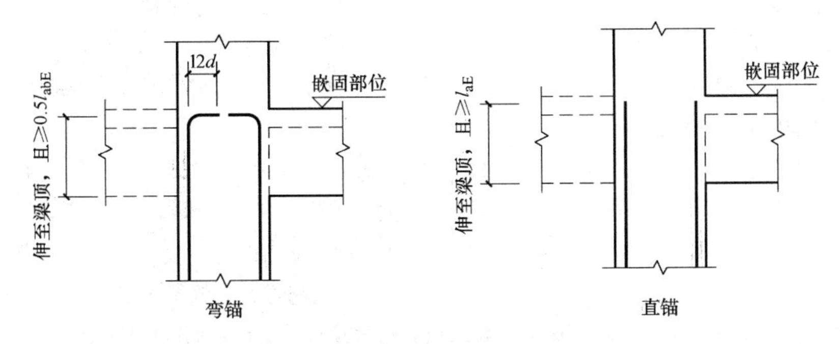

图 3-12 地下一层增加钢筋在嵌固部位的锚固构造

注：仅用于按《建筑抗震设计规范》第 6.1.14 条在地下一层增加的 10%钢筋。
由设计指定，未指定时表示地下一层比上层柱多出的钢筋。

【规范链接】

《建筑抗震设计规范》(GB 50011—2010)

6.1.14 地下室顶板作为上部结构的嵌固部位时，应符合下列要求：

1 地下室顶板应避免开设大洞口；地下室在地上结构相关范围的顶板应采用现浇梁板结构，相关范围以外的地下室顶板宜采用现浇梁板结构；其楼板厚度不宜小于 180mm，混凝土强度等级不宜小于 C30，应采用双层双向配筋，且每层每个方向的配筋率不宜小于 0.25%。

2 结构地上一层的侧向刚度，不宜大于相关范围地下一层侧向刚度的 0.5 倍；地下室周边宜有与其顶板相连的抗震墙。

3 地下室顶板对应于地上框架柱的梁柱节点除应满足抗震计算要求外，尚应符合下列规定之一：

1）地下一层柱截面每侧纵向钢筋不应小于地上一层柱对应纵向钢筋的 1.1 倍，且地下一层柱上端和节点左右梁端实配的抗震受弯承载力之和应大于地上一层柱下端实配的抗震受弯承载力的 1.3 倍；

2）地下一层梁刚度较大时，柱截面每侧的纵向钢筋面积应大于地上一层对应柱每侧纵向钢筋面积的 1.1 倍；同时梁端顶面和底面的纵向钢筋面积均应比计算增大 10%以上。

4 地下一层抗震墙墙肢端部边缘构件纵向钢筋的截面面积，不应少于地上一层对应墙肢端部边缘构件纵向钢筋的截面面积。

《高层建筑混凝土结构技术规程》(JGJ 3—2010)

12.2.1 高层建筑地下室顶板作为上部结构的嵌固部位时，应符合下列规定：

1 地下室顶板应避免开设大洞口，其混凝土强度等级应符合本规程第 3.2.2 条的有关规定，楼盖设计应符合本规程第 3.6.3 条的有关规定；

2 地下一层与相邻上层的侧向刚度比应符合本规程第 5.3.7 条的规定；

3 地下室顶板对应于地上框架柱的梁柱节点设计应符合下列要求之一：

1）地下一层柱截面每侧的纵向钢筋面积除应符合计算要求外，不应少于地上一层对应柱每侧纵向钢筋面积的 1.1 倍；地下一层梁端顶面和底面的纵向钢筋应比计算值增大 10%采用。

2）地下一层柱每侧的纵向钢筋面积不小于地上一层对应柱每侧纵向钢筋面积的 1.1 倍且地下室顶

板梁柱节点左右梁端截面与下柱上端同一方向实配的受弯承载力之和不小于地上一层对应柱下端实配的受弯承载力的1.3倍。

4 地下室与上部对应的剪力墙墙肢端部边缘构件的纵向钢筋截面面积不应小于地上一层对应的剪力墙墙肢边缘构件的纵向钢筋截面面积。

12.2.2 高层建筑地下室设计，应综合考虑上部荷载、岩土侧压力及地下水的不利作用影响。地下室应满足整体抗浮要求，可采取排水、加配重或设置抗拔锚桩（杆）等措施。当地下水具有腐蚀性时，地下室外墙及底板应采取相应的防腐蚀措施。

12.2.3 高层建筑地下室不宜设置变形缝。当地下室长度超过伸缩缝最大间距时，可考虑利用混凝土后期强度，降低水泥用量；也可每隔30～40m设置贯通顶板、底板及墙板的施工后浇带。后浇带可设置在柱距三等分的中间范围内以及剪力墙附近，其方向宜与梁正交，沿竖向应在结构同跨内；底板及外墙的后浇带宜增设附加防水层；后浇带封闭时间宜滞后45d以上，其混凝土强度等级宜提高一级，并宜采用无收缩混凝土，低温入模。

12.2.4 高层建筑主体结构地下室底板与扩大地下室底板交界处，其截面厚度和配筋应适当加强。

12.2.5 高层建筑地下室外墙设计应满足水土压力及地面荷载侧压作用下承载力要求，其竖向和水平分布钢筋应双层双向布置，间距不宜大于150mm，配筋率不宜小于0.30%。

12.2.6 高层建筑地下室外周回填土应采用级配砂石、砂土或灰土，并应分层夯实。

12.2.7 有窗井的地下室，应设外挡土墙，挡土墙与地下室外墙之间应有可靠连接。

3.3 非抗震KZ、QZ、LZ钢筋构造

1. 非抗震KZ纵向钢筋连接构造

非抗震KZ纵向钢筋连接构造共分为绑扎搭接、机械连接、焊接连接三种情况。

11G101-1中作出如下规定（图3-13、图3-14）。

由图3-13可以看出：

（1）与抗震框架柱相比，非抗震框架柱没有“非连接区”；

（2）绑扎搭接：在每层柱下端就可以搭接 l_l（l_l是非抗震搭接长度）；

（3）机械连接：在每层柱下端不小于500mm处进行第一处机械连接；

（4）在每层柱下端不小于500mm处进行第一处焊接连接。

2. 非抗震KZ边柱和角柱柱顶纵向钢筋构造

11G101-1中作出如下规定（图3-15）。

由图3-15可以看出：

（1）A节点：当柱纵筋直径不小于25mm时，在柱宽范围的柱箍筋内侧设置间距大于150mm、但不少于3ϕ10的角部附加钢筋。

（2）B节点：

1）边柱外侧伸入顶梁不小于1.5l_{ab}，与梁上部纵筋搭接。

2）当柱外侧纵向钢筋配筋率大于1.2%时，柱外侧柱纵筋伸入顶梁1.5l_{ab}后，分两批截断，断点距离不小于20d。

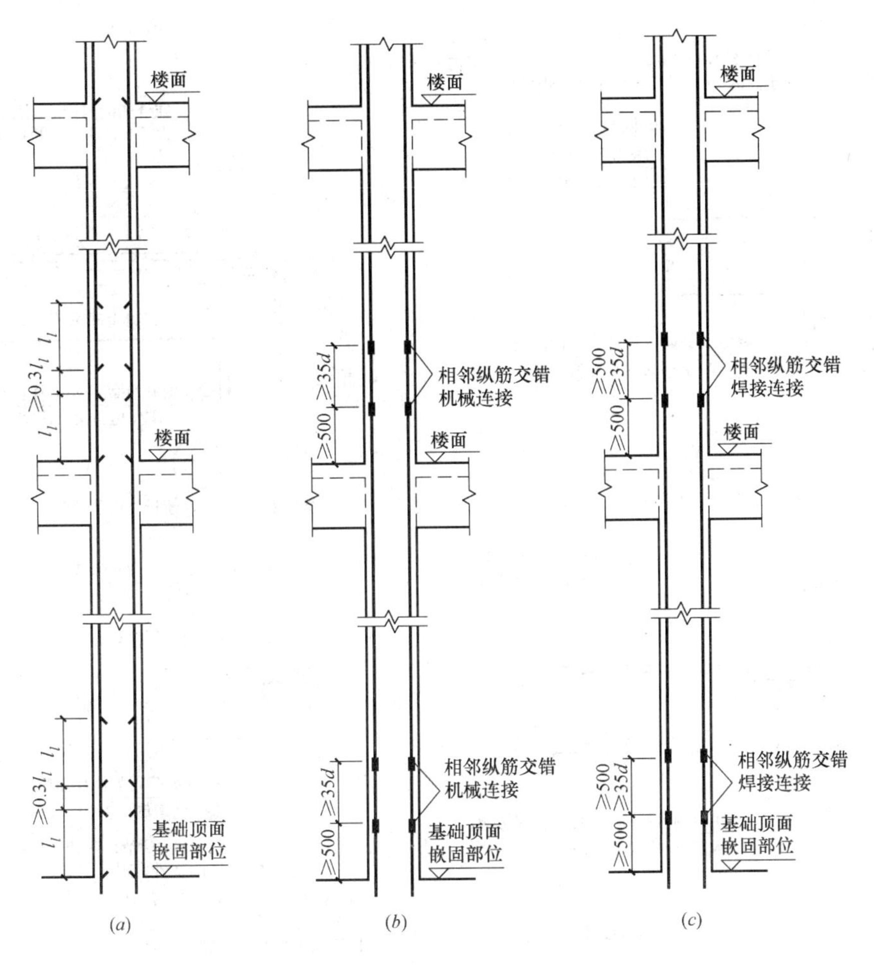

图 3-13 非抗震 KZ 纵向钢筋连接构造

(a) 绑扎搭接；(b) 机械连接；(c) 焊接连接

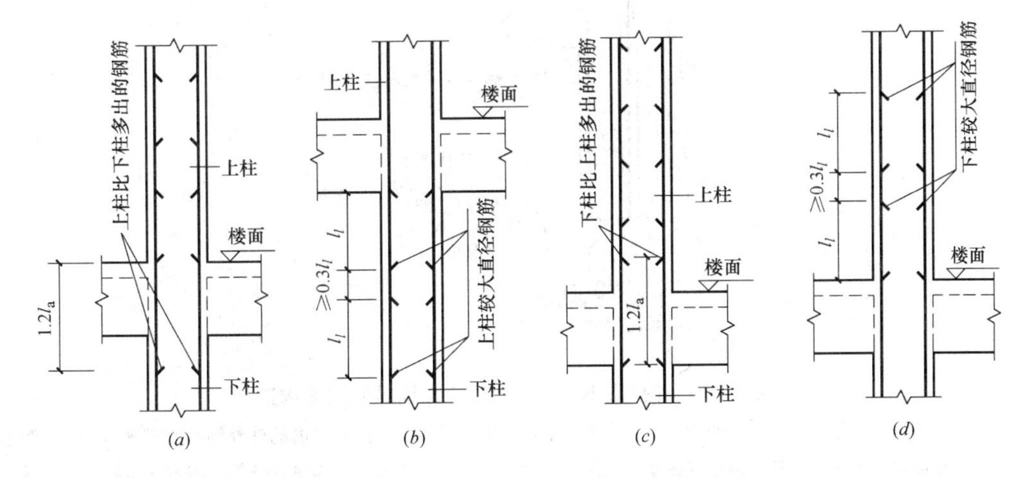

图 3-14 上柱、下柱钢筋不同时的连接构造

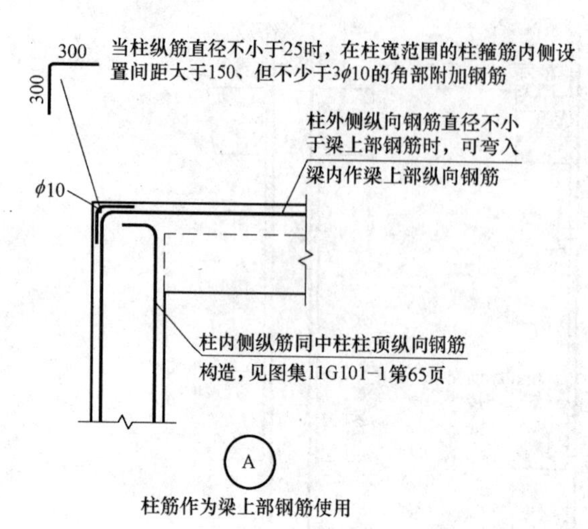

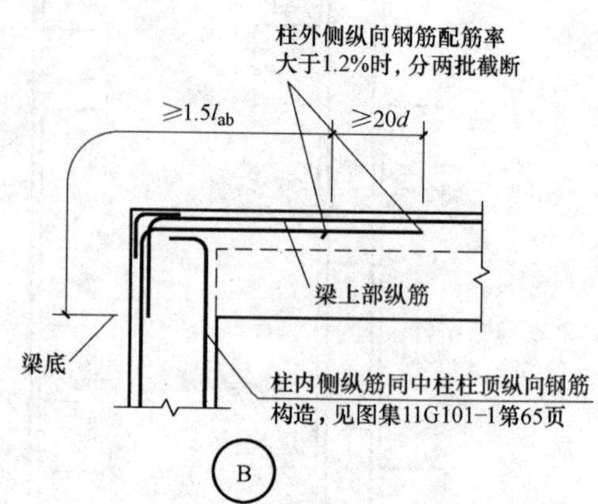

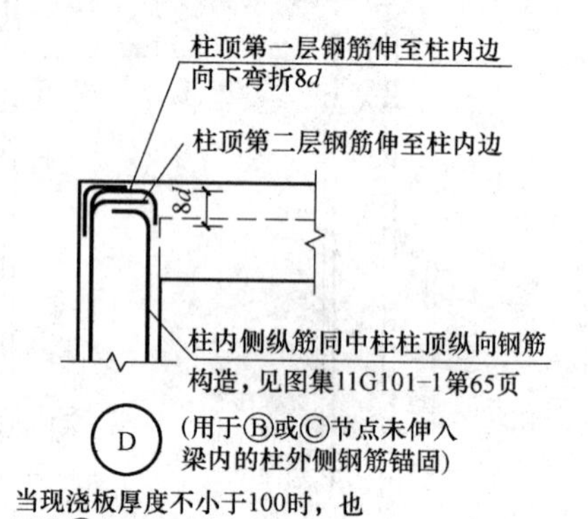

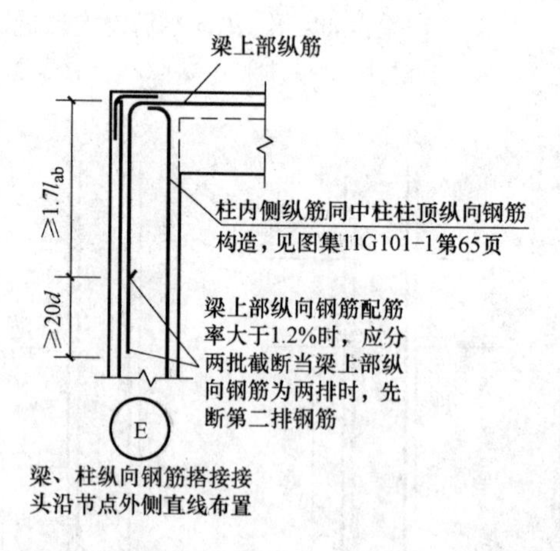

图 3-15　非抗震 KZ 边柱和角柱柱顶纵向钢筋构造

注：1. 节点Ⓐ、Ⓑ、Ⓒ、Ⓓ应配合使用，节点Ⓓ不应单独使用（仅用于未伸入梁内的柱外侧纵筋锚固），伸入梁内的柱外侧纵筋不宜少于柱外侧全部纵筋面积的65%。可选择Ⓑ+Ⓓ或Ⓒ+Ⓓ或Ⓐ+Ⓑ+Ⓓ或Ⓐ+Ⓒ+Ⓓ的做法。

2. 节点Ⓔ用于梁、柱纵向钢筋接头沿节点柱顶外侧直线布置的情况，可与节点Ⓐ组合使用。

（3）C节点：当柱外侧纵向钢筋配筋率大于1.2%时，柱外侧柱纵筋伸入顶梁1.5l_{ab}后，分两批截断，断点距离不小于20d。

（4）D节点：

1）柱顶第一层钢筋伸至柱内边向下弯折8d；

2）柱顶第二层钢筋伸至柱内边。

（5）E节点：当梁上部纵筋配筋率大于1.2%时，梁上部纵筋伸入边柱1.7l_{ab}后，分两批截断，断点距离不小于20d。当梁上部纵筋为两排时，先断第二排钢筋。

3. 非抗震KZ中柱柱顶纵向钢筋构造

11G101-1中作出如下规定（图3-16）。

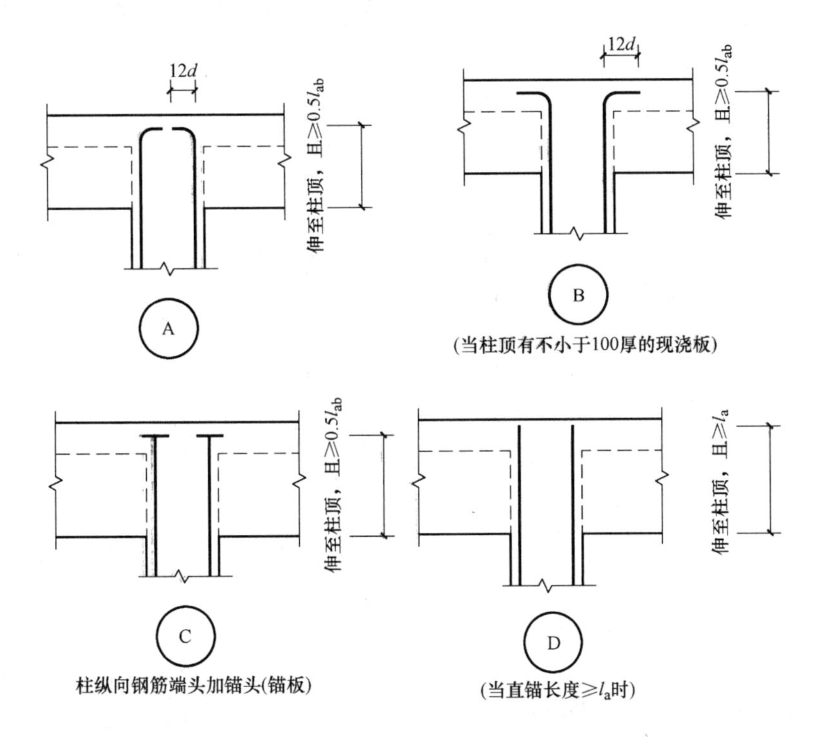

图3-16 非抗震KZ中柱柱顶纵向钢筋构造

注：中柱柱头纵向钢筋构造分四种构造做法，施工人员应根据各种做法所要求的条件正确选用。

由上图（图3-16）可以看出：

（1）A节点：当柱纵筋直锚长度小于l_{ab}时，柱纵筋伸至柱顶后向内弯折12d，但必须保证柱纵筋伸入梁内的长度不小于0.5l_{ab}。

（2）B节点：当柱纵筋直锚长度小于l_{ab}，且柱顶有不小于100mm厚的现浇板时，柱纵筋伸至柱顶后向外弯折12d，但必须保证柱纵筋伸入梁内的长度不小于0.5l_{ab}。

（3）C节点：当柱纵筋直锚长度不小于0.5l_{ab}时，柱纵筋伸至梁顶后，端头加锚头（锚板）。

（4）D节点：当柱纵筋直锚长度不小于l_a时，可以直锚伸至柱顶。

4. 非抗震 KZ 柱变截面位置纵向钢筋构造

11G101-1 中作出如下规定（图 3-17）。

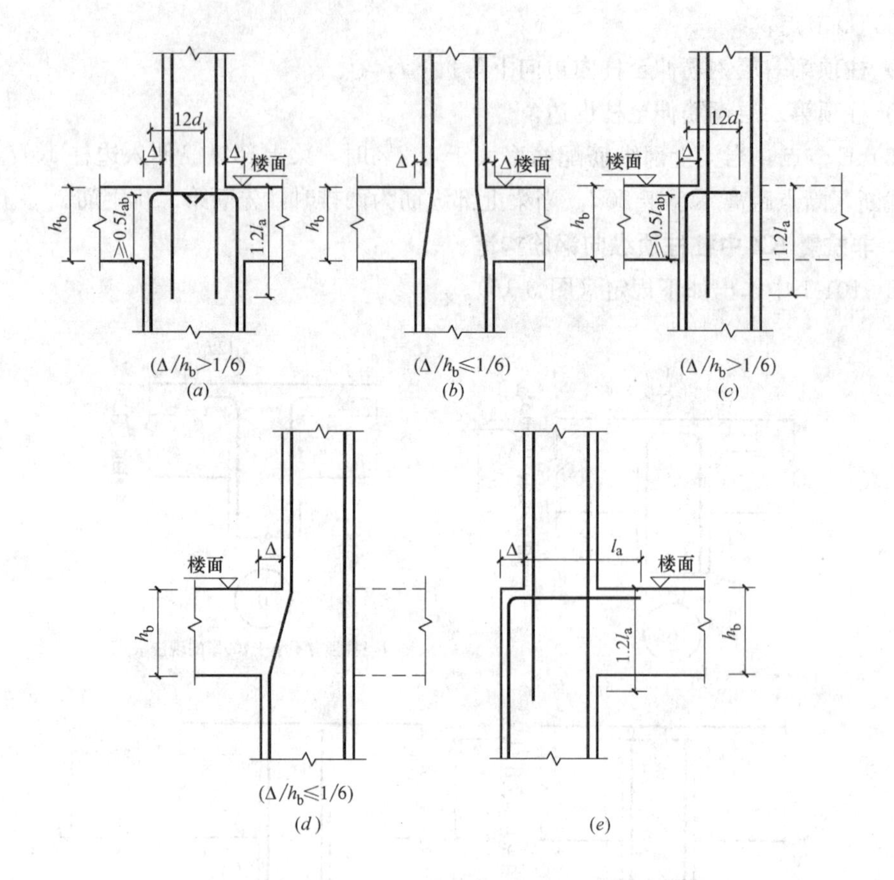

图 3-17 非抗震 KZ 柱变截面位置纵向钢筋构造

注：楼层以上柱纵筋连接构造见图集 11G101-1 第 63 页（本书图 3-13、图 3-14）。

由上图（图 3-17）可以看出：

（1）图 *a*：下层柱纵筋断开，上层柱纵筋伸入下层；下层柱纵筋伸至该层顶 12*d*，上层柱纵筋伸入下层 1.2l_a。

（2）图 *b*：下层柱纵筋斜弯连续伸入上层，不断开。

（3）图 *c*：下层柱纵筋断开，上层柱纵筋伸入下层；下层柱纵筋伸至该层顶 12*d*，上层柱纵筋伸入下层 1.2l_a。

（4）图 *d*：下层柱纵筋斜弯连续伸入上层，不断开。

（5）图 *e*：下层柱纵筋断开，上层柱纵筋伸入下层；下层柱纵筋伸至该层顶 l_a，上层柱纵筋伸入下层 1.2l_a。

5. 非抗震 KZ 箍筋加密区范围

11G101-1 中作出如下规定（图 3-18）。

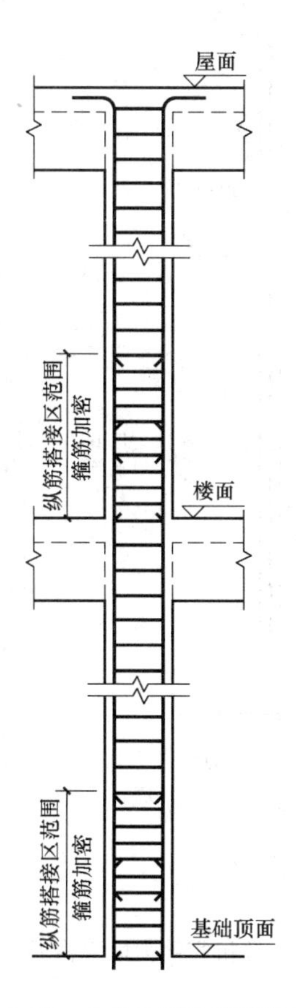

图 3-18 非抗震 KZ 箍筋构造

由上图（图 3-18）可以看出：

（1）在纵筋绑扎搭接区范围内进行箍筋加密；

（2）非绑扎搭接时，图集未规定是否加密，但不等于实际上没有箍筋加密。

6. 非抗震 QZ、LZ 纵向钢筋构造

11G101-1 中作出如下规定（图 3-19、图 3-20）。

由图 3-19 可以看出：

（1）第一种方法：剪力墙上柱 QZ 与下层剪力墙重叠一层。这种锚固方法就是把上层框架柱的全部柱纵筋向下伸至下层剪力墙的楼面上，也就是与下层剪力墙重叠一个楼层。在墙顶面标高以下锚固范围内的柱箍筋按上柱非加密区要求设置。

（2）第二种方法：剪力墙上柱 QZ 的纵筋锚固在下层剪力墙的上部。这种锚固方法与第一种不同，只是在下层剪力墙的上端进行锚固，而不是与下层剪力墙重叠一个楼层。

其做法要点是：锚入下层剪力墙上部，其直锚长度 $1.2l_a$，弯直钩 150mm。在墙顶面标高以下锚固范围内的柱箍筋按上柱非加密区箍筋要求设置。

由图 3-20 可以看出：

（1）梁上柱纵筋伸至梁底并弯直钩 $12d$，要求直锚长度不小于 $0.5l_{ab}$。

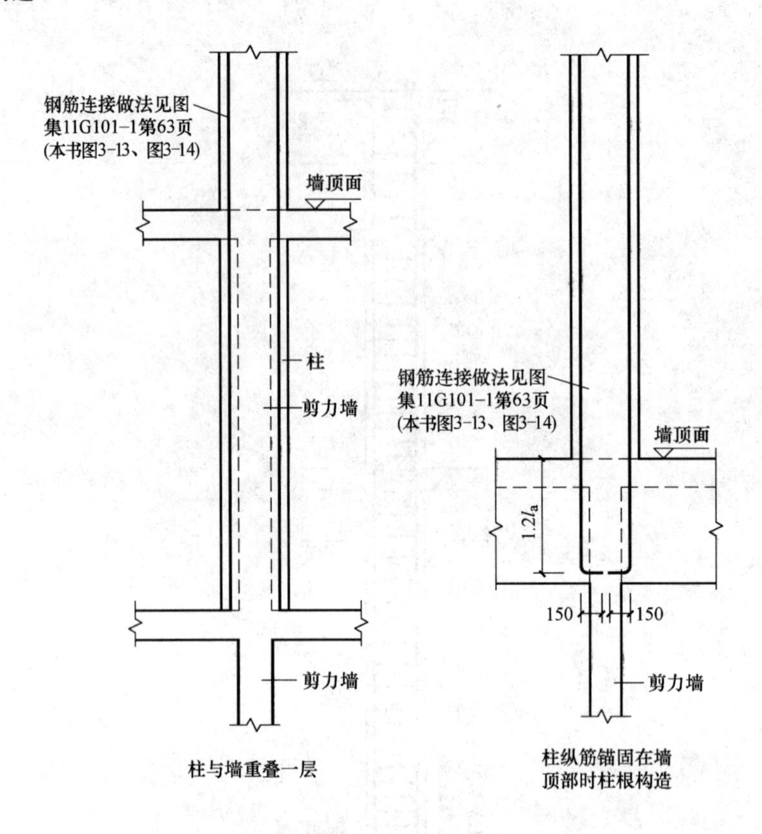

图 3-19 非抗震剪力墙上柱 QZ 纵筋构造

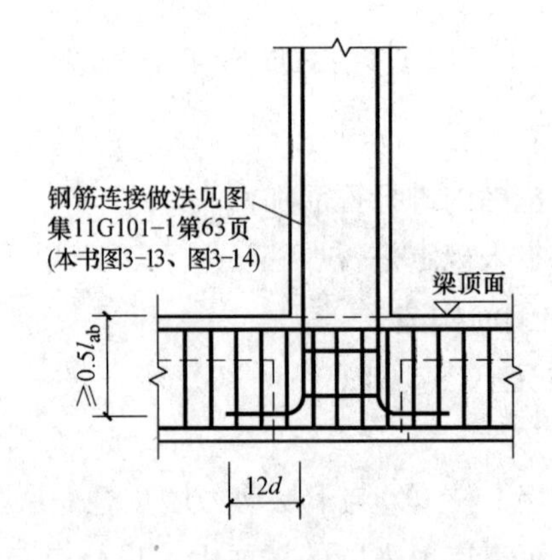

图 3-20 梁上柱 LZ 纵筋构造

(2) 柱插筋在梁内的部分只需设置两道柱箍筋（其作用是固定柱插筋）。

【规范链接】

《混凝土结构设计规范》(GB 50010—2010)

11.4.6 考虑地震组合的矩形截面框架柱和框支柱，其受剪截面应符合下列条件：

剪跨比 $\lambda>2$ 的框架柱

$$V_c\leqslant\frac{1}{\gamma_{RE}}(0.20\beta_c f_c bh_0) \tag{11.4.6-1}$$

框支柱和剪跨比 $\lambda\leqslant2$ 的框架柱

$$V_c\leqslant\frac{1}{\gamma_{RE}}(0.15\beta_c f_c bh_0) \tag{11.4.6-2}$$

式中：λ——框架柱、框支柱的计算剪跨比，取 $M/(Vh_0)$；此处，M 宜取柱上、下端考虑地震组合的弯矩设计值的较大值，V 取与 M 对应的剪力设计值，h_0 为柱截面有效高度；当框架结构中的框架柱的反弯点在柱层高范围内时，可取 λ 等于 $H_n/(2h_0)$，此处，H_n 为柱净高。

11.4.7 考虑地震组合的矩形截面框架柱和框支柱，其斜截面受剪承载力应符合下列规定：

$$V_c\leqslant\frac{1}{\gamma_{RE}}\left[\frac{1.05}{\lambda+1}f_t bh_0+f_{yv}\frac{A_{sv}}{s}h_0+0.056N\right] \tag{11.4.7}$$

式中：λ——框架柱、框支柱的计算剪跨比。当 $\lambda<1.00$ 时，取 1.00；当 $\lambda>3.00$ 时，取 3.00；

N——考虑地震组合的框架柱、框支柱轴向压力设计值，当 $N>0.3f_cA$ 时，取 $0.3f_cA$。

11.4.8 考虑地震组合的矩形截面框架柱和框支柱，当出现拉力时，其斜截面抗震受剪承载力应符合下列规定：

$$V_c\leqslant\frac{1}{\gamma_{RE}}\left[\frac{1.05}{\lambda+1}f_t bh_0+f_{yv}\frac{A_{sv}}{s}h_0-0.20N\right] \tag{11.4.8}$$

式中：N——考虑地震组合的框架柱轴向拉力设计值。

当上式右边括号内的计算值小于 $f_{yv}\frac{A_{sv}}{s}h_0$ 时，取等于 $f_{yv}\frac{A_{sv}}{s}h_0$，且 $f_{yv}\frac{A_{sv}}{s}h_0$ 值不应小于 $0.36f_t bh_0$。

11.4.9 考虑地震组合的矩形截面双向受剪的钢筋混凝土框架柱，其受剪截面应符合下列条件：

$$V_x\leqslant\frac{1}{\gamma_{RE}}0.20\beta_c f_c bh_0\cos\theta \tag{11.4.9-1}$$

$$V_y\leqslant\frac{1}{\gamma_{RE}}0.20\beta_c f_c bh_0\sin\theta \tag{11.4.9-2}$$

式中：V_x——x 轴方向的剪力设计值，对应的截面有效高度为 h_0，截面宽度为 b；

V_y——y 轴方向的剪力设计值，对应的截面有效高度为 b_0，截面宽度为 h；

θ——斜向剪力设计值 V 的作用方向与 x 轴的夹角，取为 $\arctan(V_y/V_x)$。

11.4.10 考虑地震组合时，矩形截面双向受剪的钢筋混凝土框架柱，其斜截面受剪承载力应符合下列条件：

$$V_x\leqslant\frac{V_{ux}}{\sqrt{1+\left(\frac{V_{ux}\tan\theta}{V_{uy}}\right)^2}} \tag{11.4.10-1}$$

$$V_y\leqslant\frac{V_{uy}}{\sqrt{1+\left(\frac{V_{uy}}{V_{ux}\tan\theta}\right)^2}} \tag{11.4.10-2}$$

$$V_{ux}=\frac{1}{\gamma_{RE}}\left[\frac{1.05}{\lambda_x+1}f_t bh_0+f_{yv}\frac{A_{svx}}{s_x}h_0+0.056N\right] \tag{11.4.10-3}$$

$$V_{uy}=\frac{1}{\gamma_{RE}}\left[\frac{1.05}{\lambda_y+1}f_t hb_0+f_{yv}\frac{A_{svy}}{s_y}b_0+0.056N\right] \tag{11.4.10-4}$$

式中：λ_x、λ_y——框架柱的计算剪跨比，按本规范 6.3.12 条的规定确定；

A_{svx}、A_{svy}——配置在同一截面内平行于 x 轴、y 轴的箍筋各肢截面面积的总和；

N——与斜向剪力设计值 V 相应的轴向压力设计值，当 $N>0.3f_cA$ 时，取 $0.3f_cA$，此处，A

为构件的截面面积。

在计算截面箍筋时，在公式（11.4.10-1）、公式（11.4.10-2）中可近似取 $V_{ux}/V_{uy}=1$ 计算。

《高层建筑混凝土结构技术规程》(JGJ 3—2010)

6.4.9 （略，详见 1.4 箍筋及拉筋弯钩构造）

6.5.4 （略，详见 1.1 钢筋的锚固）

3.4 芯柱 XZ 配筋构造

11G101-1 中作出如下规定（图 3-21）。

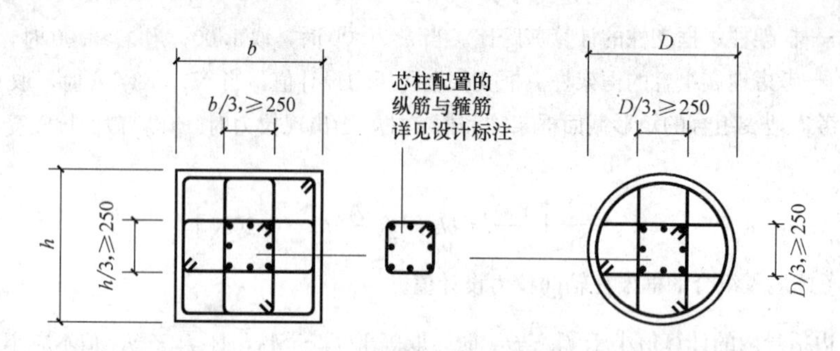

图 3-21 芯柱 XZ 配筋构造

注：纵筋的连接及根部锚固同框架柱，柱上直通至芯柱柱顶标高。

【规范链接】

《建筑抗震设计规范》(GB 50011—2010)

7.4.1 多层小砌块房屋应按表 7.4.1 的要求设置钢筋混凝土芯柱。对外廊式和单面走廊式的多层房屋、横墙较少的房屋、各层横墙很少的房屋，尚应分别按本规范第 7.3.1 条第 2、3、4 款关于增加层数的对应要求，按表 7.4.1 的要求设置芯柱。

多层小砌块房屋芯柱设置要求 表 7.4.1

房屋层数				设置部位	设置数量
6 度	7 度	8 度	9 度		
四、五	三、四	二、三		外墙转角，楼、电梯间四角，楼梯斜梯段上下端对应的墙体处； 大房间内外墙交接处； 错层部位横墙与外纵墙交接处； 隔 12m 或单元横墙与外纵墙交接处	外墙转角，灌实 3 个孔； 内外墙交接处，灌实 4 个孔； 楼梯斜梯段上下端对应的墙体处，灌实 2 个孔
六	五	四		同上； 隔开间横墙（轴线）与外纵墙交接处	

续表

房屋层数				设置部位	设置数量
6度	7度	8度	9度		
七	六	五	二	同上； 各内墙(轴线)与外纵墙交接处； 内纵墙与横墙(轴线)交接处和洞口两侧	外墙转角，灌实5个孔； 内外墙交接处，灌实4个孔； 内墙交接处，灌实2个孔； 洞口两侧各灌实1个孔
	七	≥六	≥三	同上； 横墙内芯柱间距不大于2m	外墙转角，灌实7个孔； 内外墙交接处，灌实5个孔； 内墙交接处，灌实4~5个孔； 洞口两侧各灌实1个孔

注：外墙转角、内外墙交接处、楼电梯间四角等部位，应允许采用钢筋混凝土构造柱替代部分芯柱。

7.4.2 多层小砌块房屋的芯柱，应符合下列构造要求：

1 小砌块房屋芯柱截面不宜小于120mm×120mm。

2 芯柱混凝土强度等级，不应低于Cb20。

3 芯柱的竖向插筋应贯通墙身且与圈梁连接；插筋不应小于1ϕ12，6、7度时超过五层、8度时超过四层和9度时，插筋不应小于1ϕ14。

4 芯柱应伸入室外地面下500mm或与埋深小于500mm的基础圈梁相连。

5 为提高墙体抗震受剪承载力而设置的芯柱，宜在墙体内均匀布置，最大净距不宜大于2.0m。

6 多层小砌块房屋墙体交接处或芯柱与墙体连接处应设置拉结钢筋网片，网片可采用直径4mm的钢筋点焊而成，沿墙高间距不大于600mm，并应沿墙体水平通长设置。6、7度时底部1/3楼层，8度时底部1/2楼层，9度时全部楼层，上述拉结钢筋网片沿墙高间距不大于400mm。

7.4.3 小砌块房屋中替代芯柱的钢筋混凝土构造柱，应符合下列构造要求：

1 构造柱截面不宜小于190mm×190mm，纵向钢筋宜采用4ϕ12，箍筋间距不宜大于250mm，且在柱上下端应适当加密；6、7度时超过五层、8度时超过四层和9度时，构造柱纵向钢筋宜采用4ϕ14，箍筋间距不应大于200mm；外墙转角的构造柱可适当加大截面及配筋。

2 构造柱与砌块墙连接处应砌成马牙槎，与构造柱相邻的砌块孔洞，6度时宜填实，7度时应填实，8、9度时应填实并插筋。构造柱与砌块墙之间沿墙高每隔600mm设置ϕ4点焊拉结钢筋网片，并应沿墙体水平通长设置。6、7度时底部1/3楼层，8度时底部1/2楼层，9度全部楼层，上述拉结钢筋网片沿墙高间距不大于400mm。

3 构造柱与圈梁连接处，构造柱的纵筋应在圈梁纵筋内侧穿过，保证构造柱纵筋上下贯通。

4 构造柱可不单独设置基础，但应伸入室外地面下500mm，或与埋深小于500mm的基础圈梁相连。

4 剪力墙构造

4.1 剪力墙身水平和竖向钢筋构造

1. 剪力墙身水平钢筋构造

剪力墙身水平钢筋构造包括水平钢筋在剪力墙身中的构造，水平钢筋在暗柱中的构造和水平钢筋在端柱中的构造。

11G101-1 中作出如下规定（图 4-1～图 4-11）。

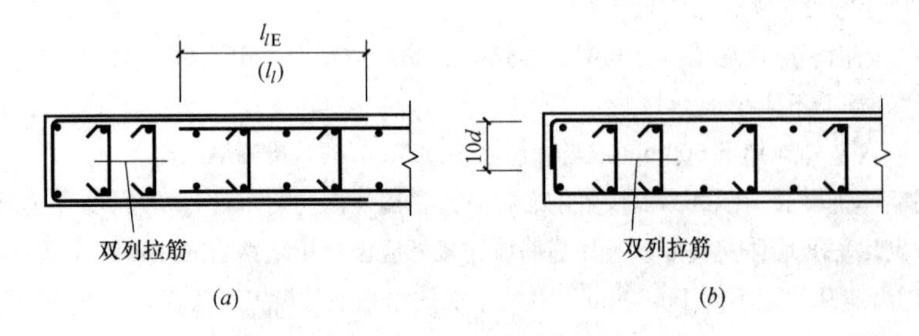

图 4-1 端部无暗柱时剪力墙水平钢筋端部做法

(a) 当墙厚度较小时

由上图（图 4-1）可以看出：

剪力墙身水平分布筋在端部无暗柱时，可采用在端部设置 U 形水平筋（目的是箍住边缘竖向加强筋），墙身水平分布筋与 U 形水平筋水平搭接；也可将墙身水平分布筋伸至端部弯折 $10d$。

由图 4-2 可以看出：

剪力墙身水平分布筋伸至边缘暗柱角筋外侧，弯折 $10d$。

由图 4-3 可以看出：

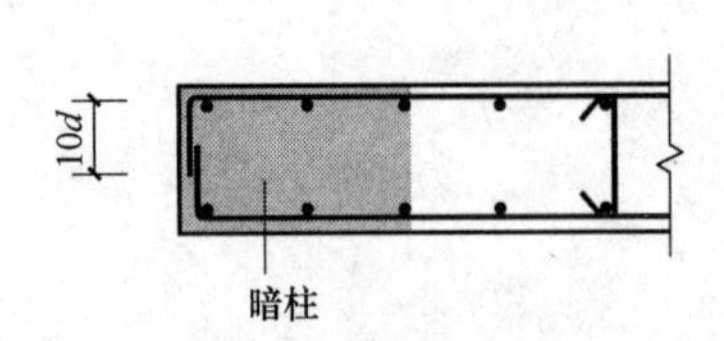

图 4-2 端部有暗柱时剪力墙水平钢筋端部做法

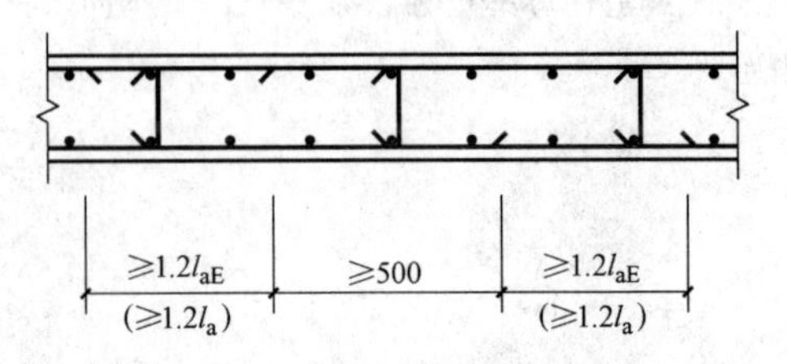

图 4-3 剪力墙水平钢筋交错搭接

（沿高度每隔一根错开搭接）

剪力墙身水平分布筋交错连接时，上下相邻的墙身水平分布筋交错搭接连接，搭接长度不小于 1.2l_{aE}（1.2l_a），搭接范围交错不小于 500mm。

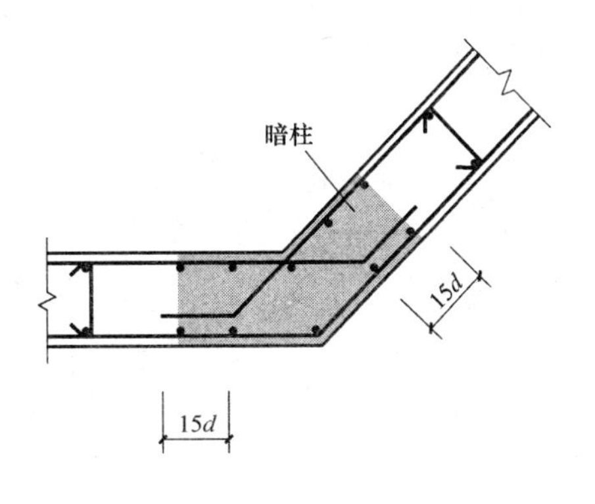

图 4-4 斜交转角墙

由上图（图 4-4）可以看出：

斜交墙外侧水平分布筋连续通过阳角，内侧水平分布筋在墙内弯折锚固长度为 15d。

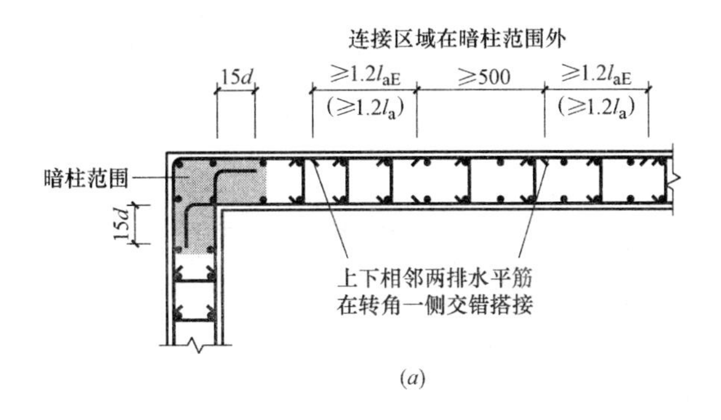

(a)

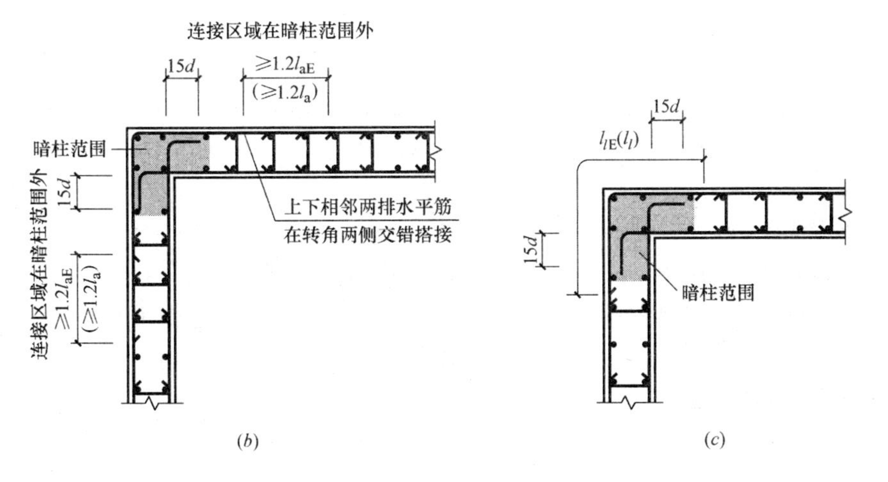

(b) (c)

图 4-5 转角墙

(a) 外侧水平筋连续通过转弯；(c) 外侧水平筋在转角处搭接

由上图（图 4-5）可以看出：

（1）图 a：上下相邻两排水平分布筋在转角一侧交错搭接连接，搭接长度不小于 $1.2l_{aE}$（$1.2l_a$），搭接范围错开间距不小于 500mm；墙外侧水平分布筋连续通过转角，在转角墙核心部位以外与另一片剪力墙的外侧水平分布筋连接，墙内侧水平分布筋伸至转角墙核心部位的外侧钢筋内侧，水平弯折 $15d$。

（2）图 b：上下相邻两排水平分布筋在转角两侧交错搭接连接，搭接长度不小于 $1.2l_{aE}$（$1.2l_a$）；墙外侧水平分布筋连续通过转角，在转角墙核心部位以外与另一片剪力墙的外侧水平分布筋连接，墙内侧水平分布筋伸至转角墙核心部位的外侧钢筋内侧，水平弯折 $15d$。

（3）图 c：墙外侧水平分布筋在转角处搭接，搭接长度为 l_{lE}（l_l），墙内侧水平分布筋伸至转角墙核心部位的外侧钢筋内侧，水平弯折 $15d$。

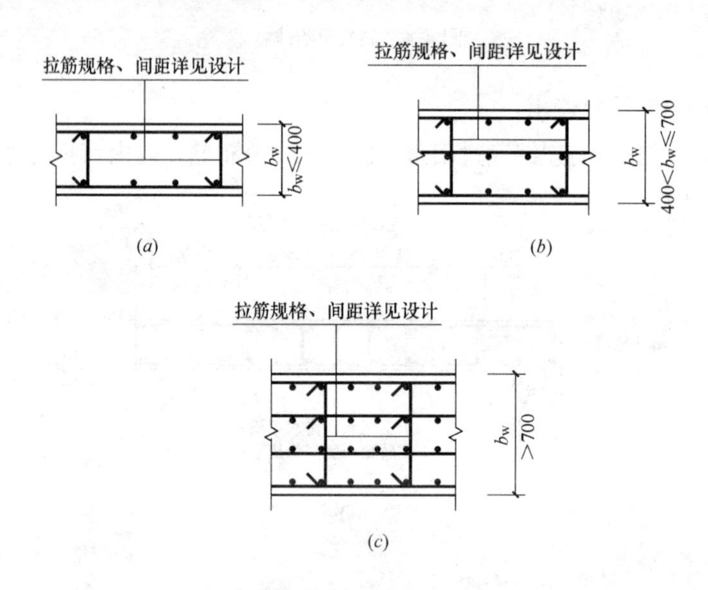

图 4-6 剪力墙配筋

（a）剪力墙双排配筋；（b）剪力墙三排配筋（水平、竖向钢筋均匀分布，拉筋需与各排分布筋绑扎）；（c）剪力墙四排配筋（水平、竖向钢筋均匀分布，拉筋需与各排分布筋绑扎）

由上图（图 4-6）可以看出：

剪力墙设置各排钢筋网时，水平分布筋置于外侧，垂直分布筋置于水平分布筋的内侧。拉筋要求同时构筑水平分布筋和垂直分布筋。其中三排配筋和四排配筋的水平竖向钢筋需均匀分布，拉筋需与各排分布筋绑扎。由此可以看出，剪力墙的保护层是针对水平分布筋来说的。

由图 4-7 可以看出：

翼墙两翼的墙身水平分布筋连续通过翼墙；翼墙肢部墙身水平分布筋伸至翼墙核心部位的外侧钢筋内侧，水平弯折 $15d$。

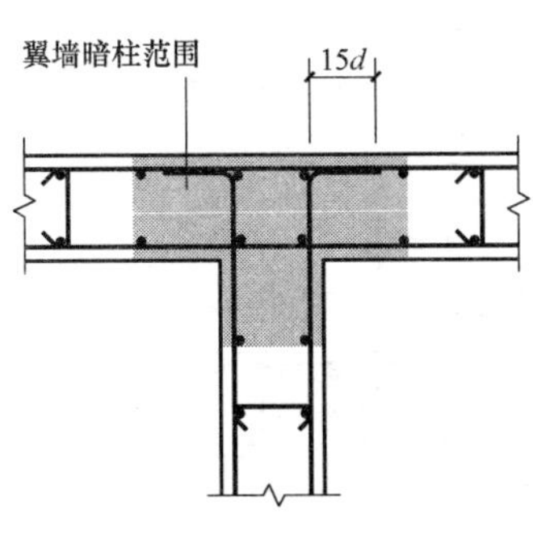

图 4-7 翼墙

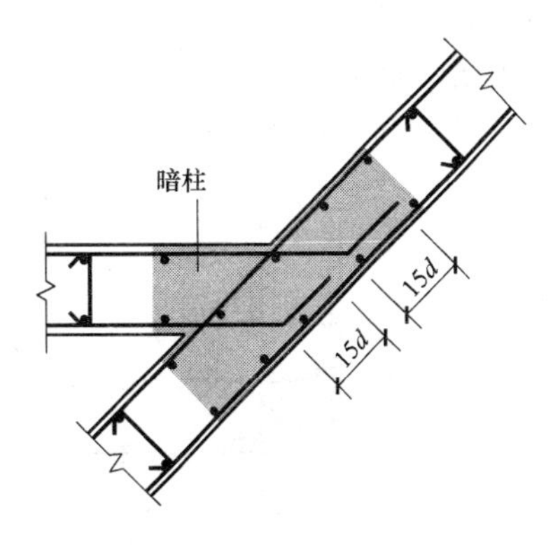

图 4-8 斜交翼墙

由上图（图 4-8）可以看出：

墙身水平筋在斜交处锚固 15d。

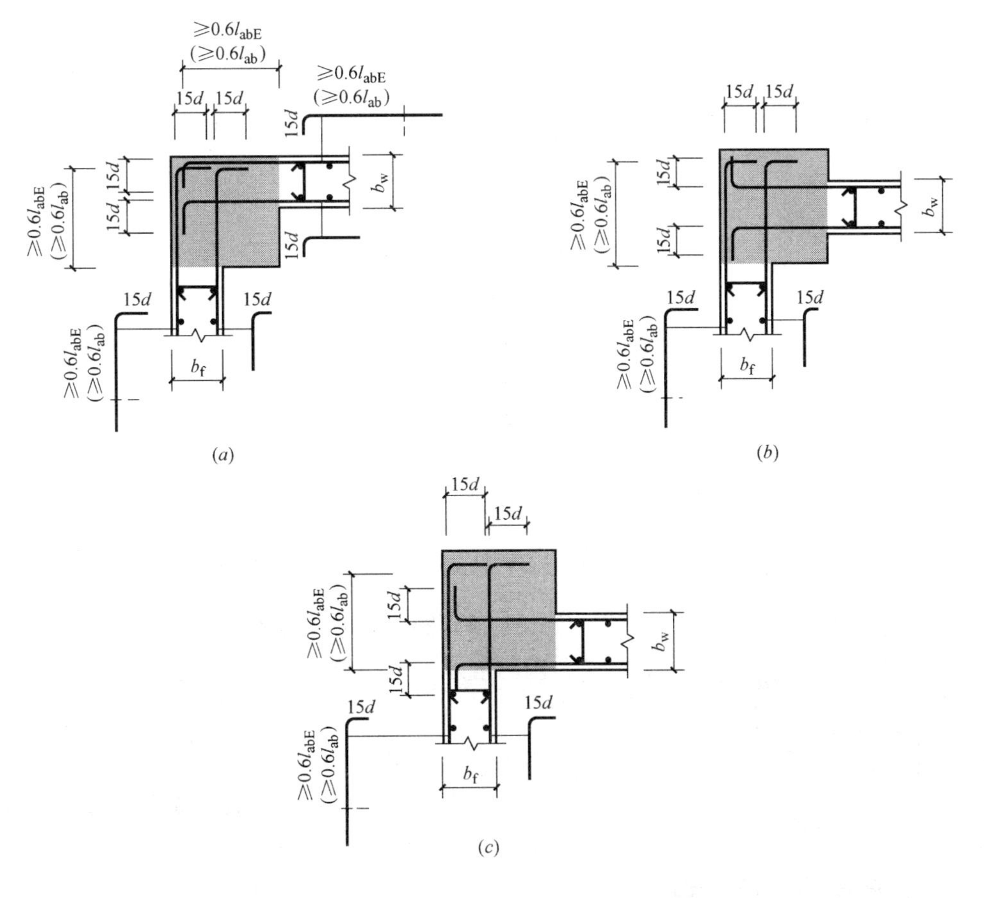

图 4-9 端柱转角墙

由上图（图 4-9）可以看出：

剪力墙内侧水平钢筋伸至端柱对边，并且保证直锚长度不小于 0.6l_{abE}（0.6l_{ab}），然后弯折 15d。

剪力墙水平钢筋伸至对边不小于 l_{aE}（l_a）时可不设弯钩。

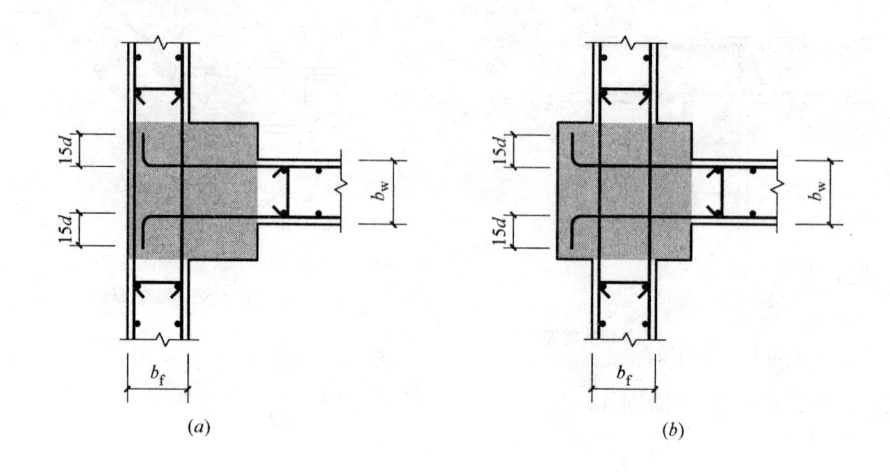

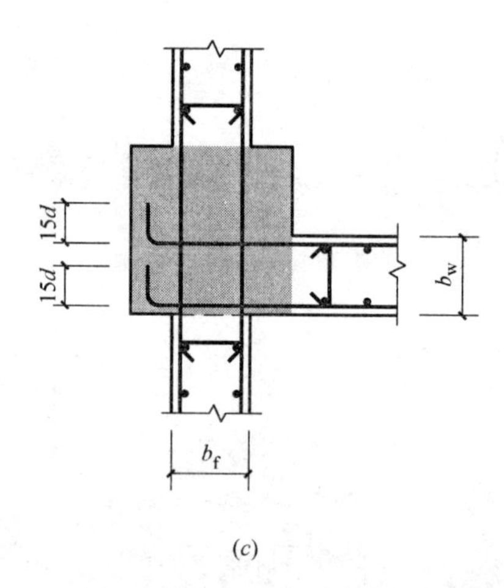

图 4-10　端柱翼墙

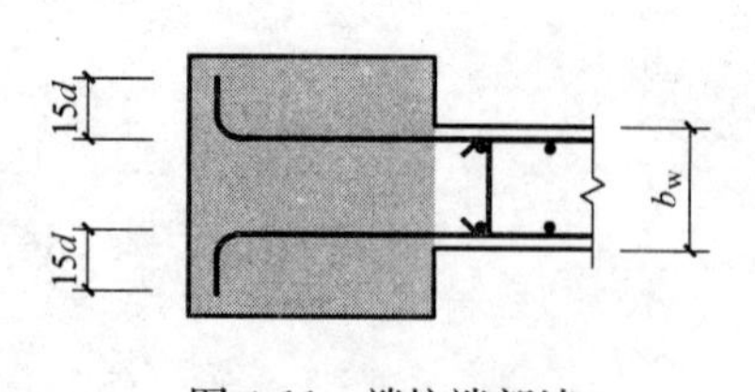

图 4-11　端柱端部墙

由上图（图 4-10）可以看出：

剪力墙水平分布筋伸入端柱弯折长度 15d；当直锚深度≥l_{aE}（l_a）时，可不设弯钩。

由图 4-11 可以看出：

剪力墙水平分布筋伸入端柱弯折长度 15d；当直锚深度≥l_{aE}（l_a）时，可不设弯钩。

2. 剪力墙身竖向钢筋构造

包括剪力墙身竖向分布钢筋连接构造、变截面竖向分布筋构造、墙顶部竖向分布筋构造等内容。

11G101-1 中作出如下规定（图 4-12～图 4-15）。

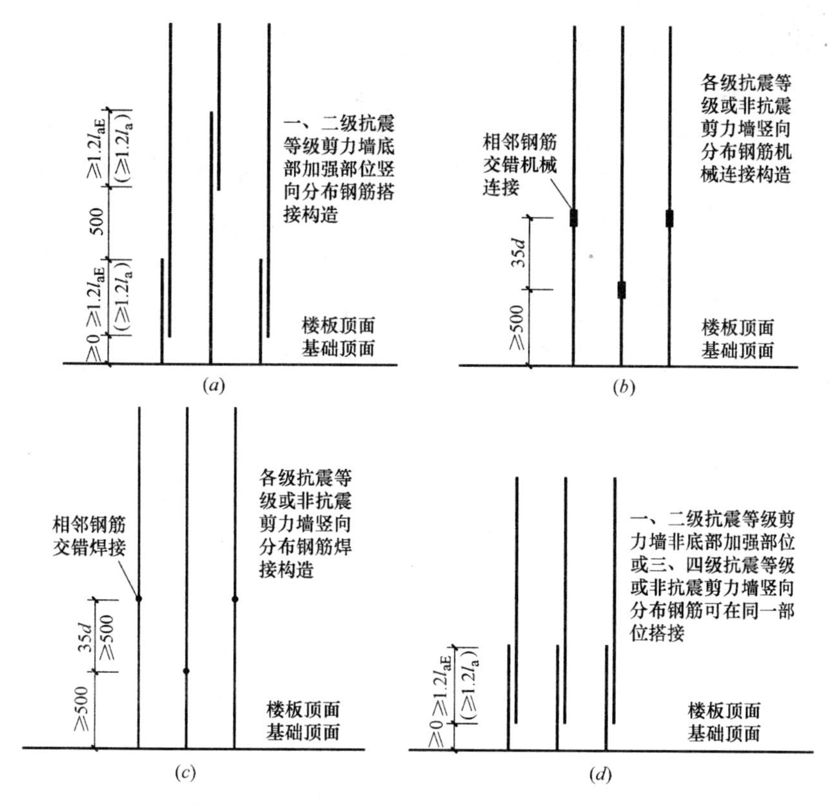

图 4-12 剪力墙身竖向分布钢筋连接构造

由上图（图 4-12）可以看出：

（1）一、二级抗震等级剪力墙底部加强部位的剪力墙身竖向分布钢筋可在楼层层间任意位置搭接连接，搭接长度为 $1.2l_{aE}$，搭接接头错开距离 500mm，钢筋直径大于 28mm 时不宜采用搭接连接。

（2）当采用机械连接时，纵筋机械连接接头错开 $35d$；机械连接的连接点距离结构层顶面（基础顶面）或底面不小于 500mm。

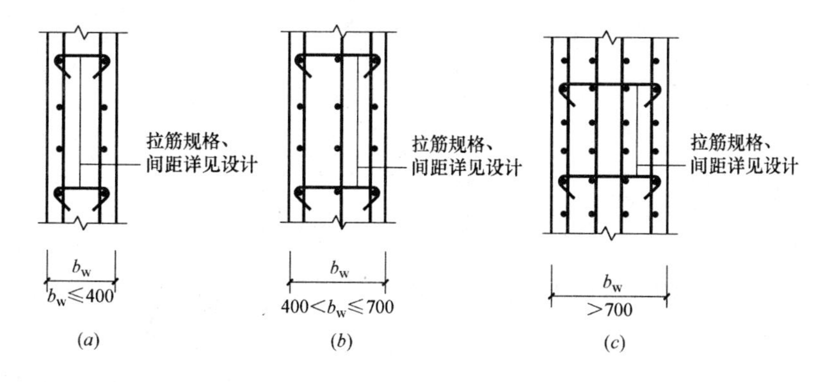

图 4-13 剪力墙配筋

(a) 剪力墙双排配筋；(b) 剪力墙三排配筋；(c) 剪力墙四排配筋

（3）当采用焊接连接时，纵筋焊接连接接头错开 $35d$ 且不小于 500mm；焊接连接的连接点距离结构层顶面（基础顶面）或底面不小于 500mm。

（4）一、二级抗震等级剪力墙非底部加强部位或三、四级抗震等级或非抗震的剪力墙身竖向分布钢筋可在楼层层间同一位置搭接连接，搭接长度为 $1.2l_{aE}$，钢筋直径大于 28mm 时不宜采用搭接连接。

由上图（图 4-13）可以看出：

在暗柱内部（指暗柱配箍区）不设置剪力墙竖向分布钢筋。第一根竖向分布钢筋距暗柱主筋中心 1/2 竖向分布钢筋间距的位置绑扎。

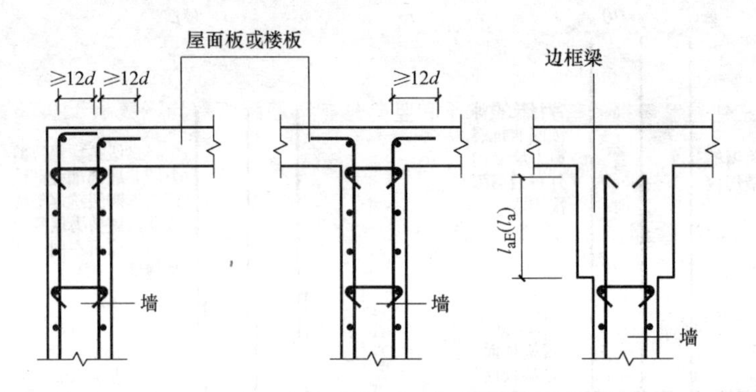

图 4-14 剪力墙竖向钢筋顶部构造

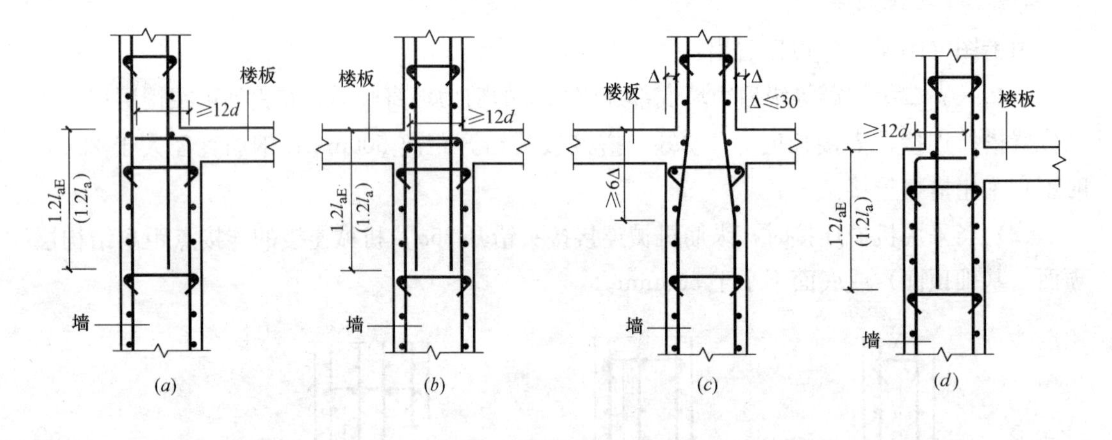

图 4-15 剪力墙变截面处竖向钢筋构造

由上图（图 4-14）可以看出：

剪力墙竖向钢筋弯锚入屋面板或楼板内 $15d$，伸入边框梁内长度为 l_{aE}（l_a）。

由上图（图 4-15）可以看出：

（1）边墙的竖向钢筋变截面构造（图 4-15a、图 4-15d），其做法是边墙内侧的竖向钢筋伸到楼板顶部然后弯折到对边切断，上一层的墙柱和墙身竖向钢筋插入当前楼层 $1.2l_{aE}$（$1.2l_a$）。

（2）中墙的竖向钢筋变截面构造（图 4-15*b*、图 4-15*c*），一种做法为当前楼层的墙柱和墙身的竖向钢筋伸到楼板顶部以下然后弯折到对边切断，上一层的墙柱和墙身竖向钢筋插入当前楼层 $1.2l_{aE}$（$1.2l_a$）（图 4-15*b*）；另一种做法是当前楼层的墙柱和墙身竖向钢筋不切断，而是以 1/6 钢筋斜率的方式弯曲伸到上一楼层（图 4-15*c*）。

【规范链接】

《混凝土结构设计规范》（GB 50010—2010）

11.7.13　剪力墙厚度大于 140mm 时，其竖向和水平向分布钢筋不应少于双排布置。

11.7.14　剪力墙的水平和竖向分布钢筋的配筋应符合下列规定：

1　一、二、三级抗震等级的剪力墙的水平和竖向分布钢筋配筋率均不应小于 0.25%；四级抗震等级剪力墙不应小于 0.20%；

2　部分框支剪力墙结构的剪力墙底部加强部位，水平和竖向分布钢筋配筋率不应小于 0.30%。

注：对高度不超过 24m 且剪压比很小的四级抗震等级剪力墙，其竖向分布筋最小配筋率应允许按 0.15%采用。

11.7.15　剪力墙水平和竖向分布钢筋的间距不宜大于 300mm，直径不宜大于墙厚的 1/10，且不应小于 8mm；竖向分布钢筋直径不宜小于 10mm。

部分框支剪力墙结构的底部加强部位，剪力墙水平和竖向分布钢筋的间距不宜大于 200mm。

《建筑抗震设计规范》（GB 50011—2010）

6.4.3　**抗震墙竖向、横向分布钢筋的配筋，应符合下列要求：**

1　**一、二、三级抗震墙的竖向和横向分布钢筋最小配筋率均不应小于 0.25%，四级抗震墙分布钢筋最小配筋率不应小于 0.20%。**

注：高度小于 24m 且剪压比很小的四级抗震墙，其竖向分布筋的最小配筋率应允许按 0.15%采用。

2　**部分框支抗震墙结构的落地抗震墙底部加强部位，竖向和横向分布钢筋配筋率均不应小于 0.30%。**

6.4.4　抗震墙竖向和横向分布钢筋的配置，尚应符合下列规定：

1　抗震墙的竖向和横向分布钢筋的间距不宜大于 300mm，部分框支抗震墙结构的落地抗震墙底部加强部位，竖向和横向分布钢筋的间距不宜大于 200mm。

2　抗震墙厚度大于 140mm 时，其竖向和横向分布钢筋应双排布置，双排分布钢筋间拉筋的间距不宜大于 600mm，直径不应小于 6mm。

3　抗震墙竖向和横向分布钢筋的直径，均不宜大于墙厚的 1/10 且不应小于 8mm；竖向钢筋直径不宜小于 10mm。

《高层建筑混凝土结构技术规程》（JGJ 3—2010）

7.2.17　剪力墙竖向和水平分布钢筋的配筋率，一、二、三级时均不应小于 0.25%，四级和非抗震设计时均不应小于 0.20%。

7.2.18　剪力墙的竖向和水平分布钢筋的间距均不宜大于 300mm，直径不应小于 8mm。剪力墙的竖向和水平分布钢筋的直径不宜大于墙厚的 1/10。

7.2.19 房屋顶层剪力墙、长矩形平面房屋的楼梯间和电梯间剪力墙、端开间纵向剪力墙以及端山墙的水平和竖向分布钢筋的配筋率均不应小于 0.25%，间距均不应大于 200mm。

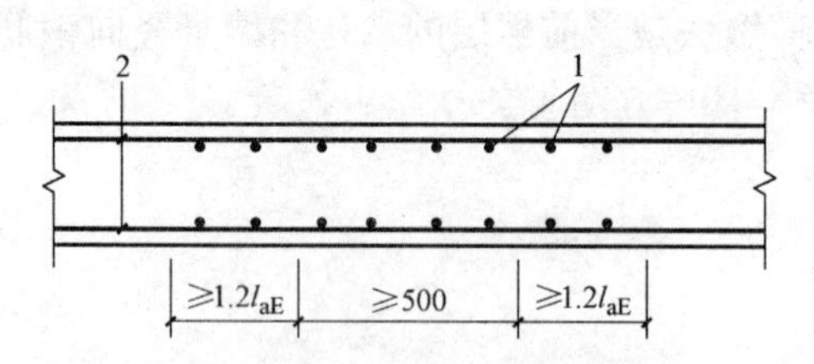

图 7.2.20 剪力墙分布钢筋的搭接连接
1—竖向分布钢筋；2—水平分布钢筋；
非抗震设计时图中 l_{aE}取 l_a

7.2.20 剪力墙的钢筋锚固和连接应符合下列规定：

1 非抗震设计时，剪力墙纵向钢筋最小锚固长度应取 l_a；抗震设计时，剪力墙纵向钢筋最小锚固长度应取 l_{aE}。l_a、l_{aE}的取值应符合本规程第 6.5 节的有关规定。

2 剪力墙竖向及水平分布钢筋采用搭接连接时(图 7.2.20)，一、二级剪力墙的底部加强部位，接头位置应错开，同一截面连接的钢筋数量不宜超过总数量的 50%，错开净距不宜小于 500mm；其他情况剪力墙的钢筋可在同一截面连接。分布钢筋的搭接长度，非抗震设计时不应小于 1.2l_a，抗震设计时不应小于 1.2l_{aE}。

3 暗柱及端柱内纵向钢筋连接和锚固要求宜与框架柱相同，宜符合本规程第 6.5 节的有关规定。

4.2 剪力墙边缘构件钢筋构造

1. 约束边缘构件 YBZ 构造

11G101-1 中作出如下规定（图 4-16）。

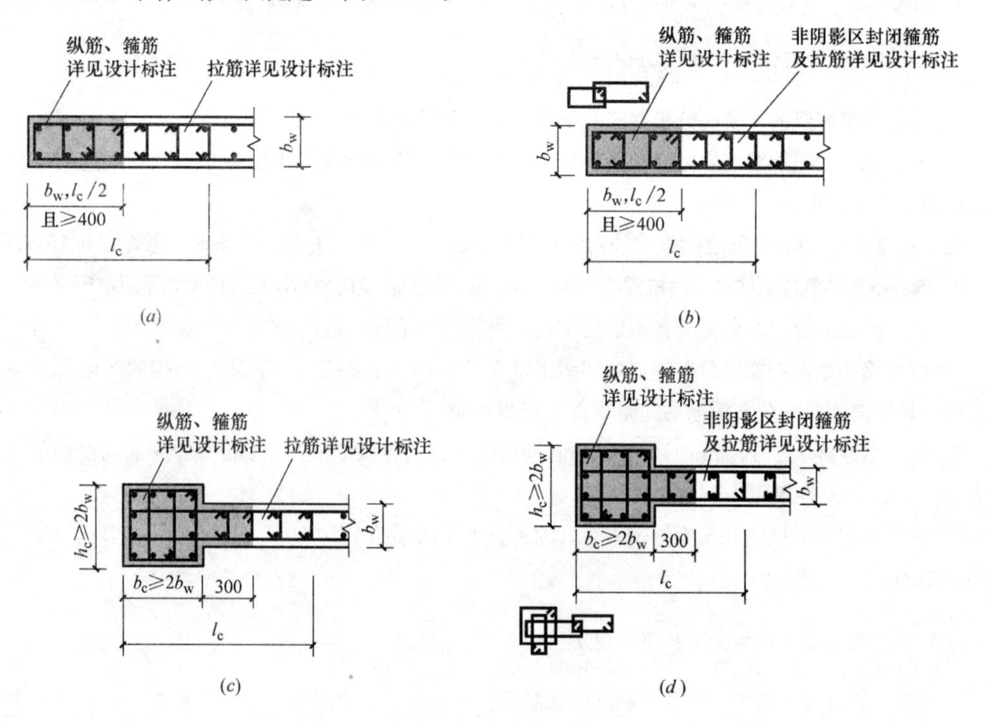

图 4-16 约束边缘构件 YBZ 构造

(*a*) 约束边缘暗柱（一）(非阴影区设置拉筋)；(*b*) 约束边缘暗柱（二）(非阴影区外圈设置封闭箍筋)；
(*c*) 约束边缘端柱（一）(非阴影区设置拉筋)；(*d*) 约束边缘端柱（二）(非阴影区外圈设置封闭箍筋)

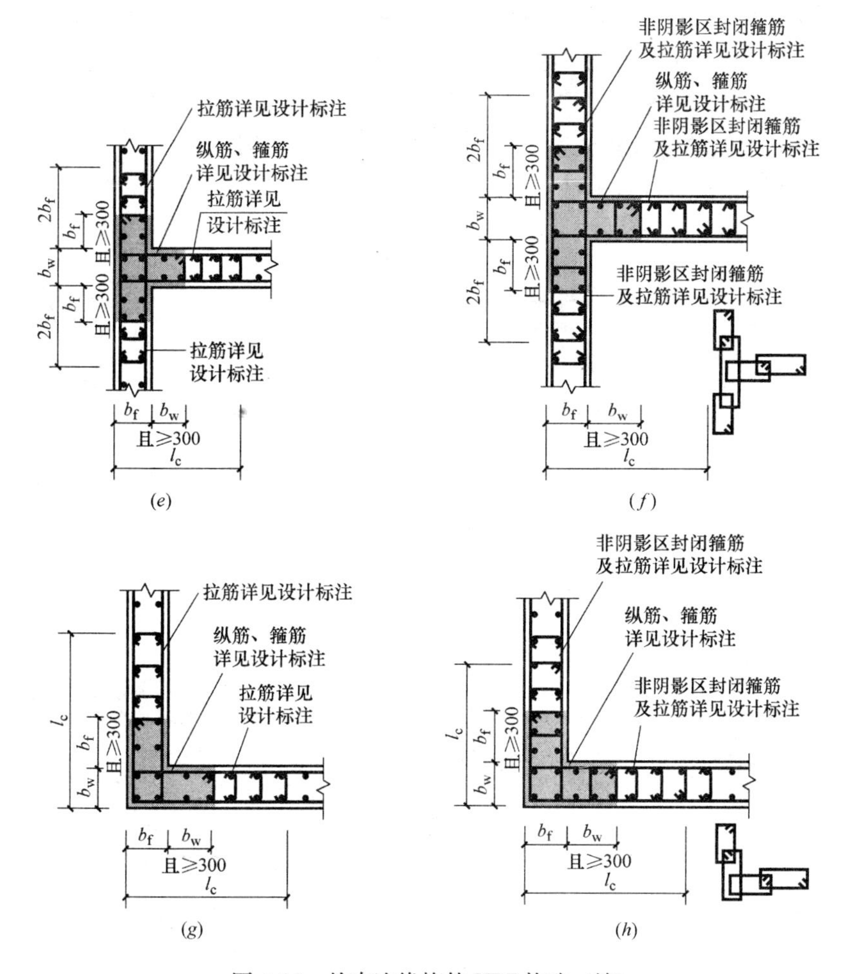

图 4-16 约束边缘构件 YBZ 构造（续）

(*e*) 约束边缘翼墙（一）(非阴影区设置拉筋)；(*f*) 约束边缘翼墙（二）(非阴影区外圈设置封闭箍筋)；(*g*) 约束边缘转角墙（一）(非阴影区设置拉筋)；(*h*) 约束边缘转角墙（二）(非阴影区外圈设置封闭箍筋)

由上图（图 4-16）可以看出：

(1) 左图——非阴影区设置拉筋：

非阴影区的配筋特点为加密拉筋：普通墙身的拉筋是“隔一拉一”或“隔二拉一”，而在这个非阴影区是每个竖向分布筋都设置拉筋。

(2) 右图——非阴影区设置封闭箍筋：

当非阴影区外圈设置封闭箍筋时，该封闭箍筋伸入到阴影区内一倍纵向钢筋间距，并箍住该纵向钢筋。封闭箍筋内设置拉筋，拉筋应同时钩住竖向钢筋和外封闭箍筋。

非阴影区外圈可设置封闭箍筋或满足条件时，由剪力墙水平分布筋替代，具体方案由设计确定。

其中，从约束边缘端柱的构造图中我们可以看出：阴影部分（即配箍区域），不但包括矩形柱的部分，而且还伸出一段翼缘，这段翼缘长度为 300mm，但我们不能因此就判定约束边缘端柱的伸出翼缘一定为300mm，只能说，当设计上没有定义约束边缘端柱的翼缘长度时，我们就把端柱翼缘净长度定义为300mm；而当设计上有明确的端柱翼缘长度标注时，就按设计要求来处理。

2. 剪力墙水平钢筋计入约束边缘构件体积配箍率的构造做法

11G101-1中作出如下规定（图4-17）。

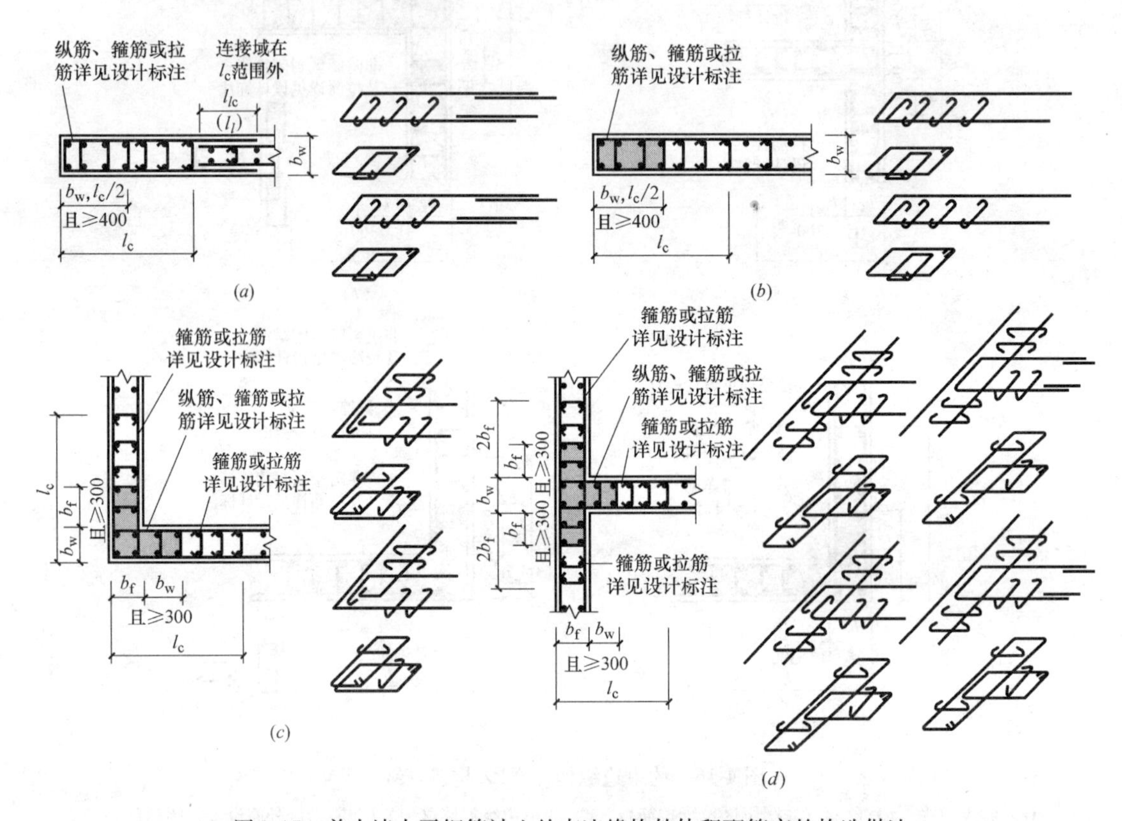

图4-17 剪力墙水平钢筋计入约束边缘构件体积配箍率的构造做法

（*a*）约束边缘暗柱（一）；（*b*）约束边缘暗柱（二）；（*c*）约束边缘转角墙；（*d*）约束边缘翼墙

注：1. 计入的墙水平分布钢筋的体积配箍率不应大于总体积配箍率的30%。

2. 约束边缘端柱水平分布钢筋的构造做法参照约束边缘暗柱。

3. 约束边缘构件非阴影区部位构造做法详见图集11G101-1第71页（本书图4-16）。

4. 本图构造做法应由设计者指定后使用。

5. 墙水平钢筋搭接要求同约束边缘暗柱（一）。

由上图（图4-17）可以看出：

（1）约束边缘暗柱（一）（图4-17*a*），图示要求墙体的水平钢筋在l_c外侧与柱内U形水平筋进行连接，U形水平筋可替代一层箍筋的外箍。

（2）约束边缘暗柱（二）（图4-17*b*），主墙水平筋可直接伸入墙端头，由于替代了箍筋，故在墙端头应弯同墙厚减保护层厚度的弯头，并应弯135°钩钩住暗柱主筋。

（3）约束边缘转角墙（图4-17*c*），主墙外侧水平筋连续通过墙转角，内侧钢筋直接伸入墙端头，弯成同墙厚减去保护层厚度的弯头，并应弯135°钩钩住暗柱主筋。

（4）约束边缘翼墙（图4-17d），墙水平筋直接伸入墙端头，弯成同墙厚减去保护层厚度的弯头，并应弯135°钩钩住暗柱主筋。

3. 构造边缘构件

11G101-1中作出如下规定（图4-18）。

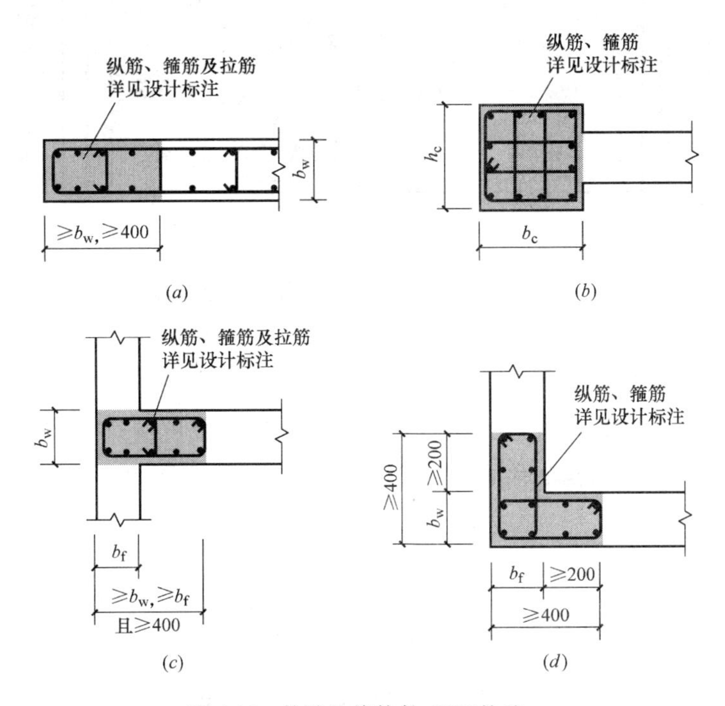

图4-18 构造边缘构件GBZ构造

（a）构造边缘暗柱；（b）构造边缘端柱；（c）构造边缘翼墙；（d）构造边缘转角墙

由上图（图4-18）可以看出：

（1）构造边缘暗柱的长度不小于墙厚且不小于400mm。

（2）构造边缘端柱仅在矩形柱范围内布置纵筋和箍筋，其箍筋布置为复合箍筋。

（3）构造边缘翼墙的长度不小于墙厚，不小于邻边墙厚且不小于400mm。

（4）构造边缘转角墙每边长度等于邻边墙厚加上不小于200mm，且不小于400mm。

4. 剪力墙边缘构件纵向钢筋连接构造

11G101-1中作出如下规定（图4-19）。

由图4-19可以看出：

（1）绑扎搭接：剪力墙边缘构件纵向钢筋可在楼层层间任意位置搭接连接，搭接长度为l_{lE}（l_l），搭接接头错开距离不小于0.3l_{lE}（0.3l_l），钢筋直径大于28mm时不宜采用搭接连接。

（2）机械连接：当采用机械连接时，纵筋机械连接接头错开35d；机械连接的连接点距离结构层顶面（基础顶面）或底面不小于500mm。

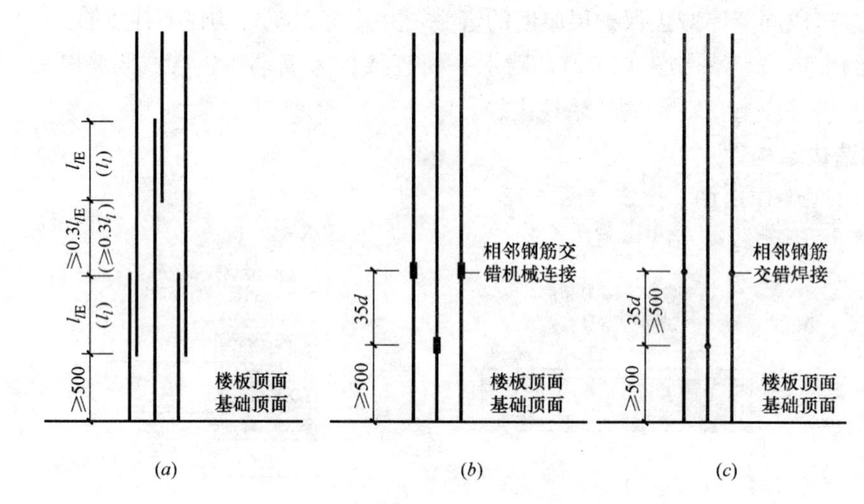

图 4-19 剪力墙边缘构件纵向钢筋连接构造

(a) 绑扎搭接；(b) 机械连接；(c) 焊接连接

注：适用于约束边缘构件阴影部分和构造边缘构件的纵向钢筋。

（3）焊接连接：当采用焊接连接时，纵筋焊接连接接头错开 $35d$ 且不小于 500mm；焊接连接的连接点距离结构层顶面（基础顶面）或底面不小于 500mm。

【规范链接】

《混凝土结构设计规范》(GB 50010—2010)

11.7.17 剪力墙两端及洞口两侧应设置边缘构件，并宜符合下列要求：

1 一、二、三级抗震等级剪力墙，在重力荷载代表值作用下，当墙肢底截面轴压比大于表 11.7.17 规定时，其底部加强部位及其以上一层墙肢应按本规范 11.7.18 条的规定设置约束边缘构件；当墙肢轴压比不大于表 11.7.17 规定时，可按本规范第 11.7.19 条的规定设置构造边缘构件；

剪力墙设置构造边缘构件的最大轴压比 **表 11.7.17**

抗震等级(设防烈度)	一级(9 度)	一级(7、8 度)	二级、三级
轴压比	0.10	0.20	0.30

2 部分框支剪力墙结构中，一、二、三级抗震等级落地剪力墙的底部加强部位及以上一层的墙肢两端，宜设置翼墙或端柱，并应按本规范第 11.7.18 条的规定设置约束边缘构件；不落地的剪力墙，应在底部加强部位及以上一层剪力墙的墙肢两端设置约束边缘构件；

3 一、二、三级抗震等级的剪力墙的一般部位剪力墙以及四级抗震等级剪力墙，应按本规范 11.7.19 条设置构造边缘构件；

4 对框架-核心筒结构，一、二、三级抗震等级的核心筒角部墙体的边缘构件尚应按下列要求加强：底部加强部位墙肢约束边缘构件的长度宜取墙肢截面高度的 1/4，且约束边缘构件范围内宜全部采用箍筋；底部加强部位以上宜按本规范图 11.7.18 的要求设置约束边缘构件。

11.7.18 剪力墙端部设置的约束边缘构件（暗柱、端柱、翼墙和转角墙）应符合下列要求（图

11.7.18)：

1 约束边缘构件沿墙肢的长度 l_c 及配箍特征值 λ_v 宜满足表 11.7.18 的要求，箍筋的配置范围及相应的配箍特征值 λ_v 和 $\lambda_v/2$ 的区域如图 11.7.18 所示，其体积配筋率 ρ_v 应符合下列要求：

$$\rho_v \geqslant \lambda_v \frac{f_c}{f_{yv}} \tag{11.7.18}$$

式中：λ_v——配箍特征值，计算时可计入拉筋。

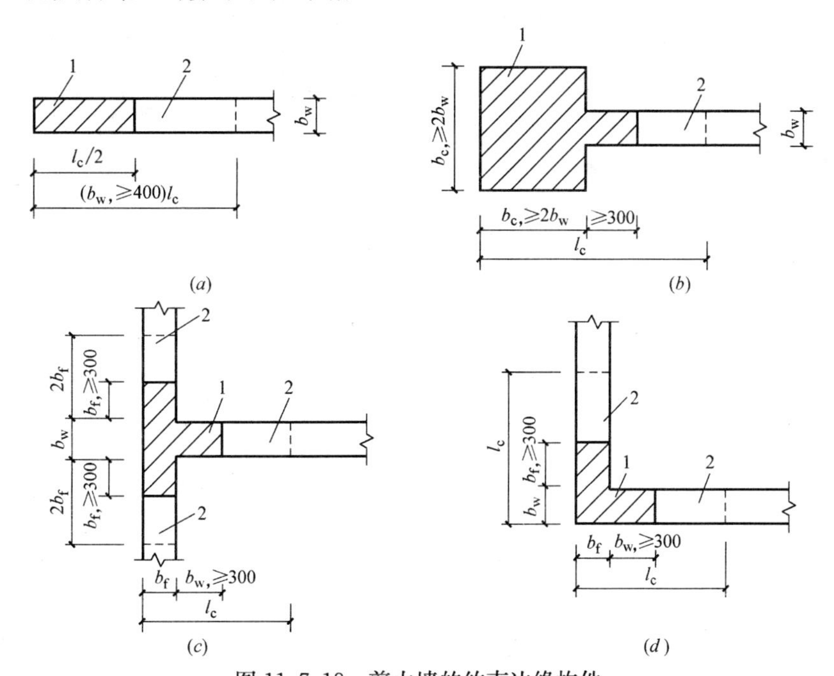

图 11.7.18 剪力墙的约束边缘构件

(a) 暗柱；(b) 端柱；(c) 翼墙；(d) 转角墙

1—配箍特征值为 λ_v 的区域；2—配箍特征值为 $\lambda_v/2$ 的区域

注：图中尺寸单位为 mm。

计算体积配箍率时，可适当计入满足构造要求且在墙端有可靠锚固的水平分布钢筋的截面面积。

2 一、二、三级抗震等级剪力墙约束边缘构件的纵向钢筋的截面面积，对图 11.7.18 所示暗柱、端柱、翼墙与转角墙分别不应小于图中阴影部分面积的 1.20%、1.00%和 1.00%。

3 约束边缘构件的箍筋或拉筋沿竖向的间距，对一级抗震等级不宜大于 100mm，对二、三级抗震等级不宜大于 150mm。

约束边缘构件沿墙肢的长度 l_c 及其配箍特征值 λ_v **表 11.7.18**

抗震等级(设防烈度)		一级(9 度)		一级(7、8 度)		二级、三级	
轴压比		≤0.20	>0.20	≤0.30	>0.30	≤0.40	>0.40
λ_v		0.12	0.20	0.12	0.20	0.12	0.20
l_c (mm)	暗柱	$0.20h_w$	$0.25h_w$	$0.15h_w$	$0.20h_w$	$0.15h_w$	$0.20h_w$
	端柱、翼墙或转角墙	$0.15h_w$	$0.20h_w$	$0.10h_w$	$0.15h_w$	$0.10h_w$	$0.15h_w$

注：1 两侧翼墙长度小于其厚度 3 倍时，视为无翼墙剪力墙；端柱截面边长小于墙厚 2 倍时，视为无端柱剪力墙；

2 约束边缘构件沿墙肢长度 l_c 除满足表 11.7.18 的要求外，且不宜小于墙厚和 400mm；当有端柱、翼墙或转角墙时，尚不应小于翼墙厚度或端柱沿墙肢方向截面高度加 300mm；

3 h_w 为剪力墙的墙肢截面高度。

11.7.19 剪力墙端部设置的构造边缘构件（暗柱、端柱、翼墙和转角墙）的范围，应按图 11.7.19 确定，构造边缘构件的纵向钢筋除应满足计算要求外，尚应符合表 11.7.19 的要求。

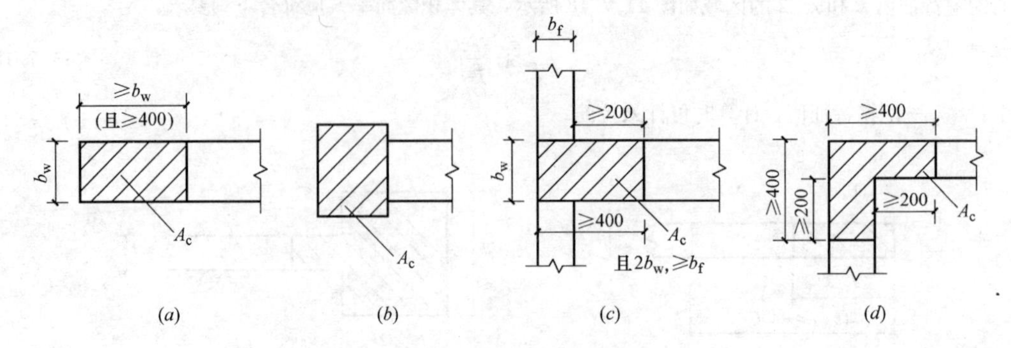

图 11.7.19 剪力墙的构造边缘构件

(a) 暗柱；(b) 端柱；(c) 翼墙；(d) 转角墙

注：图中尺寸单位为 mm。

构造边缘构件的构造配筋要求 **表 11.7.19**

抗震等级	底部加强部位			其他部位		
	纵向钢筋最小配筋量（取较大值）	箍筋、拉筋		纵向钢筋最小配筋量（取较大值）	箍筋、拉筋	
		最小直径（mm）	最大间距（mm）		最小直径（mm）	最大间距（mm）
一	$0.01A_c$,6ϕ16	8	100	$0.008A_c$,6ϕ14	8	150
二	$0.008A_c$,6ϕ14	8	150	$0.006A_c$,6ϕ12	8	200
三	$0.006A_c$,6ϕ12	6	150	$0.005A_c$,4ϕ12	6	200
四	$0.005A_c$,4ϕ12	6	200	$0.004A_c$,4ϕ12	6	250

注：1 A_c 为图 11.7.19 中所示阴影面积；

2 对其他部位，拉筋的水平间距不应大于纵向钢筋间距的 2 倍，转角处宜设置箍筋；

3 当端柱承受集中荷载时，应满足框架柱的配筋要求。

《建筑抗震设计规范》(GB 50011—2010)

6.1.14 （略，详见 3.2 地下室抗震 KZ 钢筋构造）

6.4.5 抗震墙两端和洞口两侧应设置边缘构件，边缘构件包括暗柱、端柱和翼墙，并应符合下列要求：

1 对于抗震墙结构，底层墙肢底截面的轴压比不大于表 6.4.5-1 规定的一、二、三级抗震墙及四级抗震墙，墙肢两端可设置构造边缘构件，构造边缘构件的范围可按图 6.4.5-1 采用，构造边缘构件的配筋除应满足受弯承载力要求外，并宜符合表 6.4.5-2 的要求。

抗震墙设置构造边缘构件的最大轴压比 **表 6.4.5-1**

抗震等级或烈度	一级(9度)	一级(7、8度)	二、三级
轴压比	0.10	0.20	0.30

抗震墙构造边缘构件的配筋要求 **表 6.4.5-2**

抗震等级	底部加强部位			其他部位		
	纵向钢筋最小量（取较大值）	箍筋		纵向钢筋最小量（取较大值）	拉筋	
		最小直径（mm）	沿竖向最大间距（mm）		最小直径（mm）	沿竖向最大间距（mm）
一	$0.010A_c$，$6\phi16$	8	100	$0.008A_c$，$6\phi14$	8	150
二	$0.008A_c$，$6\phi14$	8	150	$0.006A_c$，$6\phi12$	8	200
三	$0.006A_c$，$6\phi12$	6	150	$0.005A_c$，$4\phi12$	6	200
四	$0.005A_c$，$4\phi12$	6	200	$0.004A_c$，$4\phi12$	6	250

注：1 A_c 为边缘构件的截面面积；
2 其他部位的拉筋，水平间距不应大于纵筋间距的 2 倍；转角处宜采用箍筋；
3 当端柱承受集中荷载时，其纵向钢筋、箍筋直径和间距应满足柱的相应要求。

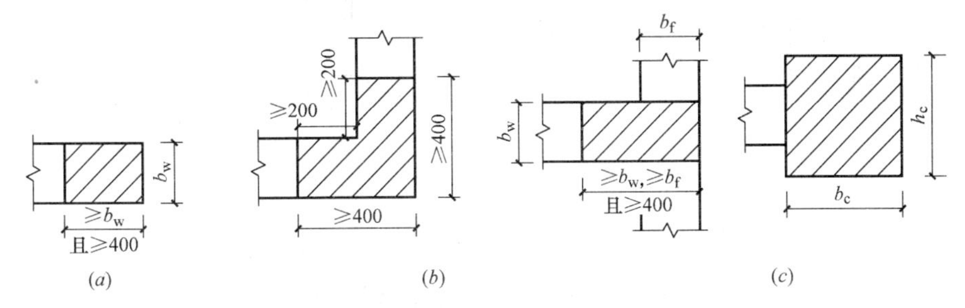

图 6.4.5-1 抗震墙的构造边缘构件范围

(a) 暗柱；(b) 翼柱；(c) 端柱

2 底层墙肢底截面的轴压比大于表 6.4.5-1 规定的一、二、三级抗震墙，以及部分框支抗震墙结构的抗震墙，应在底部加强部位及相邻的上一层设置约束边缘构件，在以上的其他部位可设置构造边缘构件。约束边缘构件沿墙肢的长度、配箍特征值、箍筋和纵向钢筋宜符合表 6.4.5-3 的要求（图6.4.5-2）。

抗震墙约束边缘构件的范围及配筋要求 **表 6.4.5-3**

项目	一级(9度)		一级(7、8度)		二、三级	
	$\lambda\leq0.20$	$\lambda>0.20$	$\lambda\leq0.30$	$\lambda>0.30$	$\lambda\leq0.40$	$\lambda>0.40$
l_c(暗柱)	$0.20h_w$	$0.25h_w$	$0.15h_w$	$0.20h_w$	$0.15h_w$	$0.20h_w$
l_c(翼墙或端柱)	$0.15h_w$	$0.20h_w$	$0.10h_w$	$0.15h_w$	$0.10h_w$	$0.15h_w$
λ_v	0.12	0.20	0.12	0.20	0.12	0.20
纵向钢筋(取较大值)	$0.012A_c$，$8\phi16$		$0.012A_c$，$8\phi16$		$0.010A_c$，$6\phi16$（三级 $6\phi14$）	
箍筋或拉筋沿竖向间距	100mm		100mm		150mm	

注：1 抗震墙的翼墙长度小于其 3 倍厚度或端柱截面边长小于 2 倍墙厚时，按无翼墙、无端柱查表；端柱有集中荷载时，配筋构造按柱要求；
2 l_c 为约束边缘构件沿墙肢长度，且不小于墙厚和 400mm；有翼墙或端柱时不应小于翼墙厚度或端柱沿墙肢方向截面高度加 300mm；
3 λ_v 为约束边缘构件的配箍特征值，体积配箍率可按本规范式（6.3.9）计算，并可适当计入满足构造要求且在墙端有可靠锚固的水平分布钢筋的截面面积；
4 h_W 为抗震墙墙肢长度；
5 λ 为墙肢轴压比；
6 A_c 为图 6.4.5-2 中约束边缘构件阴影部分的截面面积。

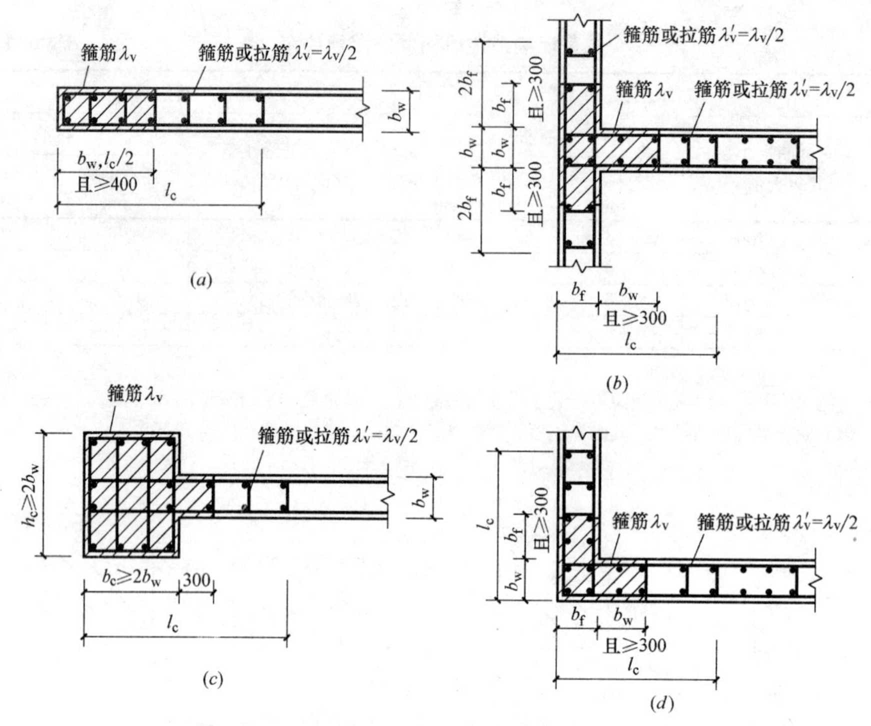

图 6.4.5-2 抗震墙的约束边缘构件

(a) 暗柱；(b) 有翼墙；(c) 有端柱；(d) 转角墙（L形墙）

《高层建筑混凝土结构技术规程》(JGJ 3—2010)

7.2.14 剪力墙两端和洞口两侧应设置边缘构件，并应符合下列规定：

1 一、二、三级剪力墙底层墙肢底截面轴压比大于表 7.2.14 的规定值时，以及部分框支剪力墙结构的剪力墙，应在底部加强部位及相邻的上一层设置约束边缘构件，约束边缘构件应符合本规程第 7.2.15 条的规定；

剪力墙可不设约束边缘构件的最大轴压比 **表 7.2.14**

等级或烈度	一级(9 度)	一级(6、7、8 度)	二、三级
轴压比	0.10	0.20	0.30

2 除本条第 1 款所列部位外，剪力墙应按本规程第 7.2.16 条设置构造边缘构件；

3 B级高度高层建筑的剪力墙，宜在约束边缘构件层与构造边缘构件层之间设置 1～2 层过渡层，过渡层边缘构件的箍筋配置要求可低于约束边缘构件的要求，但应高于构造边缘构件的要求。

7.2.15 （略，详见 1.4 箍筋及拉筋弯钩构造）

7.2.16 （略，详见 1.4 箍筋及拉筋弯钩构造）

4.3 剪力墙 LL、AL、BKL 钢筋构造

1. 剪力墙 LL、AL、BKL 配筋构造

11G101-1 中作出如下规定（图 4-20、图 4-21）。

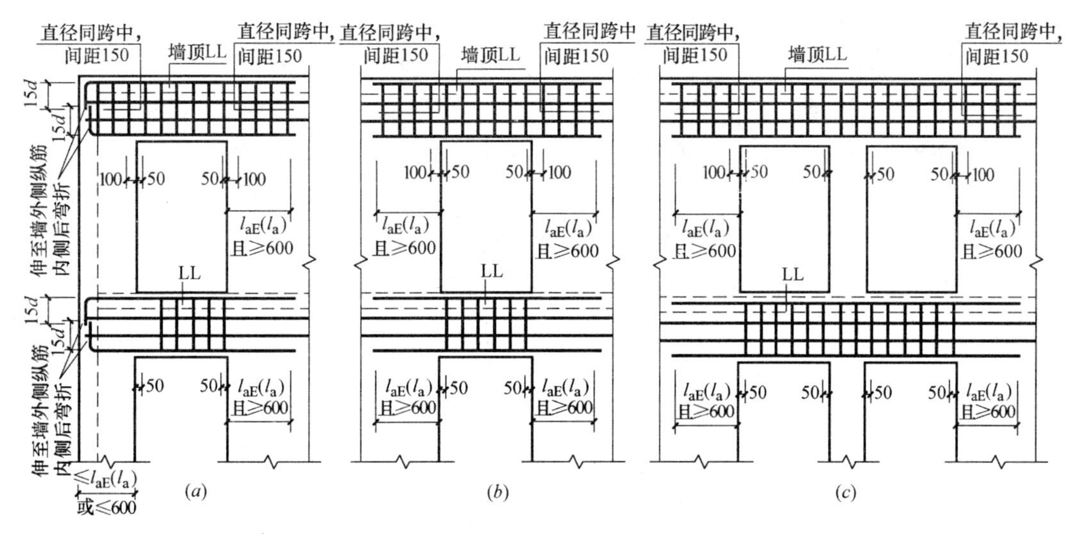

图 4-20 连梁 LL 配筋构造

（*a*）洞口连梁（端部墙肢较短）；（*b*）单洞口连梁（单跨）；（*c*）双洞口连梁（双跨）

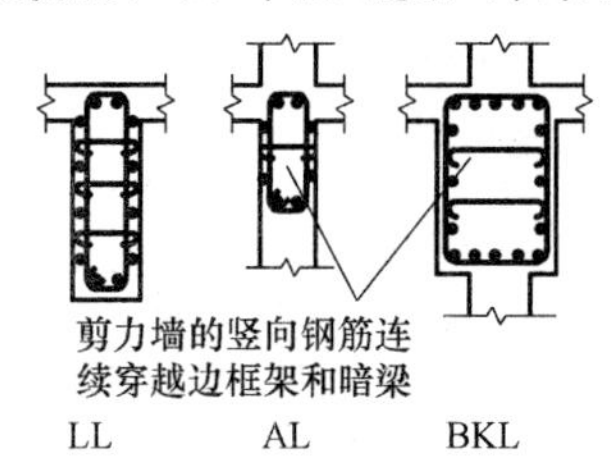

图 4-21 连梁、暗梁和边框梁侧面纵筋和拉筋构造

注：侧面纵筋详见具体工程设计；拉筋直径：当梁宽不大于 350mm 时为 6mm，梁宽大于 350mm 时为 8mm，拉筋间距为 2 倍箍筋间距，竖向沿侧面水平筋隔一拉一。

注：1. 括号内为非抗震设计时连梁纵筋锚固长度。

2. 当端部洞口连梁的纵向钢筋在端支座的直锚长度不小于 l_{aE}（l_a）且不小于 600mm 时，可不必往上（下）弯折。

3. 洞口范围内的连梁箍筋详见具体工程设计。

4. 连梁设有交叉斜筋、对角暗撑及集中对角斜筋的做法见图集 11G101-1 第 76 页（本书中图 4-23）。

由上图（图 4-20、图 4-21）可以看出：

（1）在剪力墙结构体系中，不应有框架的概念，框架必须有框架柱、框架梁；剪力墙由于开洞而形成的上部梁应是连梁，而不是框架梁，连梁和框架梁受力钢筋在支座的锚固、箍筋的加密等构造要求是不同的。

（2）按连梁标注时箍筋应全长加密。由于反复的水平荷载作用，会有塑性铰的出现，楼板的嵌固面积不应大于 30%，否则应采取措施，楼板在平面内的刚度是非常大的，是可以传力的，在这种状况下的连梁与实际框架结构中的框架梁，受力状况是不一样的。

（3）按框架梁标注时，应有箍筋加密区（或全长加密）。

（4）框架梁与连梁纵向受力钢筋在支座内的锚固要求是不同的，洞口上边构件编号是框架梁（KL），纵向受力钢筋在支座内的锚固应按连梁（LL）的构造要求，采用直线锚固而不采用弯折锚固。

(5) 顶层按框架梁标注时，要注意箍筋在支座内的构造要求。

特别强调：如果顶层按框架梁标注时，顶层连梁和框架梁在支座内箍筋的构造要求是不同的，应按连梁构造要求施工，在支座内配置相应箍筋的加强措施，框架梁没有此项要求。在顶部，地震作用力比较大，会在洞边产生斜向破坏，因此要注明箍筋在支座内的构造。

2. 剪力墙 BKL 或 AL 与 LL 重叠时配筋构造

AL 或 BKL 和 LL 重叠的特点一般是两个梁顶标高相同，而 AL 的截面高度小于 LL，所以 LL 的下部纵筋在 LL 内部穿过，因此，搭接时主要应关注 AL 或 BKL 与 LL 上部纵筋的处理方式。

11G101-1 中作出如下规定（图 4-22）。

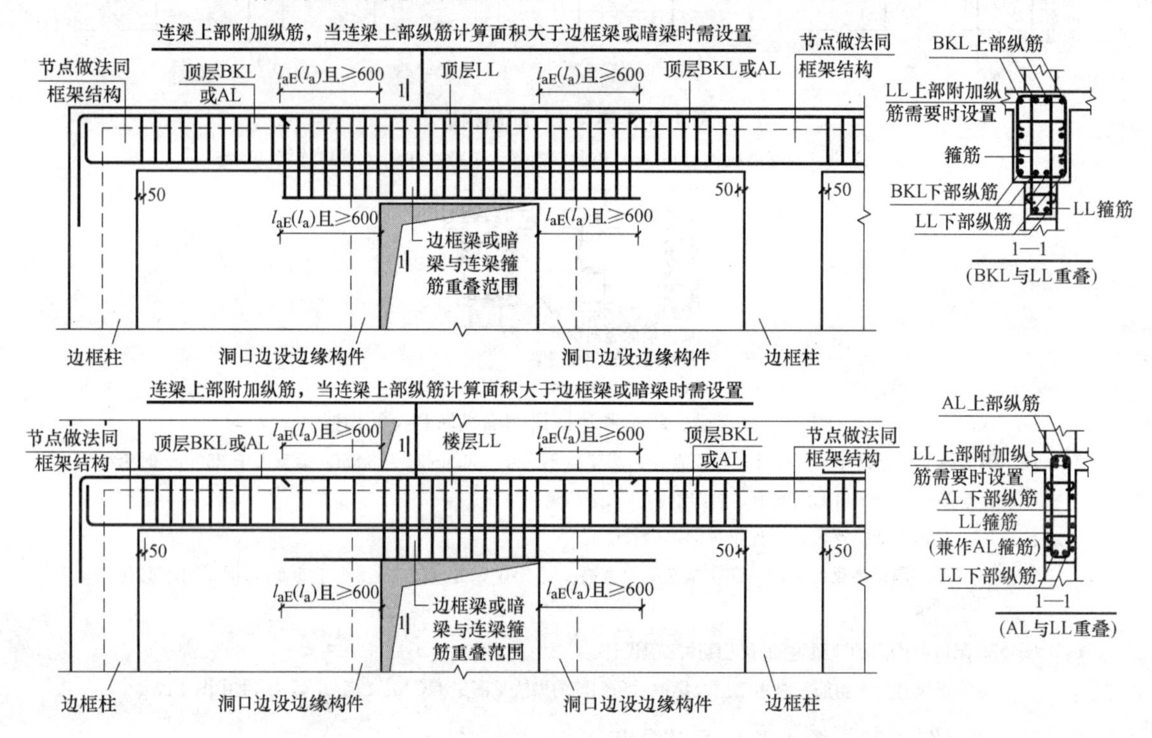

图 4-22 剪力墙 BKL 或 AL 与 LL 重叠时配筋构造
(括号内尺寸用于非抗震)

注：AL、LL、BKL 侧面纵向钢筋构造详见图集 11G101-1 第 74 页（本书中图 4-21）

由上图（图 4-22）可以看出：

从“1—1”断面图可以看出重叠部分的梁上部纵筋：

第一排上部纵筋为 BKL 或 AL 的上部纵筋；

第二排上部纵筋为“连梁上部附加纵筋，当连梁上部纵筋计算面积大于边框梁或暗梁时需设置”；

连梁上部附加纵筋、连梁下部纵筋的直锚长度为“l_{aE}（l_a）且≥600”。

以上是 BKL 或 AL 的纵筋与 LL 纵筋的构造。

至于它们的箍筋：

由于 LL 的截面宽度与 AL 相同（LL 的截面高度大于 AL），所以重叠部分的 LL 箍筋兼做 AL 箍筋。但是 BKL 就不同，BKL 的截面宽度大于 LL，所以 BKL 与 LL 的箍筋是各自设置，互不相干。

3. 剪力墙连梁内配置斜筋构造

11G101-1 中作出如下规定（图 4-23）。

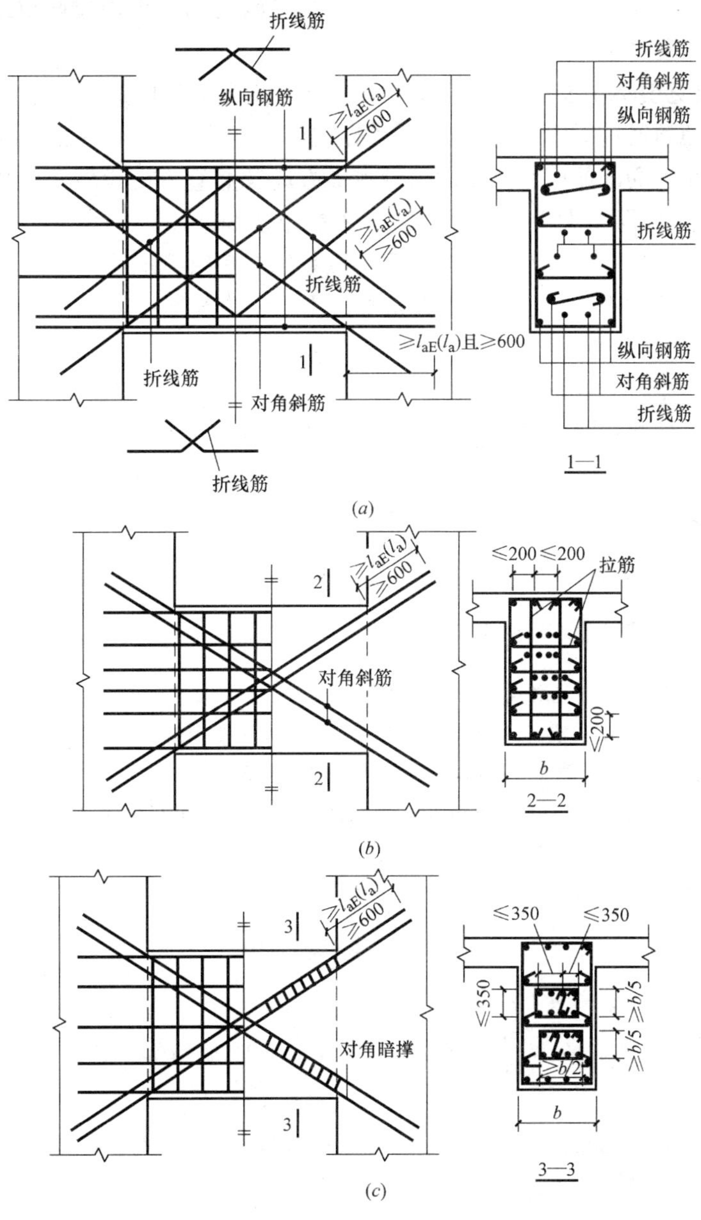

图 4-23 剪力墙连梁内配置斜筋构造

（a）连梁交叉斜筋配筋构造；（b）连梁集中对角斜筋配筋构造；

（c）连梁对角暗撑配筋构造（用于筒中筒结构时，l_{aE}均取为 1.15l_a）

由上图（图 4-23）可以看出：

（1）当连梁的宽度不小于 250mm 时，可采用斜筋交叉配置。

1）交叉斜筋连梁中，单向对角斜筋不宜少于 2ϕ12，单组折线筋直径不宜小于 12mm。

2）交叉斜筋连梁中，对角斜筋在梁端部应设置不少于 3 根拉筋，拉筋间距不应大于连梁宽度和 200mm 较小值，直径不宜小于 6mm。

3）交叉斜筋伸入墙内的锚固长度不应小于 l_{aE}（l_a），且不应小于 600mm。

4）交叉斜筋连梁的水平钢筋及箍筋形成的钢筋网之间应采用拉筋拉结，直径不宜小于 6mm，间距不宜大于 400mm。

（2）当连梁宽度不小于 400mm 时，可采用集中对角斜筋配筋。

1）集中对角斜筋连梁中，每组对角斜筋应至少由 4 根直径不小于 14mm 的钢筋组成。

2）集中对角斜筋配筋应在梁截面内沿水平方向及竖直方向设置双向拉筋，拉筋应钩住纵向外侧钢筋，间距不大于 200mm，直径不应小于 8mm。

（3）当连梁宽度不小于 400mm 时，也可以采用对角暗撑配筋。

1）对角暗撑连梁中，每组对角斜筋应至少由 4 根直径不小于 14mm 的钢筋组成。

2）对角暗撑连梁的水平钢筋及箍筋形成的钢筋网之间应采用拉筋拉结，直径不宜小于 6mm，间距不宜大于 400mm。

3）对角暗撑配筋连梁中暗撑箍筋的外缘沿梁截面宽度方向不宜小于梁宽的一半，另一方向不宜小于梁宽的 1/5；对角暗撑约束箍筋肢距不应大于 350mm。

【规范链接】

《混凝土结构设计规范》(GB 50010—2010)

11.7.9 （略，详见 1.4 箍筋及拉筋弯钩构造）

11.7.10 对于一、二级抗震等级的连梁，当跨高比不大于 2.5 时，除普通箍筋外宜另配置斜向交叉钢筋，其截面限制条件及斜截面受剪承载力可按下列规定计算：

1 当洞口连梁截面宽度不小于 250mm 时，可采用交叉斜筋配筋（图 11.7.10-1），其截面限制条件及斜截面受剪承载力应符合下列规定：

1）受剪截面应符合下列要求：

$$V_{wb} \leqslant \frac{1}{\gamma_{RE}}(0.25\beta_c f_c b h_0) \tag{11.7.10-1}$$

2）斜截面受剪承载力应符合下列要求：

$$V_{wb} \leqslant \frac{1}{\gamma_{RE}}[0.4 f_t b h_0 + (2.0\sin\alpha + 0.6\eta) f_{yd} A_{sd}] \tag{11.7.10-2}$$

$$\eta = (f_{sv} A_{sv} h_0)/(s f_{yd} A_{yd}) \tag{11.7.10-3}$$

式中 η——箍筋与对角斜筋的配筋强度比，当小于 0.60 时取 0.60，当大于 1.20 时取 1.20；

α——对角斜筋与梁纵轴的夹角；

f_{yd}——对角斜筋的抗拉强度设计值；

A_{sd}——单向对角斜筋的截面面积；

A_{sv}——同一截面内箍筋各肢的全部截面面积。

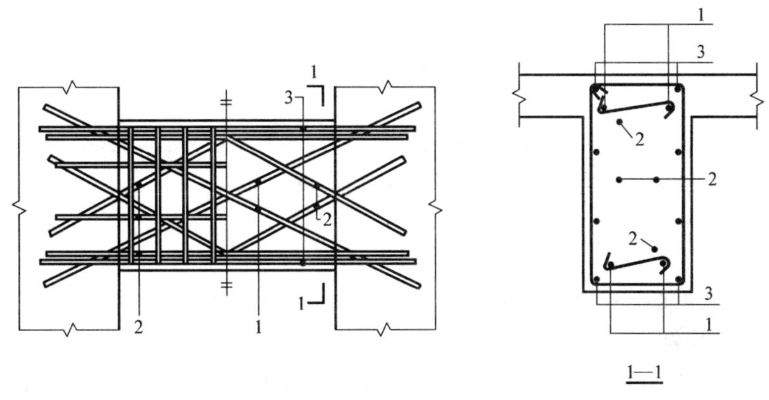

图 11.7.10-1 交叉斜筋配筋连梁

1—对角斜筋；2—折线筋；3—纵向钢筋

2 当连梁截面宽度不小于 400mm 时，可采用集中对角斜筋配筋（图 11.7.10-2）或对角暗撑配筋（图 11.7.10-3），其截面限制条件及斜截面受剪承载力应符合下列规定：

1）受剪截面应符合式（11.7.10-1）的要求。

2）斜截面受剪承载力应符合下列要求：

$$V_{wb} \leqslant \frac{2}{\gamma_{RE}} f_{yd} A_{sd} \sin\alpha \tag{11.7.10-4}$$

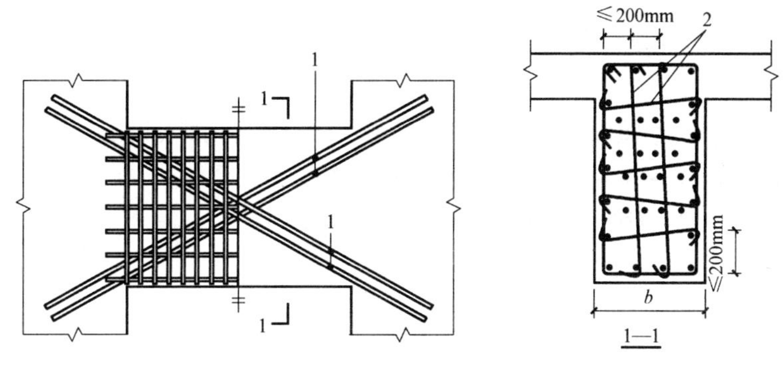

图 11.7.10-2 集中对角斜筋配筋连梁

1—对角斜筋；2—拉筋

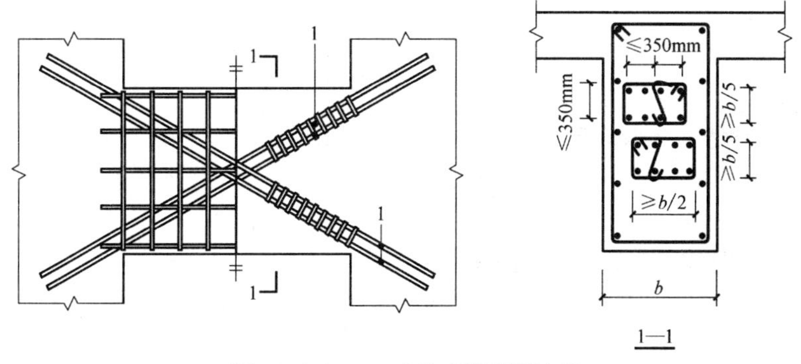

图 11.7.10-3 对角暗撑配筋连梁

1—对角暗撑

11.7.11 （略，详见 1.4 箍筋及拉筋弯钩构造）

《建筑抗震设计规范》(GB 50011—2010)

6.4.7 跨高比较小的高连梁，可设水平缝形成双连梁、多连梁或采取其他加强受剪承载力的构造。顶层连梁的纵向钢筋伸入墙体的锚固长度范围内，应设置箍筋。

《高层建筑混凝土结构技术规程》(JGJ 3—2010)

7.1.3 跨高比小于 5 的连梁应按本章的有关规定设计，跨高比不小于 5 的连梁宜按框架梁设计。

7.2.21 连梁两端截面的剪力设计值 V 应按下列规定确定：

1 非抗震设计以及四级剪力墙的连梁，应分别取考虑水平风荷载、水平地震作用组合的剪力设计值。

2 一、二、三级剪力墙的连梁，其梁端截面组合的剪力设计值应按式（7.2.21-1）确定，9 度时一级剪力墙的连梁应按式（7.2.21-2）确定。

$$V=\eta_{vb}\frac{M_b^l+M_b^r}{l_n}+V_{Gb} \tag{7.2.21-1}$$

$$V=1.1\frac{M_{bua}^l+M_{bua}^r}{l_n}+V_{Gb} \tag{7.2.21-2}$$

式中：M_b^l、M_b^r——分别为连梁左右端截面顺时针或逆时针方向的弯矩设计值；

M_{bua}^l、M_{bua}^r——分别为连梁左右端截面顺时针或逆时针方向实配的抗震受弯承载力所对应的弯矩值，应按实配钢筋面积（计入受压钢筋）和材料强度标准值并考虑承载力抗震调整系数计算；

l_n——连梁的净跨；

V_{Gb}——在重力荷载代表值作用下按简支梁计算的梁端截面剪力设计值；

η_{vb}——连梁剪力增大系数，一级取 1.3，二级取 1.2，三级取 1.1。

7.2.22 连梁截面剪力设计值应符合下列规定：

1 永久、短暂设计状况

$$V\leqslant 0.25\beta_c f_c b_b h_{b0} \tag{7.2.22-1}$$

2 地震设计状况

跨高比大于 2.5 的连梁

$$V\leqslant\frac{1}{\gamma_{RE}}(0.20\beta_c f_c b_b h_{b0}) \tag{7.2.22-2}$$

跨高比不大于 2.5 的连梁

$$V\leqslant\frac{1}{\gamma_{RE}}(0.15\beta_c f_c b_b h_{b0}) \tag{7.2.22-3}$$

式中：V——按本规程第 7.2.21 条调整后的连梁截面剪力设计值；

b_b——连梁截面宽度；

h_{b0}——连梁截面有效高度；

β_c——混凝土强度影响系数，见本规程第 6.2.6 条。

7.2.23 连梁的斜截面受剪承载力应符合下列规定：

1 永久、短暂设计状况

$$V\leqslant 0.70 f_t b_b h_{b0}+f_{yv}\frac{A_{sv}}{s}h_{b0} \tag{7.2.23-1}$$

2 地震设计状况

跨高比大于 2.5 的连梁

$$V\leqslant\frac{1}{\gamma_{RE}}\left(0.42f_tb_bh_{b0}+f_{yv}\frac{A_{sv}}{s}h_{b0}\right) \quad (7.2.23\text{-}2)$$

跨高比不大于 2.5 的连梁

$$V\leqslant\frac{1}{\gamma_{RE}}\left(0.38f_tb_bh_{b0}+0.90f_{yv}\frac{A_{sv}}{s}h_{b0}\right) \quad (7.2.23\text{-}3)$$

式中：V——按 7.2.21 条调整后的连梁截面剪力设计值。

7.2.24 跨高比（l/h_b）不大于 1.5 的连梁，非抗震设计时，其纵向钢筋的最小配筋率可取为 0.20%；抗震设计时，其纵向钢筋的最小配筋率宜符合表 7.2.24 的要求；跨高比大于 1.5 的连梁，其纵向钢筋的最小配筋率可按框架梁的要求采用。

跨高比不大于 1.5 的连梁纵向钢筋的最小配筋率（%）　　表 7.2.24

跨　高　比	最小配筋率(采用较大值)
$l/h_b\leqslant0.5$	$0.20, 45f_t/f_y$
$0.5<l/h_b\leqslant1.5$	$0.25, 55f_t/f_y$

7.2.25 剪力墙结构连梁中，非抗震设计时，顶面及底面单侧纵向钢筋的最大配筋率不宜大于 2.50%；抗震设计时，顶面及底面单侧纵向钢筋的最大配筋率宜符合表 7.2.25 的要求。如不满足，则应按实配钢筋进行连梁强剪弱弯的验算。

连梁纵向钢筋的最大配筋率（%）　　表 7.2.25

跨　高　比	最大配筋率
$l/h_b\leqslant1.0$	0.60
$1.0<l/h_b\leqslant2.0$	1.20
$2.0<l/h_b\leqslant2.5$	1.50

7.2.26 剪力墙的连梁不满足本规程第 7.2.22 条的要求时，可采取下列措施：

1 减小连梁截面高度或采取其他减小连梁刚度的措施。

2 抗震设计剪力墙连梁的弯矩可塑性调幅；内力计算时已经按本规程第 5.2.1 条的规定降低了刚度的连梁，其弯矩值不宜再调幅，或限制再调幅范围。此时，应取弯矩调幅后相应的剪力设计值校核其是否满足本规程第 7.2.22 条的规定；剪力墙中其他连梁和墙肢的弯矩设计值宜视调幅连梁数量的多少而相应适当增大。

3 当连梁破坏对承受竖向荷载无明显影响时，可按独立墙肢的计算简图进行第二次多遇地震作用下的内力分析，墙肢截面应按两次计算的较大值计算配筋。

7.2.27 连梁的配筋构造（图 7.2.27）应符合下列规定：

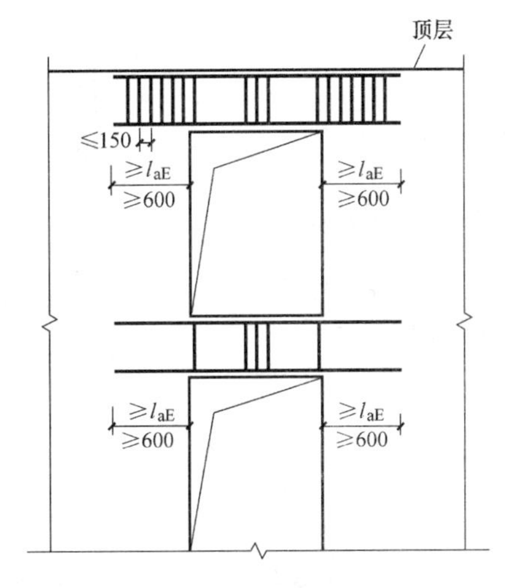

图 7.2.27 连梁配筋构造示意

注：非抗震设计时图中 l_{aE} 取 l_a

1 连梁顶面、底面纵向水平钢筋伸入墙肢的长宽，抗震设计时不应小于 l_{aE}，非抗震设计时不应小于 l_a，且均不应小于600mm。

2 抗震设计时，沿连梁全长箍筋的构造应符合本规程第 6.3.2 条框架梁梁端箍筋加密区的箍筋构造要求；非抗震设计时，沿连梁全长的箍筋直径不应小于 6mm，间距不应大于 150mm。

3 顶层连梁纵向水平钢筋伸入墙肢的长度范围内应配置箍筋，箍筋间距不宜大于 150mm，直径应与该连梁的箍筋直径相同。

4 连梁高度范围内的墙肢水平分布钢筋应在连梁内拉通作为连梁的腰筋。连梁截面高度大于700mm 时，其两侧面腰筋的直径不应小于 8mm，间距不应大于 200mm；跨高比不大于 2.5 的连梁，其两侧腰筋的总面积配筋率不应小于 0.30%。

4.4 剪力墙洞口补强构造

1. 剪力墙矩形洞口补强钢筋构造

11G101-1 中作出如下规定（图 4-24）。

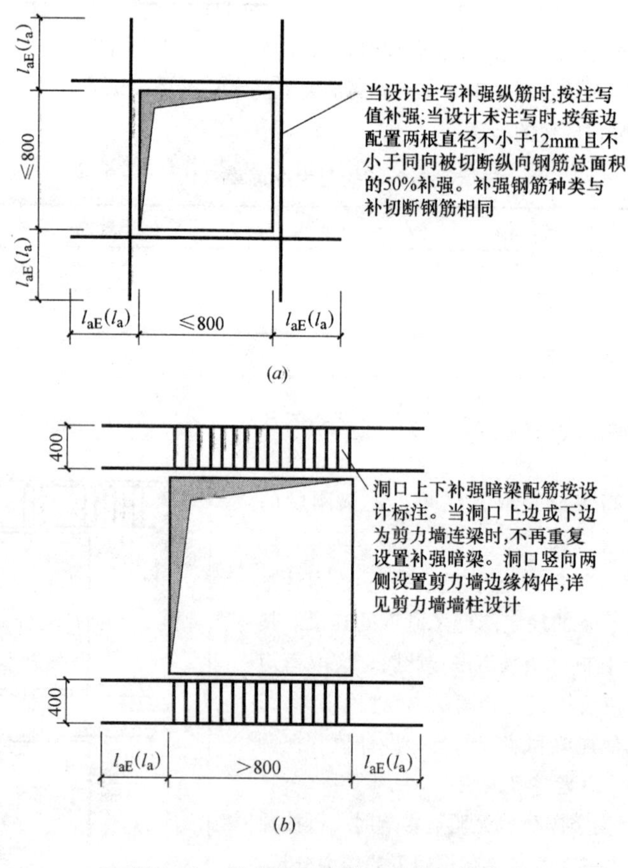

图 4-24 剪力墙矩形洞口补强钢筋构造

(*a*) 矩形洞宽和洞高均不大于 800mm 时洞口补强纵筋构造（括号内标注用于非抗震）；
(*b*) 矩形洞宽和洞高均大于 800mm 时洞口补强暗梁构造（括号内标注用于非抗震）

2. 剪力墙圆形洞口补强钢筋构造

11G101-1 中作出如下规定（图 4-25）。

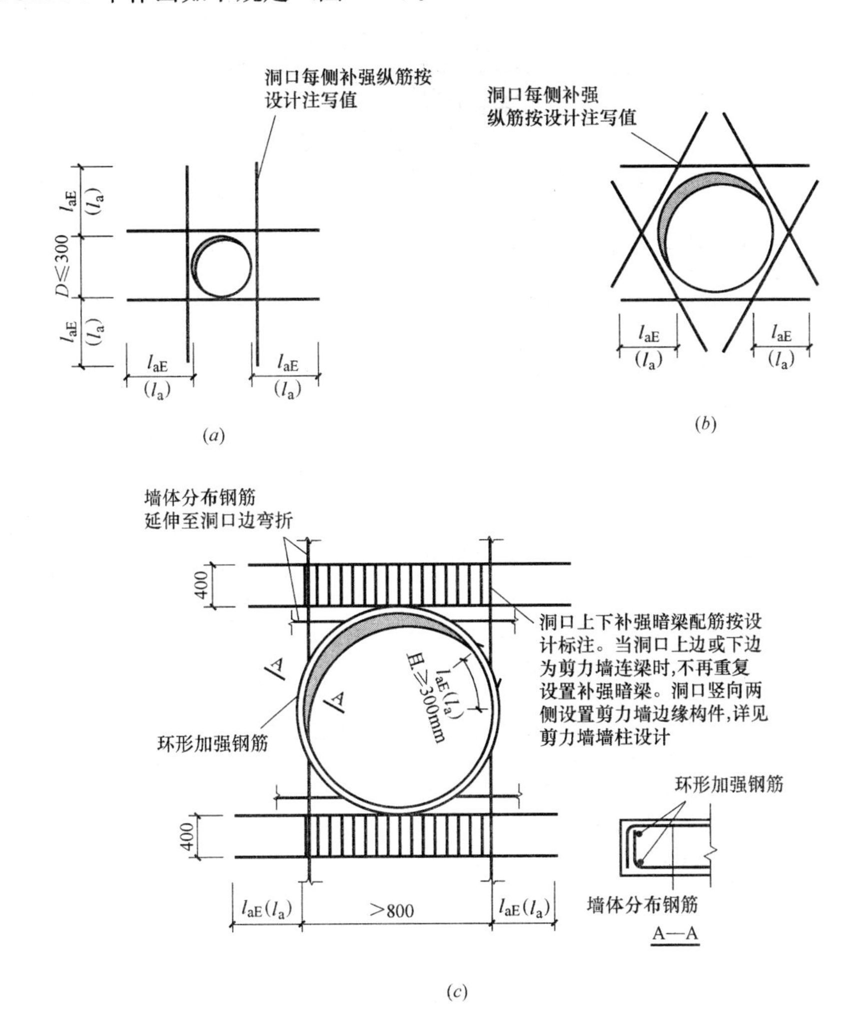

图 4-25 剪力墙圆形洞口补强钢筋构造

(*a*) 剪力墙圆形洞口直径不大于 300mm 时补强纵筋构造（括号内标注用于非抗震）；
(*b*) 剪力墙圆形洞口直径大于 300mm 且小于等于 800mm 时补强纵筋构造（括号内标注用于非抗震）；
(*c*) 剪力墙圆形洞口直径大于 800mm 时补强纵筋构造（括号内标注用于非抗震）

3. 连梁中部洞口

11G101-1 中作出如下规定（图 4-26）。

由图 4-26 可以看出：

连梁圆形洞口直径不能大于 300mm，而且不能大于连梁高度的 1/3，并且连梁圆形洞口必须开在连梁的中部位置，洞口到连梁上下边缘的净距离不能小于 200mm 且不能小于 1/3 的梁高。

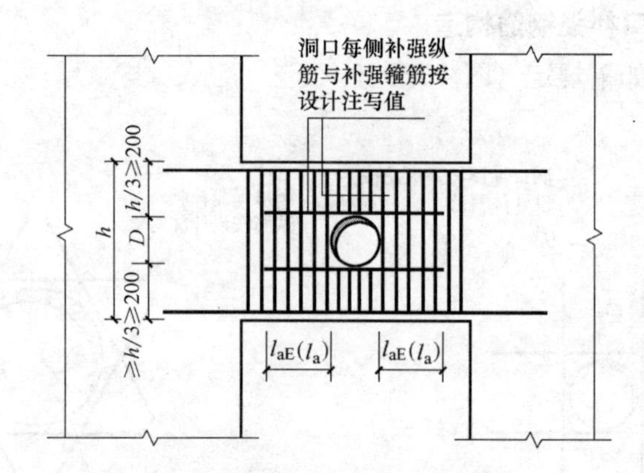

图 4-26　连梁中部圆形洞口补强钢筋构造
（圆形洞口预埋钢套管，括号内标注用于非抗震）

【规范链接】

《混凝土结构设计规范》(GB 50010—2010)

9.4.7 （略，详见 1.4　箍筋及拉筋弯钩构造）

11.7.7　筒体及剪力墙洞口连梁，当采用对称配筋时，其正截面受弯承载力应符合下列规定：

$$M_b \leqslant \frac{1}{\gamma_{RE}}[f_y A_s (h_0 - a_s') + f_{yd} A_{sd} z_{sd} \cos\alpha] \qquad (11.7.7)$$

式中：M_b——考虑地震组合的剪力墙连梁梁端弯矩设计值；

f_y——纵向钢筋抗拉强度设计值；

f_{yd}——对角斜筋抗拉强度设计值；

A_s——单侧受拉纵向钢筋截面面积；

A_{sd}——单侧对角斜筋截面面积，无斜筋时取 0；

z_{sd}——计算截面对角斜筋至截面受压区合力点的距离；

α——对角斜筋与梁纵轴线夹角；

h_0——连梁截面有效高度。

11.7.8　筒体及剪力墙洞口连梁的剪力设计值 V_{wb} 应按下列规定计算：

1　9 度设防烈度的一级抗震等级框架

$$V_{wb} = 1.1\frac{M_{bua}^l + M_{bua}^r}{l_n} + V_{Gb} \qquad (11.7.8\text{-}1)$$

2　其他情况

$$V_{wb} = \eta_{vb}\frac{M_b^l + M_b^r}{l_n} + V_{Gb} \qquad (11.7.8\text{-}2)$$

式中：M_{bua}^l、M_{bua}^r——分别为连梁左、右端顺时针或逆时针方向实配的受弯承载力所对应的弯矩值，应按实配钢筋面积（计入受压钢筋）和材料强度标准值并考虑承载力抗震调整系数计算；

M_b^l、M_b^r——分别为考虑地震组合的剪力墙及筒体连梁左、右梁端弯矩设计值；应分别按顺时针方向和逆时针方向计算 M_b^l 与 M_b^r 之和，并取其较大值；对一级抗震等级，当两端弯矩均为负弯矩时，绝对值较小的弯矩值应取零；

l_n——连梁净跨；

V_{Gb}——考虑地震组合时的重力荷载代表值产生的剪力设计值，可按简支梁计算确定；

η_{vb}——连梁剪力增大系数。对于普通箍筋连梁，一级抗震等级取1.3，二级取1.2，三级取1.1，四级取1.0；配置有对角斜筋的连梁 η_{vb} 取1.0。

11.7.9 （略，详见1.4 箍筋及拉筋弯钩构造）

11.7.11 （略，详见1.4 箍筋及拉筋弯钩构造）

《建筑抗震设计规范》(GB 50011—2010)

7.2.3 进行地震剪力分配和截面验算时，砌体墙段的层间等效侧向刚度应按下列原则确定：

1 刚度的计算应计及高宽比的影响。高宽比小于1时，可只计算剪切变形；高宽比不大于4且不小于1时，应同时计算弯曲和剪切变形；高宽比大于4时，等效侧向刚度可取0.0。

注：墙段的高宽比指层高与墙长之比，对门窗洞边的小墙段指洞净高与洞侧墙宽之比。

2 墙段宜按门窗洞口划分；对设置构造柱的小开口墙段按毛墙面计算的刚度，可根据开洞率乘以表7.2.3的墙段洞口影响系数：

墙段洞口影响系数 **表7.2.3**

开洞率	0.10	0.20	0.30
影响系数	0.98	0.94	0.88

注：1 开洞率为洞口水平截面积与墙段水平毛截面积之比，相邻洞口之间净宽小于500mm的墙段视为洞口；
2 洞口中线偏离墙段中线大于墙段长度的1/4时，表中影响系数值折减0.90；门洞的洞顶高度大于层高80%时，表中数据不适用；窗洞高度大于50%层高时，按门洞对待。

11.2.4 生土房屋的承重墙体应符合下列要求：

1 承重墙体门窗洞口的宽度，6、7度时不应大于1.5m。

2 门窗洞口宜采用木过梁；当过梁由多根木杆组成时，宜采用木板、扒钉、铅丝等将各根木杆连接成整体。

3 内外墙体应同时分层交错夯筑或咬砌。外墙四角和内外墙交接处，应沿墙高每隔500mm左右放置一层竹筋、木条、荆条等编织的拉结网片，每边伸入墙体应不小于1000mm或至门窗洞边，拉结网片在相交处应绑扎；或采取其他加强整体性的措施。

11.4.8 抗震横墙洞口的水平截面面积，不应大于全截面面积的1/3。

《高层建筑混凝土结构技术规程》(JGJ 3—2010)

7.2.28 剪力墙开小洞口和连梁开洞应符合下列规定：

1 剪力墙开有边长小于800mm的小洞口且在结构整体计算中不考虑其影响时，应在洞口上、下和左、右配置补强钢筋，补强钢筋的直径不应小于12mm，截面面积应分别不小于被截断的水平分布钢筋和竖向分布钢筋的面积（图7.2.28*a*）；

2 穿过连梁的管道宜预埋套管，洞口上、下的截面有效高度不宜小于梁高的1/3，且不宜小于200mm；被洞口削弱的截面应进行承载力验算，洞口处应配置补强纵向钢筋和箍筋（图7.2.28*b*），补强纵向钢筋的直径不应小于12mm。

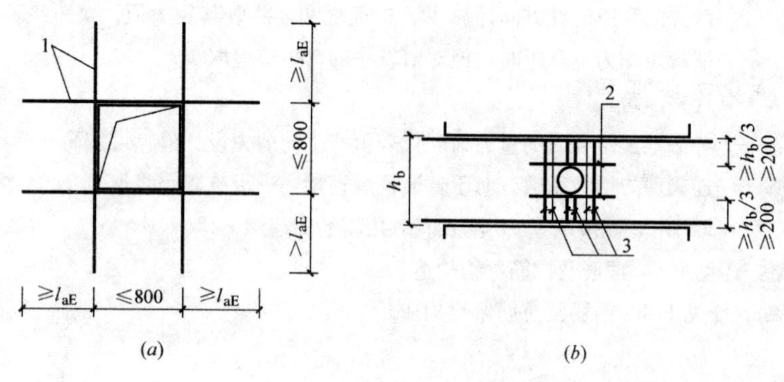

图 7.2.28 洞口补强配筋示意

（a）剪力墙洞口；（b）连梁洞口

1—墙洞口周边补强钢筋；2—连梁洞口上、下补强纵向箍筋；

3—连梁洞口补强箍筋；非抗震设计时图中 l_{aE}取 l_a

5 梁构造

5.1 框架梁的构造

1. 楼层框架梁纵向钢筋构造

11G101-1 中作出如下规定（图 5-1～图 5-8）。

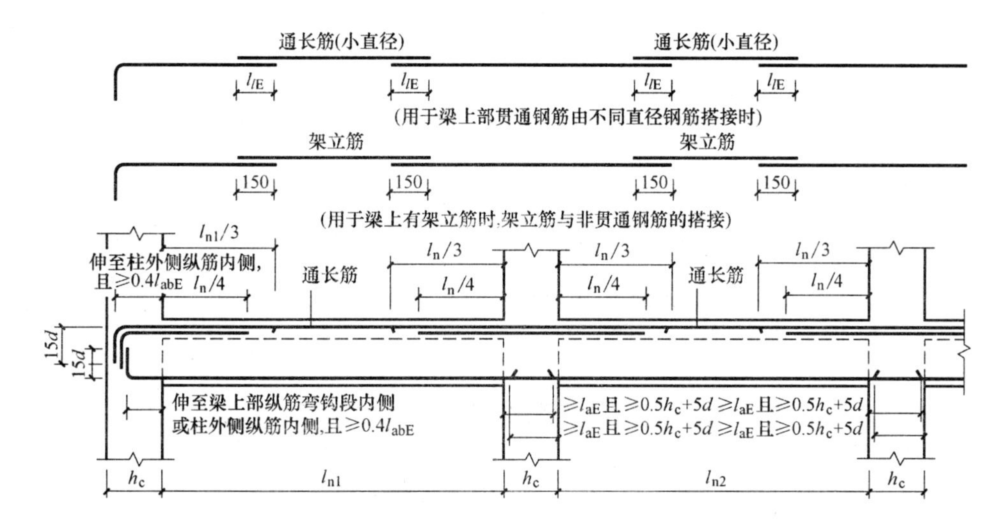

图 5-1　抗震楼层框架梁 KL 纵向钢筋构造

由上图（图 5-1）可以看出：

（1）上部纵筋和下部纵筋都要伸至柱外侧纵筋内侧，弯折 $15d$，锚入柱内的水平段均应不小于 $0.4l_{abE}$；当柱宽度较大时，上部纵筋和下部纵筋伸入柱内的直锚长度不小于 l_{aE} 且不小于（$0.5h_c+5d$）（h_c 为柱截面沿框架方向的高度，d 为钢筋直径）。

（2）端支座负筋的延伸长度：

第一排支座负筋从柱边开始延伸至 $l_{n1}/3$ 位置；第二排支座负筋从柱边开始延伸至 $l_{n1}/4$ 位置（l_{n1} 为边跨的净跨长度）。

（3）中间支座负筋的延伸长度：

第一排支座负筋从柱边开始延伸至 $l_n/3$ 位置；第二排支座负筋从柱边开始延伸至 $l_n/4$ 位置（l_n 为支座两边的净跨长度 l_{n1} 和 l_{n2} 的较大值）。

（4）当梁上部贯通钢筋由不同直径搭接时，通长筋与支座负筋的搭接长度为 l_{lE}。

（5）当梁上有架立筋时，架立筋与非贯通钢筋搭接，搭接长度为 150mm。

(6) 架立筋计算公式：

$$架立筋长度=梁的净宽度-两端支座负筋的延伸长度+150\times2$$

$$架立筋长度=l_n/3+150\times2（等跨时）$$

架立筋根数=箍筋的肢数-上部通长筋的根数（抗震框架梁架立筋根数不小于2）

图 5-2 端支座加锚头（锚板）锚固

图 5-3 端支座直锚

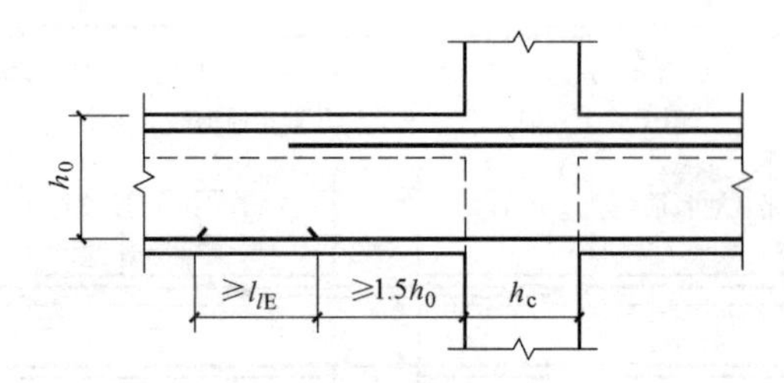

图 5-4 中间层中间节点梁下部筋在节点外搭接

注：梁下部钢筋不能在柱内锚固时，可在节点外搭接。相邻跨钢筋直径不同时，搭接位置位于较小直径一跨。

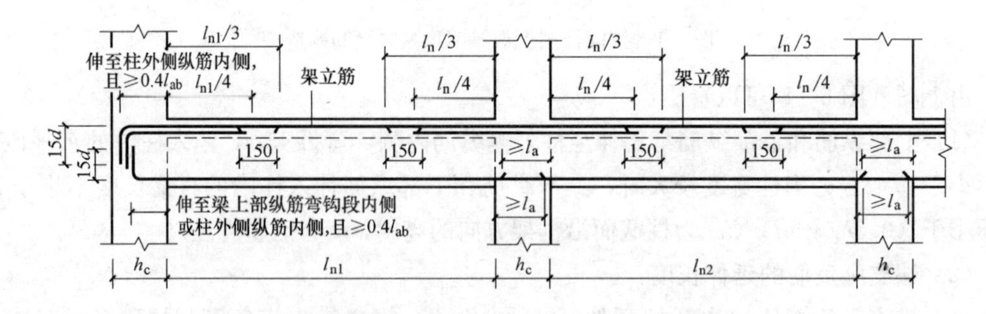

图 5-5 非抗震楼层框架梁 KL 纵向钢筋构造

由上图（图 5-5）可以看出：

(1) 上部纵筋和下部纵筋都要伸至柱外侧纵筋内侧，弯折 15d，锚入柱内的水平段均应不小于 0.4l_{ab}；当柱宽度较大时，上部纵筋和下部纵筋伸入柱内的直锚长度不小于 l_a。

(2) 端支座负筋的延伸长度：

第一排支座负筋从柱边开始延伸至 $l_{n1}/3$ 位置；第二排支座负筋从柱边开始延伸至

$l_{n1}/4$ 位置（l_{n1} 为边跨的净跨长度）。

（3）中间支座负筋的延伸长度：

第一排支座负筋从柱边开始延伸至 $l_n/3$ 位置；第二排支座负筋从柱边开始延伸至 $l_n/4$ 位置（l_n 为支座两边的净跨长度 l_{n1} 和 l_{n2} 的较大值）。

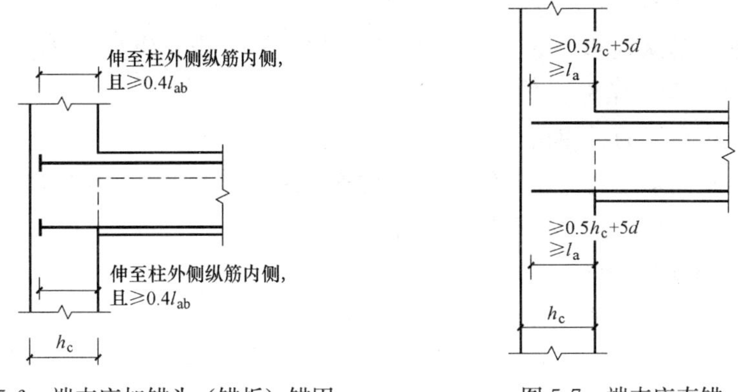

图 5-6　端支座加锚头（锚板）锚固　　　　图 5-7　端支座直锚

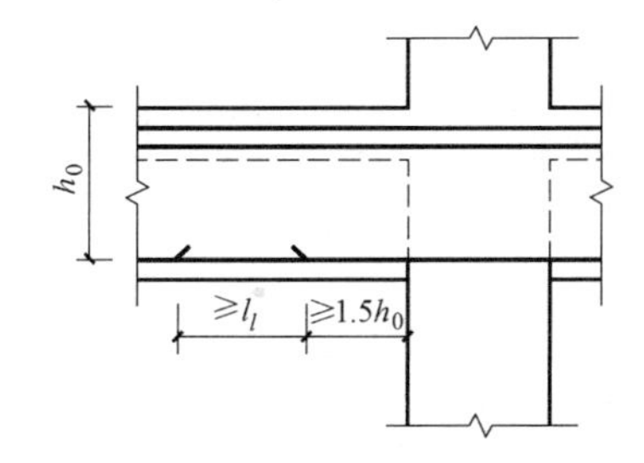

图 5-8　中间层中间节点梁下部筋在节点外搭接

注：梁下部钢筋不能在柱内锚固时，可在节点外搭接。相邻跨钢筋直径不同时，搭接位置位于较小直径一跨。

2. 屋面框架梁纵向钢筋构造

11G101-1 中作出如下规定（图 5-9～图 5-16）。

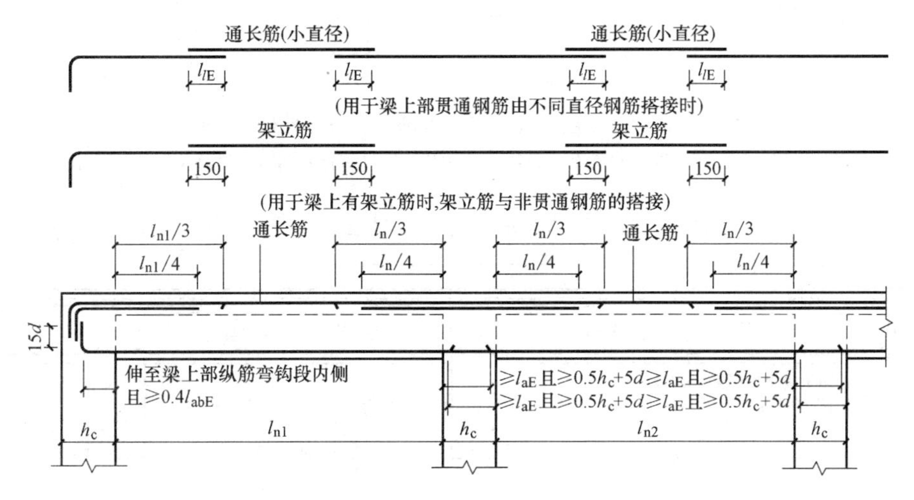

图 5-9　抗震屋面框架梁 WKL 纵向钢筋构造

由上图（图 5-9）可以看出：

（1）上部纵筋和下部纵筋都要伸至柱外侧纵筋内侧，弯折 15d，锚入柱内的水平段均应不小于 0.4l_{abE}；当柱宽度较大时，上部纵筋和下部纵筋伸入柱内的直锚长度不小于 l_{aE} 且不小于（0.5h_c+5d）（h_c 为柱截面沿框架方向的高度，d 为钢筋直径）。

（2）端支座负筋的延伸长度：

第一排支座负筋从柱边开始延伸至 $l_{n1}/3$ 位置；第二排支座负筋从柱边开始延伸至 $l_{n1}/4$ 位置（l_{n1} 为边跨的净跨长度）。

（3）中间支座负筋的延伸长度：

第一排支座负筋从柱边开始延伸至 $l_n/3$ 位置；第二排支座负筋从柱边开始延伸至 $l_n/4$ 位置（l_n 为支座两边的净跨长度 l_{n1} 和 l_{n2} 的较大值）。

（4）当梁上部贯通钢筋由不同直径搭接时，通长筋与支座负筋的搭接长度为 l_{lE}。

（5）当梁上有架立筋时，架立筋与非贯通钢筋搭接，搭接长度为 150mm。

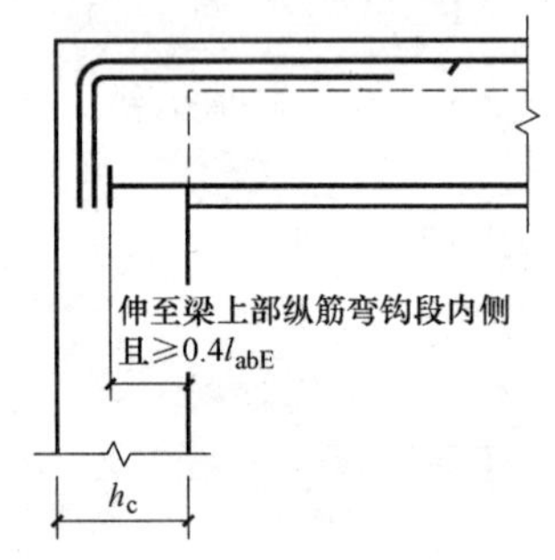

图 5-10 顶层端节点梁下部钢筋端头加锚头（锚板）锚固

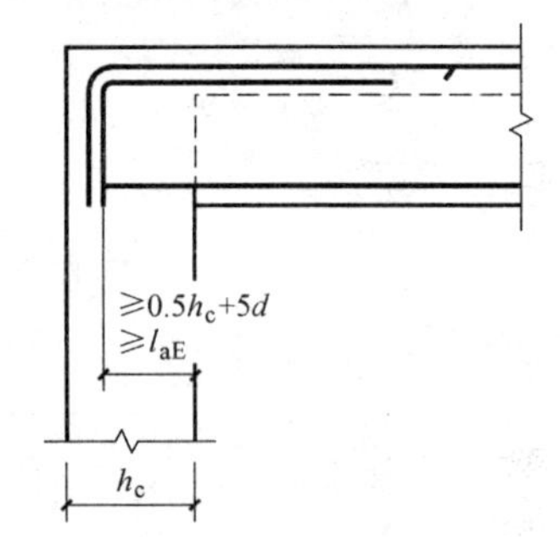

图 5-11 顶层端支座梁下部钢筋直锚

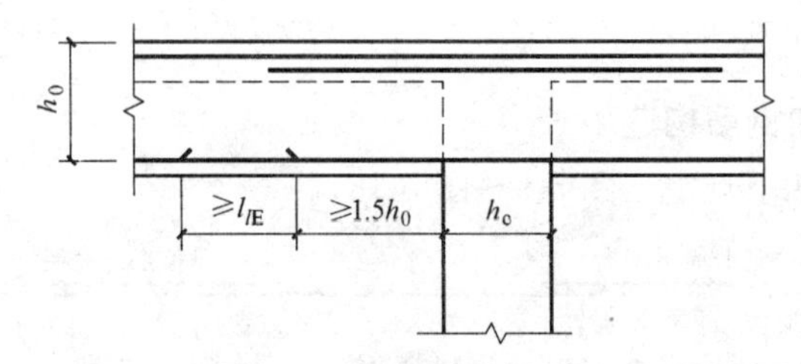

图 5-12 顶层中间节点梁下部筋在节点外搭接

注：梁下部钢筋不能在柱内锚固时，可在节点外搭接。相邻跨钢筋直径不同时，搭接位置位于较小直径一跨。

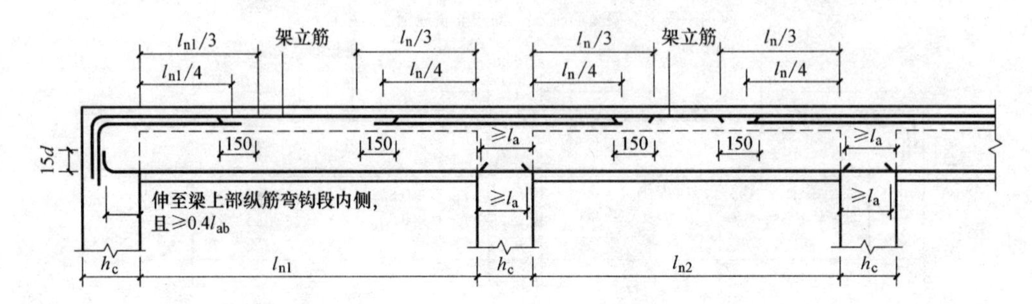

图 5-13 非抗震屋面框架梁 WKL 纵向钢筋构造

由上图（图 5-13）可以看出：

（1）上部纵筋和下部纵筋都要伸至柱外侧纵筋内侧，弯折 15d，锚入柱内的水平段均应不小于 0.4l_{ab}；当柱宽度较大时，上部纵筋和下部纵筋伸入柱内的直锚长度不小于 l_a。

（2）端支座负筋的延伸长度：

第一排支座负筋从柱边开始延伸至 l_{n1}/3 位置；第二排支座负筋从柱边开始延伸至 l_{n1}/4 位置（l_{n1}为边跨的净跨长度）。

（3）中间支座负筋的延伸长度：

第一排支座负筋从柱边开始延伸至 l_n/3 位置；第二排支座负筋从柱边开始延伸至 l_n/4 位置（l_n 为支座两边的净跨长度 l_{n1}和 l_{n2}的较大值）。

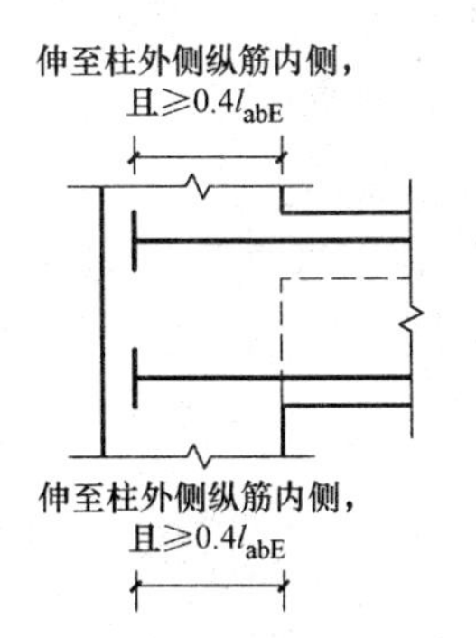

图 5-14 端支座加锚头（锚板）锚固

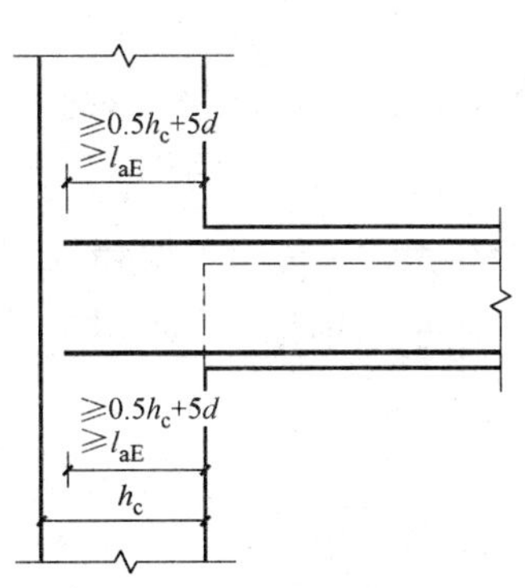

图 5-15 端支座直锚

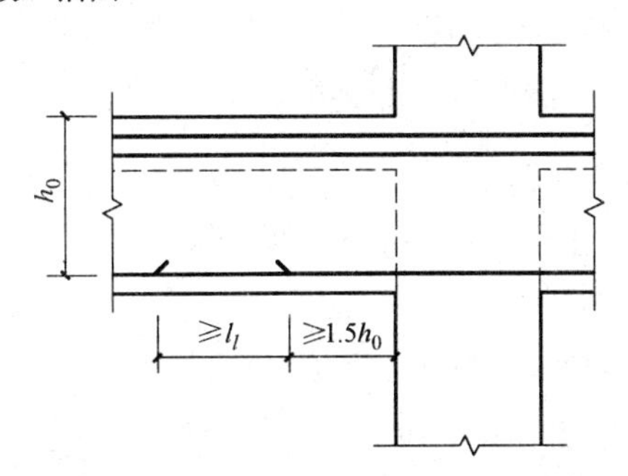

图 5-16 中间层中间节点梁下部筋在节点外搭接

注：梁下部钢筋不能在柱内锚固时，可在节点外搭接。相邻跨钢筋直径不同时，搭接位置位于较小直径一跨。

3. 框架梁根部加腋构造

11G101-1 中作出如下规定（图 5-17、图 5-18）。

由图 5-17 可以看出：

图中，括号内为非抗震梁纵筋的锚固长度。

当梁结构平法施工图中水平加腋部位的配筋设计未给出时，其梁腋上下部斜纵筋（仅设置第一排）直径分别同梁内上下纵筋，水平间距不宜大于 200mm；水平加腋部位侧面纵向构造钢筋的设置及构造要求同梁内侧面纵向构造筋。

图中 c_3 的取值：

抗震等级为一级：不小于 2.0h_b 且不小于 500mm；

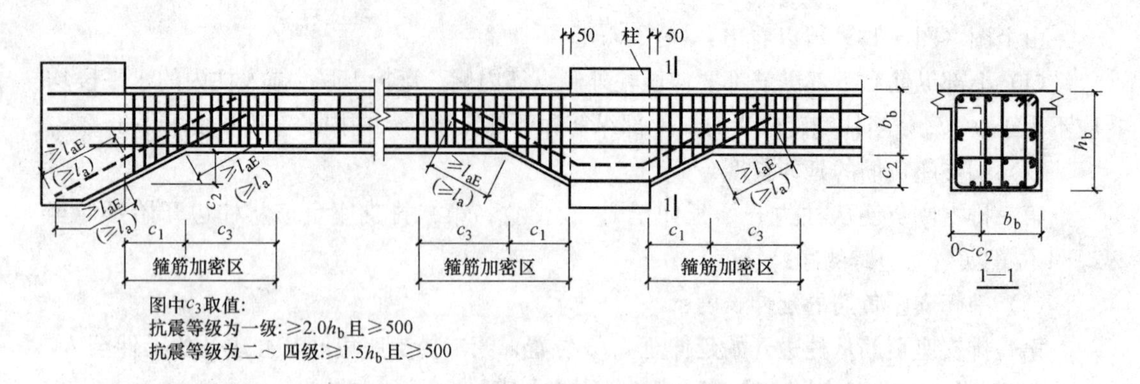

图 5-17 框架梁水平加腋构造

抗震等级为二～四级：不小于 $1.5h_b$ 且不小于 500mm。

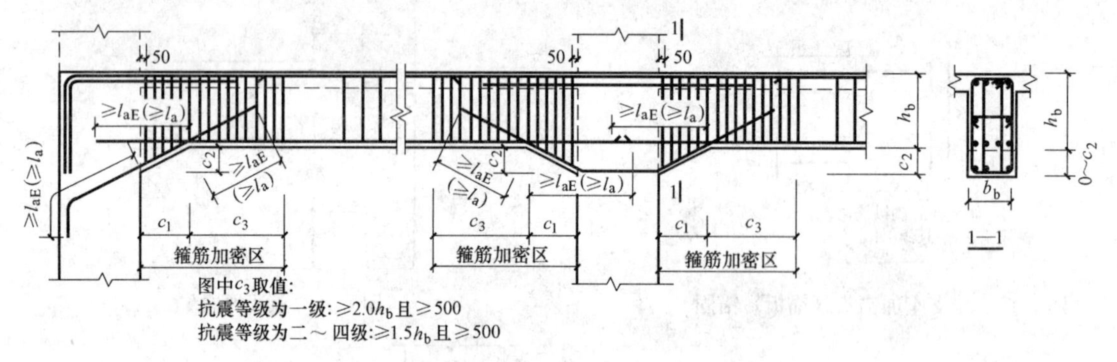

图 5-18 框架梁竖向加腋构造

由上图（图 5-18）可以看出：

框架梁竖向加腋构造适用于加腋部分参与框架梁计算，配筋由设计标注。

图中 c_3 的取值同水平加腋构造。

4. 框架梁、屋面框架梁中间支座变截面纵向钢筋构造

11G101-1 中作出如下规定（图 5-19、图 5-20）。

由图 5-19 可以看出：

（1）节点①为梁顶一平，即屋面框架梁顶部保持水平，底部不平。其构造要求为：支座上部纵筋贯通布置，梁截面高度大的梁下部纵筋锚固同端支座锚固构造要求相同，梁截面小的梁下部纵筋锚固同中间支座锚固构造要求相同。

（2）节点②为梁底一平，即屋面框架梁底部保持水平，顶部不平。其构造要求为：弯折后的竖直段长度 l_{aE}是从截面高度小的梁顶面算起，梁截面高度小的支座上部纵筋锚固要求伸入支座锚固长度为 l_{aE}（l_a），下部纵筋的锚固措施同梁高度不变时相同。

（3）节点③为支座两边梁宽不同，屋面框架梁中间支座两边框架梁宽度不同或错开布置时，将无法直锚的纵筋弯锚入柱内；或当支座两边纵筋根数不同时，可将多出的纵筋弯锚入柱内。锚固的构造要求：上部纵筋弯锚入柱内，弯折段长度不小于 l_{aE}（l_a），下部纵筋锚入柱内平直段长度不小于 $0.4l_{abE}$（$0.4l_{ab}$），弯折长度为 $15d$。

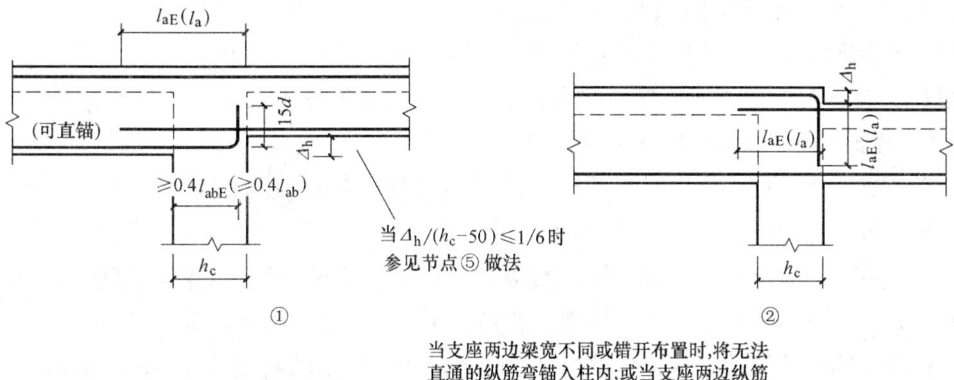

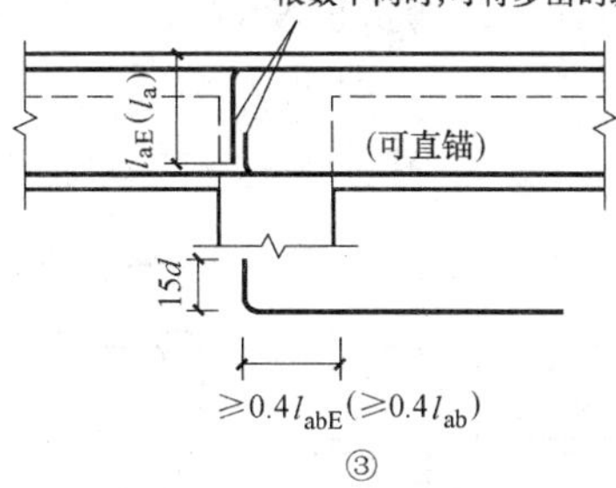

图 5-19 WKL 中间支座纵向钢筋构造
（节点①～③）

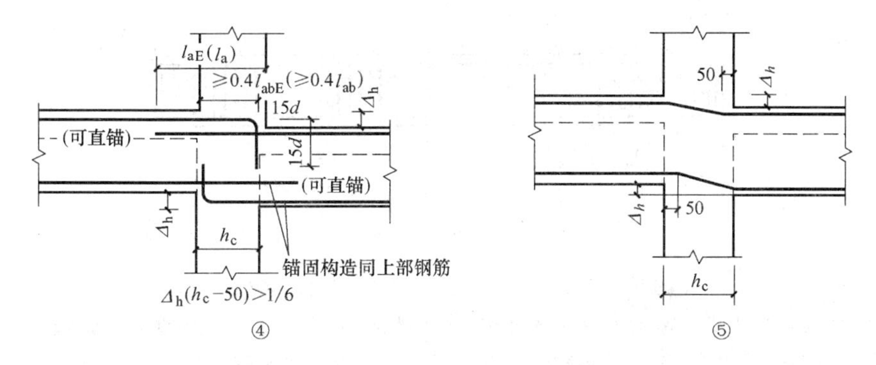

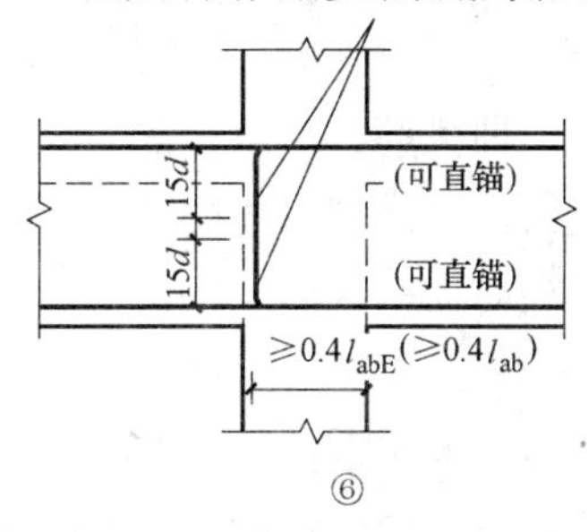

图 5-20 KL 中间支座纵向钢筋构造
（节点④～⑥）

由上图（图 5-20）可以看出：

（1）节点④为梁顶（梁底）高差较大。当 $\Delta_h/(h_c-50)>1/6$ 时，高梁上部纵筋弯锚水平段长度不小于 $0.4l_{abE}$（$0.4l_{ab}$），弯钩长度为 $15d$，低梁下部纵筋直锚长度为不小于 l_{aE}（l_a）。梁下部纵筋锚固构造同上部纵筋。

（2）节点⑤为梁顶（梁底）高差较小。当 $\Delta_h/(h_c-50)\leqslant 1/6$ 时，梁上部（下部）纵筋可连续布置（弯曲通过中间节点）。

（3）节点⑥为支座两边梁宽不同。当楼层框架梁中间支座两边框架梁宽度不同或错开布置时，将无法直锚的纵筋弯锚入柱内；或当支座两边纵筋根数不同时，可将多出的纵筋弯锚入柱内。锚固的构造要求：上部纵筋弯锚入柱内，弯折段长度为 $15d$；下部纵筋锚入柱内平直段长度不小于 $0.4l_{abE}$（$0.4l_{ab}$），弯折长度为 $15d$。

5. 梁箍筋构造要求

11G101-1 中作出如下规定（图 5-21、图 5-22）。

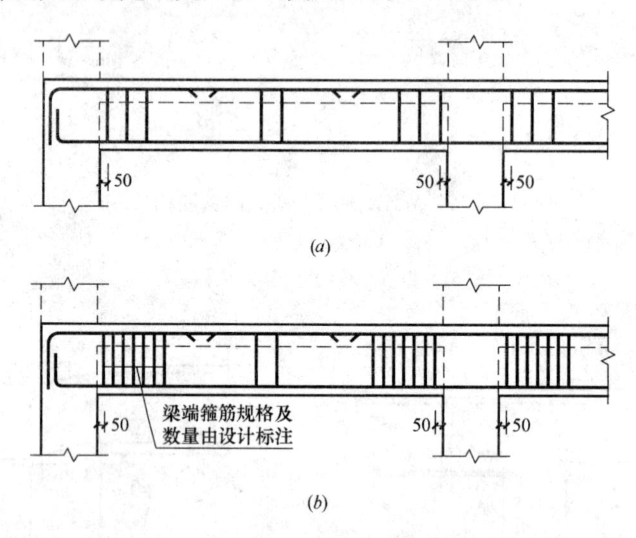

图 5-21 非抗震框架梁 KL、WKL 箍筋构造

（a）非抗震框架梁 KL、WKL（一种箍筋间距）（弧形梁沿梁中心线展开，箍筋间距沿凸面线量度）；
（b）非抗震框架梁 KL、WKL（两种箍筋间距）（弧形梁沿梁中心线展开，箍筋间距沿凸面线量度）

其构造要点为（图 5-21）：

（1）箍筋直径

非抗震框架梁通常全跨仅配置一种箍筋；当全跨配有两种箍筋时，其注写方式为在跨两端设置直径较大或间距较小的箍筋，并注明箍筋的根数，然后在跨中设置配置较小的箍筋。图中没有作为抗震构造要求的箍筋加密区。

（2）箍筋位置

框架梁第一道箍筋距离框架柱边缘为 50mm。注意在梁柱节点内，不设框架梁箍筋。

（3）弧形框架梁中心线展开，其箍筋间距按其凸面度量。

（4）箍筋复合方式

多肢复合箍筋采用外封闭大箍筋加小箍筋的方式，当为现浇板时，内部的小箍筋可为上开口箍或单肢箍形式。井字梁箍筋构造与非框架梁相同。

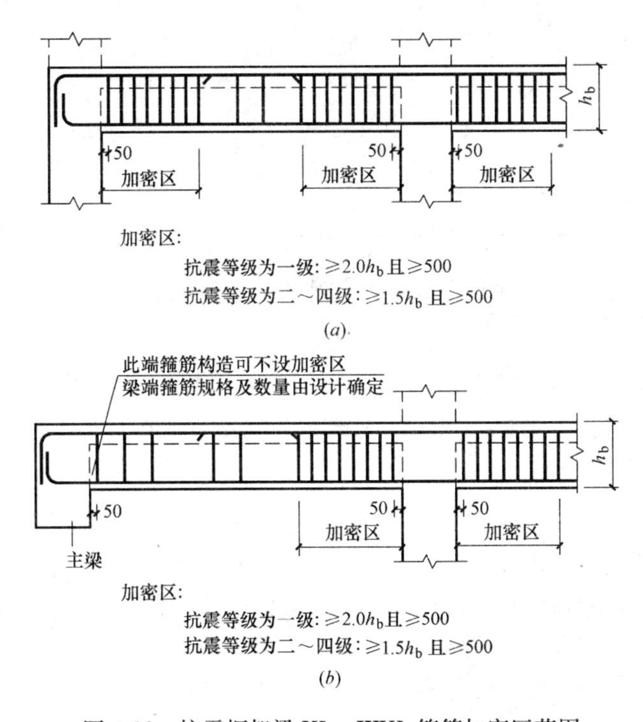

图 5-22 抗震框架梁 KL、WKL 箍筋加密区范围

(a) 抗震框架梁 KL、WKL 箍筋加密区范围（弧形梁沿梁中心线展开，箍筋间距沿凸面数量度）；
(b) 抗震框架梁 KL、WKL（尽端为梁）箍筋加密区范围（弧形梁沿梁中心线展开，箍筋间距沿凸面数量度）

其构造要点为（图 5-22）：

(1) 箍筋加密区范围

梁支座负筋设箍筋加密区：

一级抗震等级：加密区长度为 max（$2h_b$，500）；

二至四级抗震等级：加密区长度为 max（$1.5h_b$，500）。其中，h_b 为梁截面高度。

(2) 箍筋位置

框架梁第一道箍筋距离框架柱边缘为 50mm。注意在梁柱节点内，不设框架梁箍筋。

(3) 弧形框架梁中心线展开计算梁端部箍筋加密区范围，其箍筋间距按其凸面度量。

(4) 箍筋复合方式

多于两肢箍的复合箍筋应采用外封闭大箍筋套小箍筋的复合方式。

6. 非框架梁配筋构造

11G101-1 中作出如下规定（图 5-23）。

非框架梁的下部纵向钢筋在中间支座和端支座的锚固长度，在图集 11G101-1 的构造详图中是按照不利用钢筋的抗拉强度考虑的，规定对于带肋钢筋应满足 $12d$，对于光面钢筋应满足 $15d$（此处无过柱中心线的要求）。

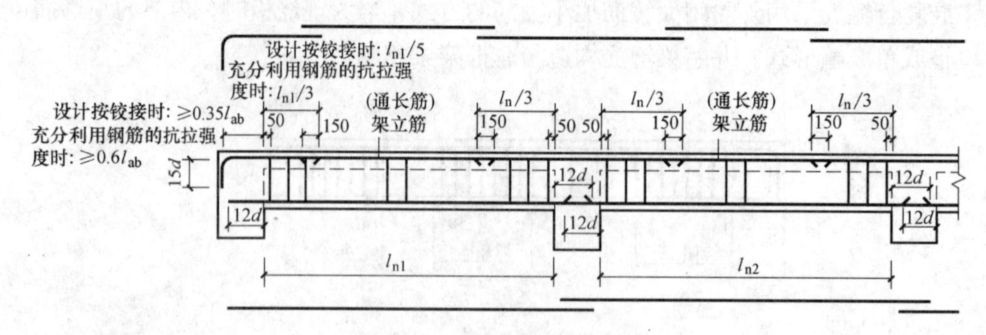

图 5-23 非框架梁 L 配筋构造

(1) 非框架梁在支座的锚固长度按一般梁考虑。

(2) 次梁不需要考虑抗震构造措施，包括锚固、不设置箍筋加密区、有多少比例的上部通长筋的确定；在设计上考虑到支座处的抗剪力较大，需要加密处理，但这不是框架梁加密的要求。

(3) 上部钢筋满足直锚长度 l_a 可不弯折，不满足时，可采用 90°弯折锚固，弯折时含弯钩在内的投影长度可取 $0.6l_{ab}$（当设计按铰接时，不考虑钢筋的抗拉强度，取 $0.35l_{ab}$），弯钩内半径不小于 $4d$，弯后直线段长度为 $12d$（投影长度为 $15d$）（在砌体结构中，采用 135°弯钩时，弯后直线长度为 $5d$）。

(4) 对于弧形和折线形梁，下部纵向受力钢筋在支座的直线锚固长度应满足 l_a，也可以采用弯折锚固；注意弧形和折线形梁下部纵向钢筋伸入支座的长度与直线形梁的区别，直线形梁下部纵向钢筋伸入支座的长度：对于带肋钢筋应满足 $12d$，对于光面钢筋应满足 $15d$；弧形和折线形梁下部纵向钢筋伸入支座的长度同上部钢筋。

(5) 锚固长度在任何时候均不应小于基本锚固长度 l_{ab} 的 60%及 200mm。

7. 不伸入支座梁下部纵向钢筋构造要求

11G101-1 中作出如下规定（图 5-24）。

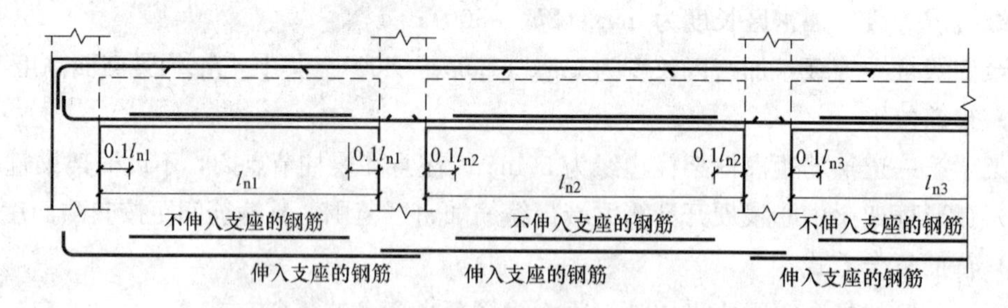

图 5-24 不伸入支座的梁下部纵向钢筋断点位置

注：本构造详图不适用于框支梁；伸入支座的梁下部纵向钢筋锚固构造见图集 11G101-1 第 79～82 页（见本书图 5-1～图 5-16）。

由图 5-24 可以看出：

(1) 由结构工程师根据计算和构造来确定，并在原位标注处用符号表示数量。

（2）框支梁一般为偏心受拉构件，并承受较大的剪力。框支梁纵向钢筋的连接应采用机械连接接头，框支梁中的下部钢筋应全部伸入支座内锚固，不可以截断。

（3）在支座下部，有时正弯矩较少，不需要所有钢筋都伸入支座，对于非抗震次梁，弯矩较大、配筋较多，但是在支座下部是没有负弯矩的。

（4）箍筋（包括复合箍筋）的角部纵向钢筋（与箍筋四角绑扎的纵筋）应全部伸入支座内。

（5）不可以随意截断钢筋而不伸入支座内锚固，施工企业不可自作主张，要按结构设计而定。

8. 附加箍筋、吊筋构造要求

11G101-1 中作出如下规定（图 5-25、图 5-26）。

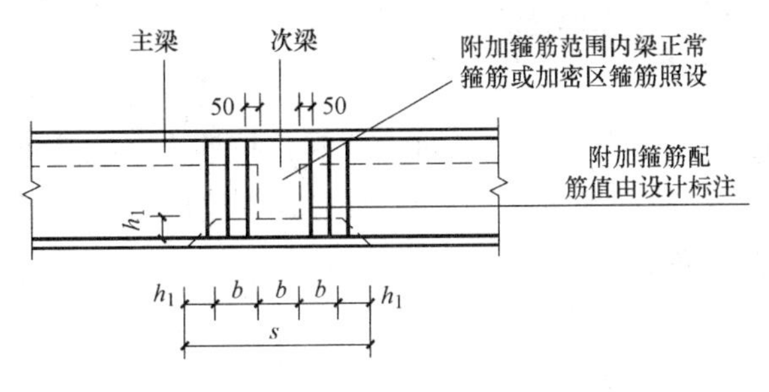

图 5-25 附加箍筋范围

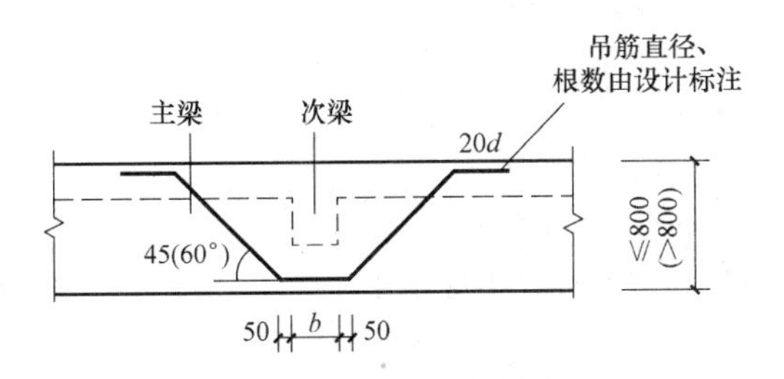

图 5-26 附加吊筋构造

由上图（图 5-25、图 5-26）可以看出：

附加箍筋的构造要求：间距 $8d$（d 为箍筋直径）且小于正常箍筋间距，当在箍筋加密区范围内时，还应小于 100mm。第一根附加箍筋距离次梁边缘的距离为 50mm，布置范围为 $s=3b+2h_1$（b 为次梁宽，h_1 为主次梁高差）。

附加吊筋的构造要求：梁高不大于 800mm 时，吊筋弯折的角度为 45°，梁高大于 800mm 时，吊筋弯折的角度为 60°；吊筋在次梁底部的宽度为（$b+2\times50$），在次梁两边的水平段长度为 $20d$。

9. 梁侧面纵向构造钢筋及拉筋构造要求

11G101-1 中作出如下规定（图 5-27）。

由图 5-27 可以看出：

（1）侧面纵向构造钢筋

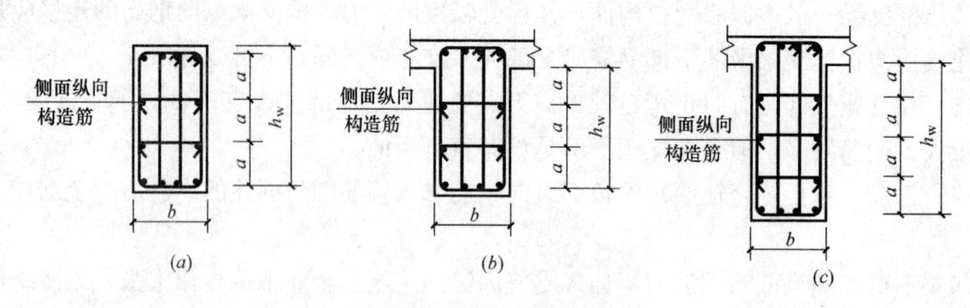

图 5-27 梁侧面纵向构造筋和拉筋

梁侧面纵筋构造钢筋的设置条件：当梁腹板高度不小于 450mm 时，应设置构造钢筋，纵向构造钢筋间距要求不大于 200mm。当梁侧面设置受扭钢筋且其间距不大于 200mm 时，则不需重复设置构造钢筋。

(2) 拉筋

梁中拉筋直径的确定：梁宽不大于 350mm 时，拉筋直径为 6mm，梁宽大于 350mm 时，拉筋直径为 8mm。拉筋间距的确定：非加密区箍筋间距的 2 倍。当有多排拉筋时，上下两排拉筋竖向错开设置。

【规范链接】

《混凝土结构设计规范》(GB 50010—2010)

8.3.1 (略，详见 1.1 钢筋的锚固)

9.2.1 梁的纵向受力钢筋应符合下列规定：

1 伸入梁支座范围内的钢筋不应少于 2 根。

2 梁高不小于 300mm 时，钢筋直径不应小于 10mm；梁高小于 300mm 时，钢筋直径不应小于 8mm。

3 梁上部钢筋水平方向的净间距不应小于 30mm 和 $1.5d$；梁下部钢筋水平方向的净间距不应小于 25mm 和 d。当下部钢筋多于 2 层时，2 层以上钢筋水平方向的中距应比下面 2 层的中距增大 1 倍；各层钢筋之间的净间距不应小于 25mm 和 d，d 为钢筋的最大直径。

4 在梁的配筋密集区域宜采用并筋的配筋形式。

9.2.2 钢筋混凝土简支梁和连续梁简支端的下部纵向受力钢筋，从支座边缘算起伸入支座内的锚固长度应符合下列规定：

1 当 $V \leqslant 0.7 f_t b h_0$ 时，不小于 $5d$；当 $V > 0.7 f_t b h_0$ 时，对带肋钢筋不小于 $12d$，对光面钢筋不小于 $15d$，d 为钢筋的最大直径；

2 如纵向受力钢筋伸入梁支座范围内的锚固长度不符合本条第 1 款要求时，可采取弯钩或机械锚固措施，并应满足本规范第 8.3.3 条的规定采取有效的锚固措施；

3 支承在砌体结构上的钢筋混凝土独立梁，在纵向受力钢筋的锚固长度范围内应配置不少于 2 个箍筋，其直径不宜小于 $d/4$，d 为纵向受力钢筋的最大直径；间距不宜大于 $10d$，当采取机械锚固措施时箍筋间距尚不宜大于 $5d$，d 为纵向受力钢筋的最小直径。

注：混凝土强度等级为C25及以下的简支梁和连续梁的简支端，当距支座边1.5h范围内作用有集中荷载，且$V>0.7f_tbh_0$时，对带肋钢筋宜采取附加锚固措施，或取锚固长度不小于15d，d为锚固钢筋的直径。

9.2.3 钢筋混凝土梁支座截面负弯矩纵向受拉钢筋不宜在受拉区截断，当需要截断时，应符合以下规定：

1 当$V\leqslant0.7f_tbh_0$时，应延伸至按正截面受弯承载力计算不需要该钢筋的截面以外不小于20d处截断，且从该钢筋强度充分利用截面伸出的长度不应小于1.2l_a；

2 当$V>0.7f_tbh_0$时，应延伸至按正截面受弯承载力计算不需要该钢筋的截面以外不小于h_0且不小于20d处截断，且从该钢筋强度充分利用截面伸出的长度不应小于1.2l_a与h_0之和；

3 若按本条第1、2款确定的截断点仍位于负弯矩对应的受拉区内，则应延伸至按正截面受弯承载力计算不需要该钢筋的截面以外不小于1.3h_0且不小于20d处截断，且从该钢筋强度充分利用截面伸出的长度不应小于1.2l_a与1.7h_0之和。

9.2.4 在钢筋混凝土悬臂梁中，应有不少于2根上部钢筋伸至悬臂梁外端，并向下弯折不小于12d；其余钢筋不应在梁的上部截断，而应按本规范第9.2.8条规定的弯起点位置向下弯折，并按本规范第9.2.7条的规定在梁的下边锚固。

9.2.5 梁内受扭纵向钢筋的最小配筋率$\rho_{tl,\min}$应符合下列规定：

$$\rho_{tl,\min}=0.6\sqrt{\frac{T}{Vb}}\frac{f_t}{f_y} \tag{9.2.5}$$

当$T/(Vb)>2.00$时，取$T/(Vb)=2.00$。

式中：$\rho_{tl,\min}$——受扭纵向钢筋的最小配筋率，取$A_{stl}/(bh)$；

b——受剪的截面宽度，按本规范第6.4.1条的规定取用，对箱形截面构件，b应以b_h代替；

A_{stl}——沿截面周边布置的受扭纵向钢筋总截面面积。

沿截面周边布置受扭纵向钢筋的间距不应大于200mm及梁截面短边长度；除应在梁截面四角设置受扭纵向钢筋外，其余受扭纵向钢筋宜沿截面周边均匀对称布置。受扭纵向钢筋应按受拉钢筋锚固在支座内。

在弯剪扭构件中，配置在截面弯曲受拉边的纵向受力钢筋，其截面面积不应小于按本规范第8.5.1条规定的受弯构件受拉钢筋最小配筋率计算的钢筋截面面积与按本条受扭纵向钢筋配筋率计算并分配到弯曲受拉边的钢筋截面面积之和。

9.2.6 梁的上部纵向构造钢筋应符合下列要求：

1 当梁端按简支计算但实际受到部分约束时，应在支座区上部设置纵向构造钢筋。其截面面积不应小于梁跨中下部纵向受力钢筋计算所需截面面积的1/4，且不应少于2根。该纵向构造钢筋自支座边缘向跨内伸出的长度不应小于$l_0/5$，l_0为梁的计算跨度。

2 对架立钢筋，当梁的跨度小于4m时，直径不宜小于8mm；当梁的跨度为4～6m时，直径不应小于10mm；当梁的跨度大于6m时，直径不宜小于12mm。

9.2.7 混凝土梁宜采用箍筋作为承受剪力的钢筋。

当采用弯起钢筋时，弯起角宜取45°或60°；在弯终点外应留有平行于梁轴线方向的锚固长度，且在受拉区不应小于20d，在受压区不应小于10d，d为弯起钢筋的直径；梁底层钢筋中的角部钢筋不应弯起，顶层钢筋中的角部钢筋不应弯下。

9.2.8 在混凝土梁的受拉区中，弯起钢筋的弯起点可设在按正截面受弯承载力计算不需要该钢筋的截面之前，但弯起钢筋与梁中心线的交点应位于不需要该钢筋的截面之外（图 9.2.8）；同时弯起点与按计算充分利用该钢筋的截面之间的距离不应小于 $h_0/2$。

当按计算需要设置弯起钢筋时，从支座起前一排的弯起点至后一排的弯终点的距离不应大于本规范表 9.2.9 中“$V>0.7f_tbh_0+0.05N_{p0}$”时的箍筋最大间距。弯起钢筋不得采用浮筋。

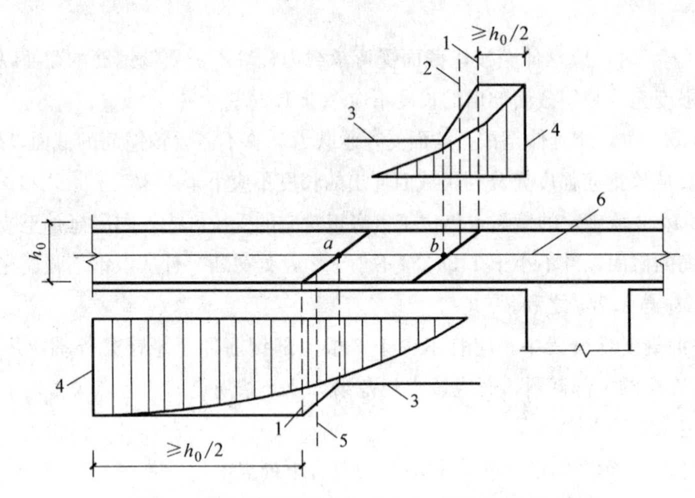

图 9.2.8　弯起钢筋弯起点与弯矩图的关系

1—受拉区的弯起点；2—按计算不需要钢筋“b”的截面；3—正截面受弯承载力图；4—按计算充分利用钢筋“a”或“b”强度的截面；5—按计算不需要钢筋“a”的截面；6—梁中心线

9.2.9 （略，详见 1.4　箍筋及拉筋弯钩构造）

9.2.10 （略，详见 1.4　箍筋及拉筋弯钩构造）

9.2.11 （略，详见 1.4　箍筋及拉筋弯钩构造）

9.2.12 （略，详见 1.4　箍筋及拉筋弯钩构造）

9.2.13　梁的腹板高度 $h_w \geqslant 450$mm 时，在梁的两个侧面应沿高度配置纵向构造钢筋。每侧纵向构造钢筋（不包括梁上、下部受力钢筋及架立钢筋）的间距不宜大于 200mm，截面面积不应小于腹板截面面积（bh_w）的 0.10%，但当梁宽较大时可以适当放松。此处，腹板高度 h_w 按本规范第 6.3.1 条的规定取用。

9.2.14　薄腹梁或需作疲劳验算的钢筋混凝土梁，应在下部 1/2 梁高的腹板内沿两侧配置直径 8～14mm 的纵向构造钢筋，其间距为 100～150mm 并按下密上疏的方式布置。在上部 1/2 梁高的腹板内，纵向构造钢筋可按本规范第 9.2.13 条的规定配置。

9.2.15　当梁的混凝土保护层厚度大于 50mm 且配置表层钢筋网片时，应符合下列规定：

1　表层钢筋宜采用焊接网片，其直径不宜大于 8mm，间距不应大于 150mm；网片应配置在梁底和梁侧，梁侧的网片钢筋应延伸至梁高的 2/3 处。

2　两个方向上表层网片钢筋的截面积均不应小于相应混凝土保护层（图 9.2.15 阴影部分）面积的 1%。

9.3.4　梁纵向钢筋在框架中间层端节点的锚固应符合下列要求：

1　梁上部纵向钢筋伸入节点的锚固：

1）当采用直线锚固形式时，锚固长度不应小于 l_a，且应伸过柱中心线，伸过的长度不宜小于 $5d$，d 为梁上部纵向钢筋的直径。

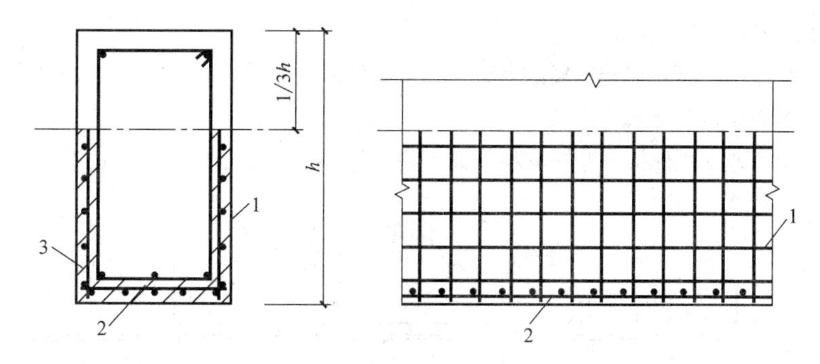

图 9.2.15 配置表层钢筋网片的构造要求

1—梁侧表层钢筋网片；2—梁底表层钢筋网片；3—配置网片钢筋区域

2）当柱截面尺寸不满足直线锚固要求时，梁上部纵向钢筋可采用本规范第 8.3.3 条钢筋端部加机械锚头的锚固方式。梁上部纵向钢筋宜伸至柱外侧纵筋内边，包括机械锚头在内的水平投影锚固长度不应小于 $0.4l_{ab}$（图 9.3.4*a*）。

3）梁上部纵向钢筋也可采用 90°弯折锚固的方式，此时梁上部纵向钢筋应伸至柱外侧纵向钢筋内边并向节点内弯折，其包含弯弧在内的水平投影长度不应小于 $0.4l_{ab}$，弯折钢筋在弯折平面内包含弯弧段的投影长度不应小于 $15d$（图 9.3.4*b*）。

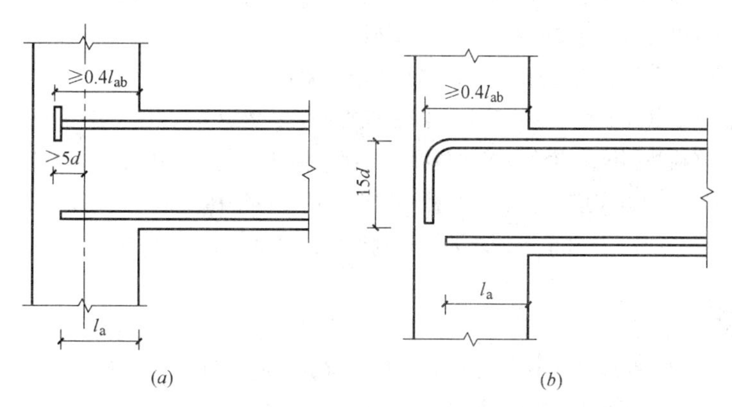

图 9.3.4 梁上部纵向钢筋在中间层端节点内的锚固

（*a*）钢筋端部加锚头锚固；（*b*）钢筋末端 90°弯折锚固

2 框架梁下部纵向钢筋伸入端节点的锚固：

1）当计算中充分利用该钢筋的抗拉强度时，钢筋的锚固方式及长度应与上部钢筋的规定相同。

2）当计算中不利用该钢筋的强度或仅利用该钢筋的抗压强度时，伸入节点的锚固长度应分别符合本规范第 9.3.5 条中间节点梁下部纵向钢筋锚固的规定。

9.3.5 框架中间层中间节点或连续梁中间支座，梁的上部纵向钢筋应贯穿节点或支座。梁的下部纵向钢筋宜贯穿节点或支座。当必须锚固时，应符合下列锚固要求：

1 当计算中不利用该钢筋的强度时，其伸入节点或支座的锚固长度对带肋钢筋不小于 $12d$，对光面钢筋不小于 $15d$，d 为钢筋的最大直径；

2 当计算中充分利用钢筋的抗压强度时，钢筋应按受压钢筋锚固在中间节点或中间支座内，其直线锚固长度不应小于 $0.7l_a$；

3 当计算中充分利用钢筋的抗拉强度时，钢筋可采用直线方式锚固在节点或支座内，锚固长度不应小于钢筋的受拉锚固长度 l_a（图 9.3.5a）；

4 当柱截面尺寸不足时，宜按本规范第 9.3.4 条第 1 款的规定采用钢筋端部加锚头的机械锚固措施，也可采用 90°弯折锚固的方式；

5 钢筋可在节点或支座外梁中弯矩较小处设置搭接接头，搭接长度的起始点至节点或支座边缘的距离不应小于 1.5h_0（图 9.3.5b）。

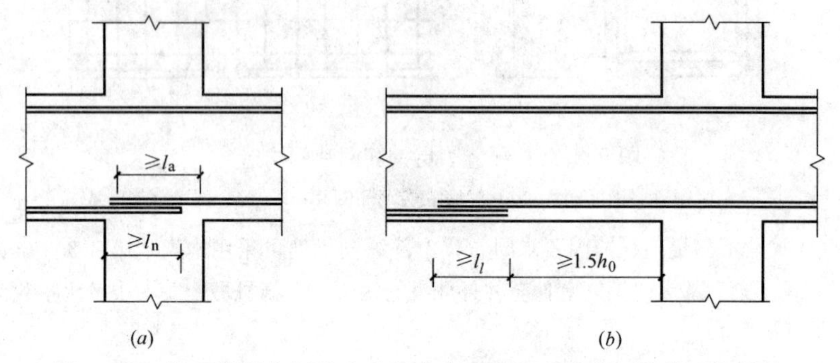

图 9.3.5 梁下部纵向钢筋在中间节点或中间支座范围的锚固与搭接

（a）下部纵向钢筋在节点中直线锚固；（b）下部纵向钢筋在节点或支座范围外的搭接

9.3.7 顶层端节点柱外侧纵向钢筋可弯入梁内作梁上部纵向钢筋；也可将梁上部纵向钢筋与柱外侧纵向钢筋在节点及附近部位搭接，搭接可采用下列方式：

1 搭接接头可沿顶层端节点外侧及梁端顶部布置，搭接长度不应小于 1.5l_{ab}（图 9.3.7a）。其中，伸入梁内的柱外侧钢筋截面面积不宜小于其全部面积的 65%；梁宽范围以外的柱外侧钢筋宜沿节点顶部伸至柱内边锚固。当柱外侧纵向钢筋位于柱顶第一层时，钢筋伸至柱内边后宜向下弯折不小于 8d 后截断（图 9.3.7a），d 为柱纵向钢筋的直径；当柱外侧纵向钢筋位于柱顶第二层时，可不向下弯折。当现浇板厚度不小于 100mm 时，梁宽范围以外的柱外侧纵向钢筋也可伸入现浇板内，其长度与伸入梁内的柱纵向钢筋相同。

2 当柱外侧纵向钢筋配筋率大于 1.20%时，伸入梁内的柱纵向钢筋应满足本条第 1 款规定且宜分两批截断，截断点之间的距离不宜小于 20d，d 为柱外侧纵向钢筋的直径。梁上部纵向钢筋应伸至节点外侧并向下弯至梁下边缘高度位置截断。

3 纵向钢筋搭接接头也可沿节点柱顶外侧直线布置（图 9.3.7b），此时，搭接长度自柱顶算起不应

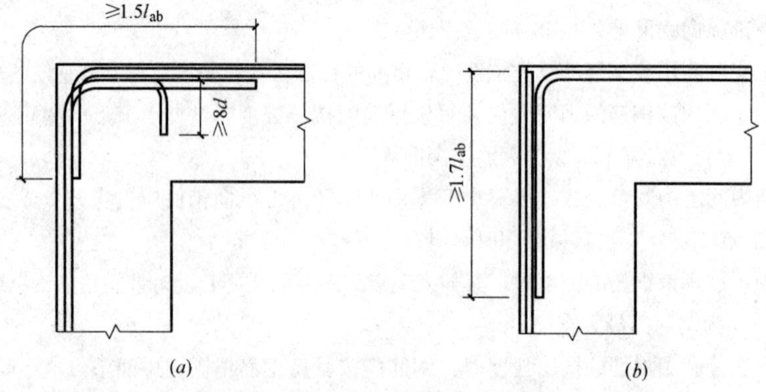

图 9.3.7 顶层端节点梁、柱纵向钢筋在节点内的锚固与搭接

（a）搭接接头沿顶层端节点外侧及梁端顶部布置；（b）搭接接头沿节点外侧线布置

小于 $1.7l_{ab}$。当梁上部纵向钢筋的配筋率大于 1.20%时，弯入柱外侧的梁上部纵向钢筋应满足本条第 1 款规定的搭接长度，且宜分两批截断，其截断点之间的距离不宜小于 $20d$，d 为梁上部纵向钢筋的直径。

4 当梁的截面高度较大，梁、柱纵向钢筋相对较小，从梁底算起的直线搭接长度未延伸至柱顶即已满足 $1.5l_{ab}$ 的要求时，应将搭接长度延伸至柱顶并满足搭接长度 $1.7l_{ab}$ 的要求；或者从梁底算起的弯折搭接长度未延伸至柱内侧边缘即已满足 $1.5l_{ab}$ 的要求时，其弯折后包括弯弧在内的水平段的长度不应小于 $15d$，d 为柱纵向钢筋的直径。

5 柱内侧纵向钢筋的锚固应符合本规范 9.3.6 条关于顶层中节点的规定。

9.3.8 顶层端节点处梁上部纵向钢筋的截面面积 A_s 应符合下列规定：

$$A_s \leqslant \frac{0.35\beta_c f_c b_b h_0}{f_y} \tag{9.3.8}$$

式中：b_b——梁腹板宽度；

h_0——梁截面有效高度。

梁上部纵向钢筋与柱外侧纵向钢筋在节点角部的弯弧内半径，当钢筋直径不大于 25mm 时，不宜小于 $6d$；大于 25mm 时，不宜小于 $8d$。钢筋弯弧外的混凝土中应配置防裂、防剥落的构造钢筋。

11.3.1 梁正截面受弯承载力计算中，计入纵向受压钢筋的梁端混凝土受压区高度应符合下列要求：

一级抗震等级

$$x \leqslant 0.25h_0 \tag{11.3.1-1}$$

二、三级抗震等级

$$x \leqslant 0.35h_0 \tag{11.3.1-2}$$

式中：x——混凝土受压区高度；

h_0——截面有效高度。

11.3.2 考虑地震组合的框架梁端剪力设计值 V_b 应按下列规定计算：

1 一级抗震等级的框架结构和 9 度设防烈度的一级抗震等级框架

$$V_b = 1.1\frac{(M_{bua}^l + M_{bua}^r)}{l_n} + V_{Gb} \tag{11.3.2-1}$$

2 其他情况

一级抗震等级

$$V_b = 1.3\frac{(M_b^l + M_b^r)}{l_n} + V_{Gb} \tag{11.3.2-2}$$

二级抗震等级

$$V_b = 1.2\frac{(M_b^l + M_b^r)}{l_n} + V_{Gb} \tag{11.3.2-3}$$

三级抗震等级

$$V_b = 1.1\frac{(M_b^l + M_b^r)}{l_n} + V_{Gb} \tag{11.3.2-4}$$

四级抗震等级，取地震组合下的剪力设计值。

式中：M_{bua}^l、M_{bua}^r——框架梁左、右端按实配钢筋截面面积（计入受压钢筋及梁有效翼缘宽度范围内的楼板钢筋）、材料强度标准值，且考虑承载力抗震调整系数的正截面抗震受弯承载力所对应的弯矩值；

M_b^l、M_b^r——考虑地震组合的框架梁左、右端弯矩设计值；

V_{Gb}——考虑地震组合时的重力荷载代表值产生的剪力设计值，可按简支梁计算确定；

l_n——梁的净跨。

在公式（11.3.2-1）中，M^l_{bua}与M^r_{bua}之和，应分别按顺时针和逆时针方向进行计算，并取其较大值。

公式（11.3.2-2）～公式（11.3.2-4）中，M^l_b与M^r_b之和，应分别取顺时针和逆时针方向计算的两端考虑地震组合的弯矩设计值之和的较大值；一级抗震等级，当两端弯矩均为负弯矩时，绝对值较小的弯矩值应取零。

11.3.3 考虑地震组合的矩形、T形和I形截面框架梁，当跨高比大于2.5时，其受剪截面应符合下列条件：

$$V_b \leqslant \frac{1}{\gamma_{RE}}(0.20\beta_c f_c b h_0) \tag{11.3.3-1}$$

当跨高比不大于2.5时，其受剪截面应符合下列条件：

$$V_b \leqslant \frac{1}{\gamma_{RE}}(0.15\beta_c f_c b h_0) \tag{11.3.3-2}$$

11.3.4 考虑地震组合的矩形、T形和I形截面的框架梁，其斜截面受剪承载力应符合下列规定：

$$V_b \leqslant \frac{1}{\gamma_{RE}}\left[0.60\alpha_{cv} f_t b h_0 + f_{yv}\frac{A_{sv}}{s}h_0\right] \tag{11.3.4}$$

式中：α_{cv}——截面混凝土受剪承载力系数，按本规范第6.3.4条取值。

11.3.5 框架梁截面尺寸应符合下列要求：

1 截面宽度不宜小于200mm；

2 截面高度与宽度的比值不宜大于4；

3 净跨与截面高度的比值不宜小于4。

11.3.6 （略，详见1.4 箍筋及拉筋弯钩构造）

11.3.7 梁端纵向受拉钢筋的配筋率不宜大于2.50%。沿梁全长顶面和底面至少应各配置两根通长的纵向钢筋，对一、二级抗震等级，钢筋直径不应小于14mm，且分别不应少于梁两端顶面和底面纵向受力钢筋中较大截面面积的1/4；对三、四级抗震等级，钢筋直径不应小于12mm。

11.3.8 （略，详见1.4 箍筋及拉筋弯钩构造）

11.3.9 （略，详见1.4 箍筋及拉筋弯钩构造）

《建筑抗震设计规范》(GB 50011—2010)

6.3.1 梁的截面尺寸，宜符合下列各项要求：

1 截面宽度不宜小于200mm；

2 截面高宽比不宜大于4；

3 净跨与截面高度之比不宜小于4。

6.3.2 梁宽大于柱宽的扁梁应符合下列要求：

1 采用扁梁的楼、屋盖应现浇，梁中线宜与柱中线重合，扁梁应双向布置。扁梁的截面尺寸应符合下列要求，并应满足现行有关规范对挠度和裂缝宽度的规定：

$$b_b \leqslant 2b_c \tag{6.3.2-1}$$

$$b_b \leqslant b_c + h_b \tag{6.3.2-2}$$

$$h_b \geqslant 16d \tag{6.3.2-3}$$

式中：b_c——柱截面宽度，圆形截面取柱直径的0.8倍；

b_b、h_b——分别为梁截面宽度和高度；

d——柱纵筋直径。

2 扁梁不宜用于一级框架结构。

6.3.3 （略，详见 1.4 箍筋及拉筋弯钩构造）

6.3.4 梁的钢筋配置，尚应符合下列规定：

1 梁端纵向受拉钢筋的配筋率不宜大于 2.50%。沿梁全长顶面、底面的配筋，一、二级不应少于 2ϕ14，且分别不应少于梁顶面、底面两端纵向配筋中较大截面面积的 1/4；三、四级不应少于 2ϕ12。

2 一、二、三级框架梁内贯通中柱的每根纵向钢筋直径，对框架结构不应大于矩形截面柱在该方向截面尺寸的 1/20，或纵向钢筋所在位置圆形截面柱弦长的 1/20；对其他结构类型的框架不宜大于矩形截面柱在该方向截面尺寸的 1/20，或纵向钢筋所在位置圆形截面柱弦长的 1/20。

3 梁端加密区的箍筋肢距，一级不宜大于 200mm 和 20 倍箍筋直径的较大值，二、三级不宜大于 250mm 和 20 倍箍筋直径的较大值，四级不宜大于 300mm。

《高层建筑混凝土结构技术规程》（JGJ 3—2010）

6.3.1 框架结构的主梁截面高度可按计算跨度的 1/10～1/18 确定；梁净跨与截面高度之比不宜小于 4。梁的截面宽度不宜小于梁截面高度的 1/4，也不宜小于 200mm。

当梁高较小或采用扁梁时，除应验算其承载力和受剪截面要求外，尚应满足刚度和裂缝的有关要求。在计算梁的挠度时，可扣除梁的合理起拱值；对现浇梁板结构，宜考虑梁受压翼缘的有利影响。

6.3.2 （略，详见 1.4 箍筋及拉筋弯钩构造）

6.3.3 （略，详见 1.4 箍筋及拉筋弯钩构造）

6.3.4 （略，详见 1.4 箍筋及拉筋弯钩构造）

6.3.5 （略，详见 1.4 箍筋及拉筋弯钩构造）

6.3.6 （略，详见 1.4 箍筋及拉筋弯钩构造）

6.3.7 （略，详见 1.4 箍筋及拉筋弯钩构造）

5.2 悬挑梁的构造

1. 纯悬挑梁 XL 构造

11G101-1 中作出如下规定（图 5-28）。

由图 5-28 可以看出：

（1）悬挑梁上部纵筋的配筋构造

1）第一排上部纵筋，至少 2 根角筋，并不少于第一排纵筋的 1/2，上部纵筋一直伸到悬挑梁端部，再直角弯直伸到梁底，其余纵筋弯下（即钢筋在端部附近下弯 45°的斜弯）。当 $l<4h_b$ 时，可不将钢筋在端部弯下。

2）第二排上部纵筋伸到悬挑端长度的 0.75 倍处。

3）纯悬挑梁的上部纵筋在支座中的锚固：伸至柱外侧纵筋内侧且不小于 $0.4l_{ab}$。

（2）悬挑梁下部纵筋的配筋构造

纯悬挑梁的悬挑端下部纵筋在支座的锚固：其锚固长度为 $15d$。

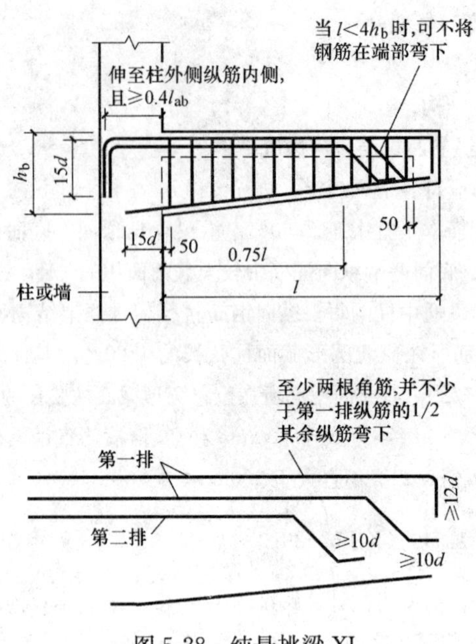

图 5-28 纯悬挑梁 XL

2. 各类梁悬挑端配筋构造

11G101-1 中作出如下规定（图 5-29）。

由图 5-29 可以看出：

（1）节点Ⓐ：悬挑端有框架梁平直伸出，上部第二排纵筋在伸出 $0.75l$ 之后，弯到梁下部，再向梁尽端弯出不小于 $10d$。下部纵筋直锚长度 $15d$。

（2）节点Ⓑ：当悬挑端比框架梁低 Δ_h ［$\Delta_h/(h_c-50)>1/6$］时，仅用于中间层；框架梁弯锚水平段长度不小于 $0.4l_{ab}$（$0.4l_{abE}$），弯钩长度 $15d$；悬挑端上部纵筋直锚长度不小于 l_a。

（3）节点Ⓒ：当悬挑端比框架梁低 Δ_h ［$\Delta_h/(h_c-50)\leqslant 1/6$］时，上部纵筋连续布置；用于中间层，当支座为梁时也可用于屋面。

（4）节点Ⓓ：当悬挑端比框架梁高 Δ_h ［$\Delta_h/(h_c-50)>1/6$］时，仅用于中间层；悬挑端上部纵筋弯锚，弯锚水平段伸至柱对边纵筋内侧，且不小于 $0.4l_{ab}$，弯钩长度 $15d$；框架梁上部纵筋直锚长度不小于 l_a（l_{aE}）。

（5）节点Ⓔ：当悬挑端比框架梁高 Δ_h ［$\Delta_h/(h_c-50)\leqslant 1/6$］时，上部纵筋连续布置；用于中间层，当支座为梁时也可用于屋面。

（6）节点Ⓕ：当悬挑端比框架梁低 Δ_h（$\Delta_h\leqslant h_b/3$）时，框架梁上部纵筋弯锚，弯钩长度不小于 l_a（l_{aE}）且伸至梁底，悬挑端上部纵筋直锚长度不小于 l_a。可用于屋面，当支座为梁时也可用于中间层。

（7）节点Ⓖ：当悬挑端比框架梁高 Δ_h（$\Delta_h\leqslant h_b/3$）时，框架梁上部纵筋直锚长度不小于 l_a（l_{aE}），悬挑端上部纵筋弯锚，弯锚水平段长度不小于 $0.6l_{ab}$，弯钩长度不小于 l_a（l_{aE}）且伸至梁底。可用于屋面，当支座为梁时也可用于中间层。

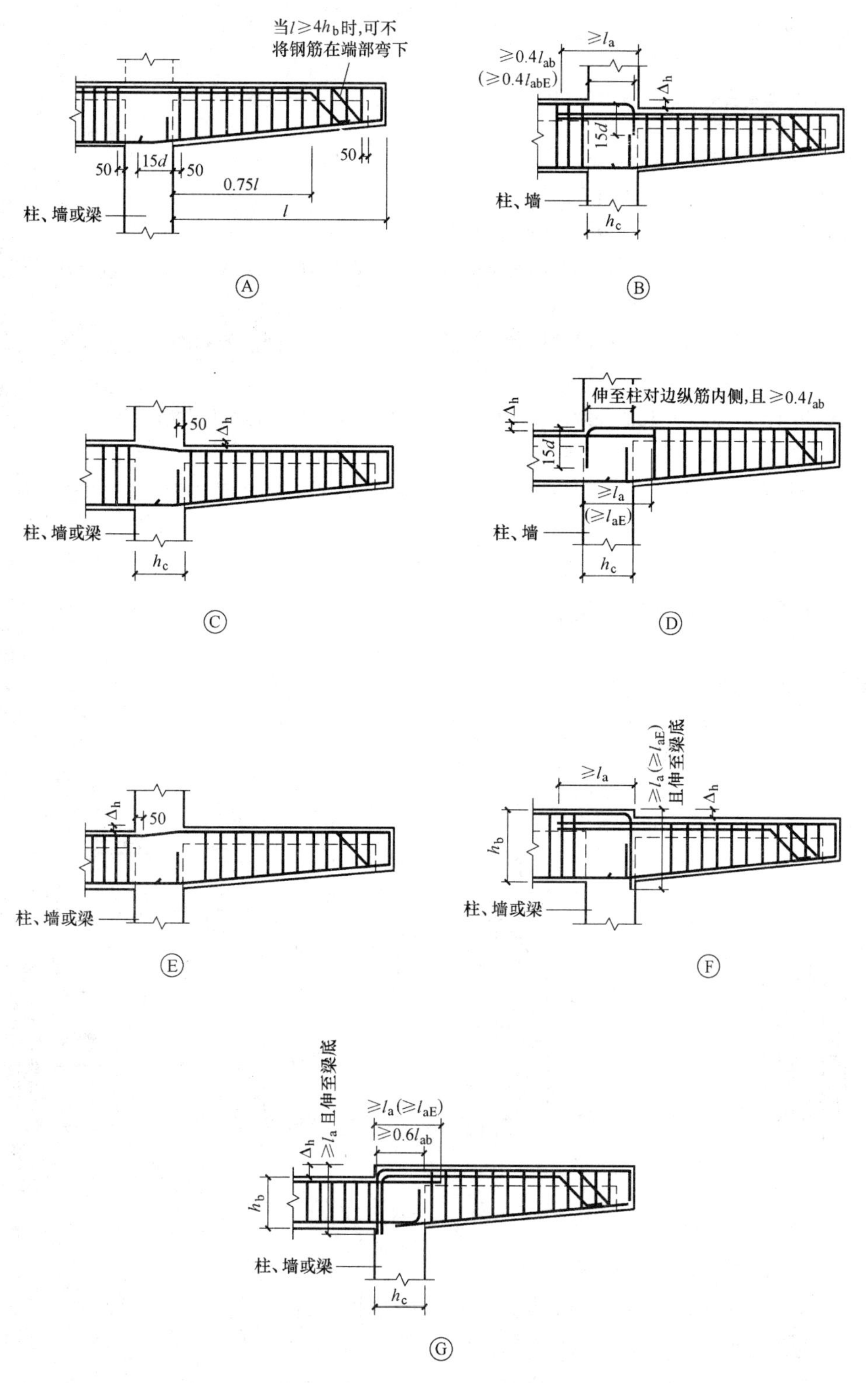

图 5-29　各类梁悬挑端配筋构造

【规范链接】

《高层建筑混凝土结构技术规程》(JGJ 3—2010)

10.6.4 悬挑结构设计应符合下列规定：

1 悬挑部位应采取降低结构自重的措施。

2 悬挑部位结构宜采用冗余度较高的结构形式。

3 结构内力和位移计算中，悬挑部位的楼层宜考虑楼板平面内的变形，结构分析模型应能反映水平地震对悬挑部位可能产生的竖向振动效应。

4 7度（0.15g）和8、9度抗震设计时，悬挑结构应考虑竖向地震的影响；6、7度抗震设计时，悬挑结构宜考虑竖向地震的影响。

5 抗震设计时，悬挑结构的关键构件以及与之相邻的主体结构关键构件的抗震等级宜提高一级采用，一级提高至特一级，抗震等级已经为特一级时，允许不再提高。

6 在预估罕遇地震作用下，悬挑结构关键构件的截面承载力宜符合本规程公式（3.11.3-3）的要求。

5.3 KZZ、KZL 钢筋构造

1. 框支柱 KZZ 配筋构造

11G101-1 中作出如下规定（图 5-30）。

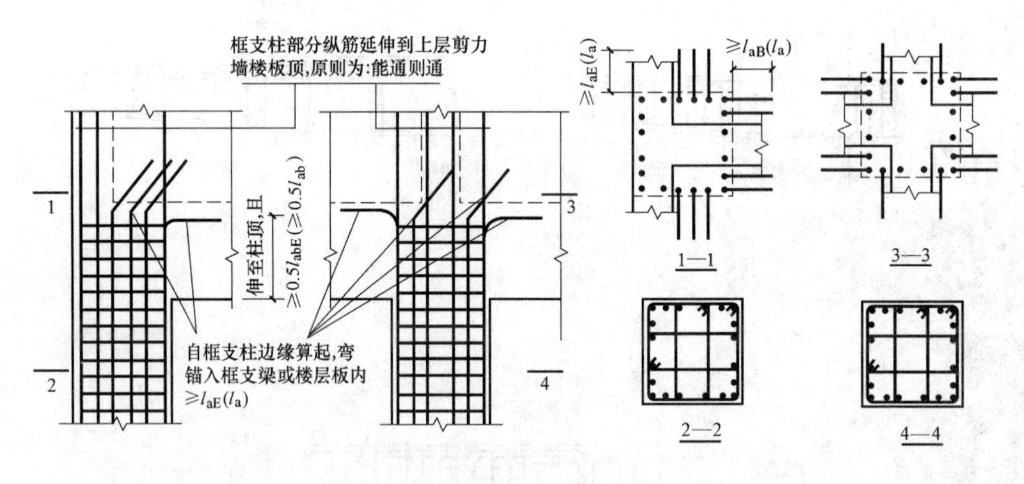

图 5-30 框支柱 KZZ

由上图（图 5-30）可以看出：

（1）框支柱的柱底纵筋的连接构造同抗震框架柱。

（2）柱纵筋的连接宜采用机械连接接头。

（3）框支柱部分纵筋延伸到上层剪力墙楼板顶，原则为能同则通。

2. 框支梁 KZL 配筋构造

11G101-1 中作出如下规定（图 5-31）。

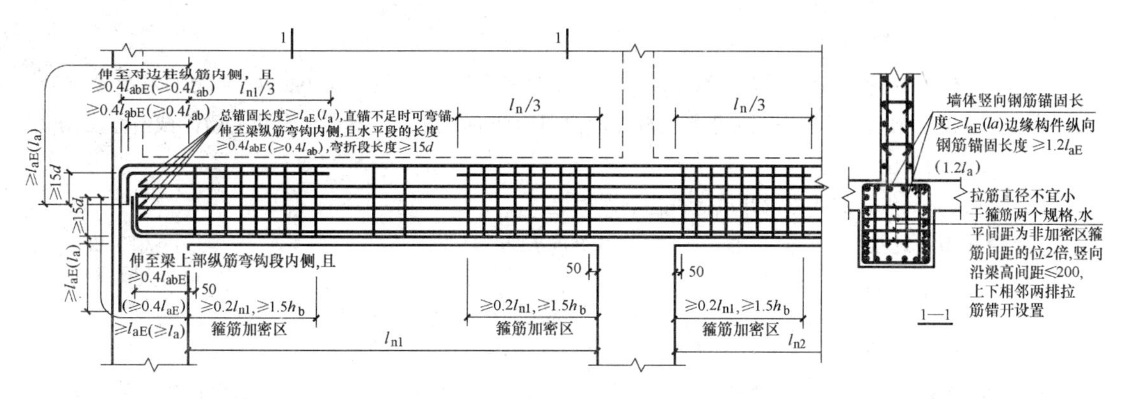

图 5-31 框支梁 KZL

由上图（图 5-31）可以看出：

（1）框支梁第一排上部纵筋为通长筋。第二排上部纵筋在端支座附近断在 $l_{n1}/3$ 处，在中间支座附近断在 $l_n/3$ 处（l_{n1}为本跨的跨度值；l_n 为相邻两跨的跨度较大值）。

（2）框支梁上部纵筋伸入支座对边之后向下弯锚，通过梁底线后再下插 l_{aE}（l_a），其直锚水平段不小于 $0.4l_{abE}$（$0.4l_{ab}$）。

（3）框支梁侧面纵筋是全梁贯通，在梁端部直锚长度不小于 $0.4l_{abE}$（$0.4l_{ab}$），弯折长度 $15d$。

（4）框支梁下部纵筋在梁端部直锚长度不小于 $0.4l_{abE}$（$0.4l_{ab}$），且向上弯折 $15d$。

（5）当框支梁的下部纵筋和侧面纵筋直锚长度不小于 l_{aE}（l_a）且不小于（$0.5h_c+5d$）时，可不必向上或水平弯锚。

（6）框支梁箍筋加密区长度为不小于 $0.2l_{n1}$且不小于 $1.5h_b$（h_b 为梁截面高）。

（7）框支梁拉筋直径不宜小于箍筋直径，水平间距为非加密区箍筋间距的 2 倍，竖向沿梁高间距不小于 200mm，上下相邻两排拉筋错开设置。

（8）梁纵向钢筋的连接宜采用机械连接接头。

【规范链接】

《高层建筑混凝土结构技术规程》(JGJ 3—2010)

10.2.7 转换梁设计应符合下列要求：

1 转换梁上、下部纵向钢筋的最小配筋率，非抗震设计时均不应小于 0.30%；抗震设计时，特一、一和二级分别不应小于 0.60%、0.50%和 0.40%。

2 离柱边 1.5 倍梁截面高度范围内的梁箍筋应加密，加密区箍筋直径不应小于 10mm、间距不应大于 100mm。加密区箍筋的最小面积配筋率，非抗震设计时不应小于 $0.90f_t/f_{yv}$；抗震设计时，特一、一和二级分别不应小于 $1.30f_t/f_{yv}$、$1.20f_t/f_{yv}$和 $1.10f_t/f_{yv}$。

3 偏心受拉的转换梁的支座上部纵向钢筋至少应有50%沿梁全长贯通，下部纵向钢筋应全部直通到柱内；沿梁腹板高度应配置间距不大于200mm、直径不小于16mm的腰筋。

10.2.8 转换梁设计尚应符合下列规定：

1 转换梁与转换柱截面中线宜重合。

2 转换梁截面高度不宜小于计算跨度的1/8。托柱转换梁截面宽度不应小于其上所托柱在梁宽方向的截面宽度。框支梁截面宽度不宜大于框支柱相应方向的截面宽度，且不宜小于其上墙体截面厚度的2倍和400mm的较大值。

3 转换梁截面组合的剪力设计值应符合下列规定：

持久、短暂设计状况 $$V \leqslant 0.20\beta_c f_c b h_0 \qquad (10.2.8\text{-}1)$$

地震设计状况 $$V \leqslant \frac{1}{\gamma_{RE}}(0.15\beta_c f_c b h_0) \qquad (10.2.8\text{-}2)$$

4 托柱转换梁应沿腹板高度配置腰筋，其直径不宜小于12mm、间距不宜大于200mm。

5 转换梁纵向钢筋接头宜采用机械连接，同一连接区段内接头钢筋截面面积不宜超过全部纵筋截面面积的50%，接头位置应避开上部墙体开洞部位、梁上托柱部位及受力较大部位。

6 转换梁不宜开洞。若必须开洞时，洞口边离开支座柱边的距离不宜小于梁截面高度；被洞口削弱的截面应进行承载力计算，因开洞形成的上、下弦杆应加强纵向钢筋和抗剪箍筋的配置。

7 对托柱转换梁的托柱部位和框支梁上部的墙体开洞部位，梁的箍筋应加密配置，加密区范围可取梁上托柱边或墙边两侧各1.5倍转换梁高度；箍筋直径、间距及面积配筋率应符合本规程第10.2.7条第2款的规定。

8 框支剪力墙结构中的框支梁上、下纵向钢筋和腰筋（图10.2.8）应在节点区可靠锚固，水平段应伸至柱边，且非抗震设计时不应小于$0.40l_{ab}$，抗震设计时不应小于$0.40l_{abE}$，梁上部第一排纵向钢筋应向柱内弯折锚固，且应延伸过梁底不小于l_a（非抗震设计）或l_{aE}（抗震设计）；当梁上部配置多排纵向钢筋时，其内排钢筋锚入柱内的长度可适当减小，但水平段长度和弯下段长度之和不应小于钢筋锚固长度l_a（非抗震设计）或l_{aE}（抗震设计）。

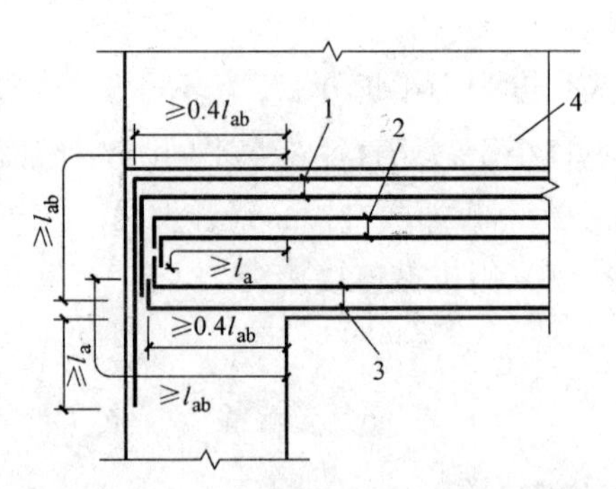

图10.2.8 框支梁主筋和腰筋的锚固

1—梁上部纵向钢筋；2—梁腰筋；3—梁下部纵向钢筋；4—上部剪力墙；抗震设计时图中l_a、l_{ab}分别取为l_{aE}、l_{abE}

9 托柱转换梁在转换层宜在托柱位置设置正交方向的框架梁或楼面梁。

10.2.10 （略，详见1.4 箍筋及拉筋弯钩构造）

10.2.11 转换柱设计尚应符合下列规定：

1 柱截面宽度，非抗震设计时不宜小于400mm，抗震设计时不应小于450mm；柱截面高度，非抗震设计时不宜小于转换梁跨度的 1/15，抗震设计时不宜小于转换梁跨度的 1/12。

2 一、二级转换柱由地震作用产生的轴力应分别乘以增大系数 1.50、1.20，但计算柱轴压比时可不考虑该增大系数。

3 与转换构件相连的一、二级转换柱的上端和底层柱下端截面的弯矩组合值应分别乘以增大系数 1.50、1.30，其他层转换柱柱端弯矩设计值应符合本规程第 6.2.1 条的规定。

4 一、二级柱端截面的剪力设计值应符合本规程第 6.2.3 条的有关规定。

5 转换角柱的弯矩设计值和剪力设计值应分别在本条第 3、4 款的基础上乘以增大系数 1.10。

6 柱截面的组合剪力设计值应符合下列规定：

持久、短暂设计状况 $$V \leqslant 0.20\beta_c f_c b h_0 \tag{10.2.11-1}$$

地震设计状况 $$V \leqslant \frac{1}{\gamma_{RE}}(0.15\beta_c f_c b h_0) \tag{10.2.11-2}$$

7 纵向钢筋间距均不应小于 80mm，且抗震设计时不宜大于 200mm，非抗震设计时不宜大于 250mm；抗震设计时，柱内全部纵向钢筋配筋率不宜大于 4.00%。

8 非抗震设计时，转换柱宜采用复合螺旋箍或井字复合箍，其箍筋体积配箍率不宜小于 0.80%，箍筋直径不宜小于 10mm，箍筋间距不宜大于 150mm。

9 部分框支剪力墙结构中的框支柱在上部墙体范围内的纵向钢筋应伸入上部墙体内不少于一层，其余柱纵筋应锚入转换层梁内或板内；从柱边算起，锚入梁内、板内的钢筋长度，抗震设计时不应小于 l_{aE}，非抗震设计时不应小于 l_a。

10.2.12 抗震设计时，转换梁、柱的节点核心区应进行抗震验算，节点应符合构造措施的要求。转换梁、柱的节点核心区应按本规程第 6.4.10 条的规定设置水平箍筋。

6　板构造

1. 有梁楼盖楼（屋）面板配筋构造

11G101-1 中作出如下规定（图 6-1、图 6-2）。

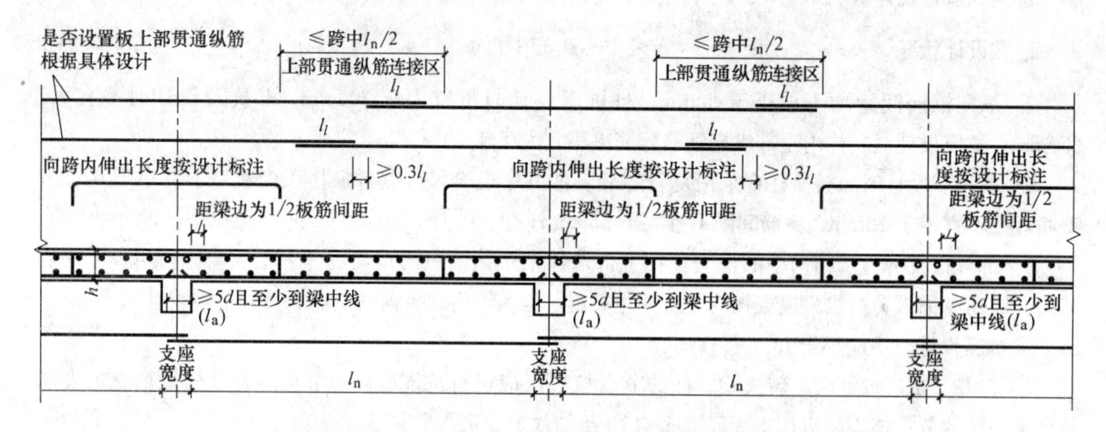

图 6-1　有梁楼盖楼面板 LB 和屋面板 WB 钢筋构造

注：括号内的锚固长度 l_a 用于梁板式转换层的板。

由上图（图 6-1）可以看出：

（1）下部纵筋

与支座垂直的贯通纵筋：伸入支座 $5d$ 且至少到梁中线；

与支座同向的贯通纵筋：第一根钢筋在距梁角筋 1/2 板筋间距处开始设置。

（2）上部纵筋

1）非贯通纵筋

向跨内伸出长度详见设计标注。

2）贯通纵筋

① 与支座垂直的贯通纵筋

贯通跨越中间支座，上部贯通纵筋连接区在跨中 1/2 跨度范围之内；相邻等跨或不等跨的上部贯通纵筋配置不同时，应将配置较大者越过其标注的跨数终点或起点延伸至相邻跨的跨中连接区域连接。

② 与支座同向的贯通纵筋

第一根钢筋在距梁角筋为 1/2 板筋间距处开始设置。

分析如下（图 6-2）：

现浇板、屋面板一般不要求按抗震构造措施设计，除非施工图设计文件有特殊的要

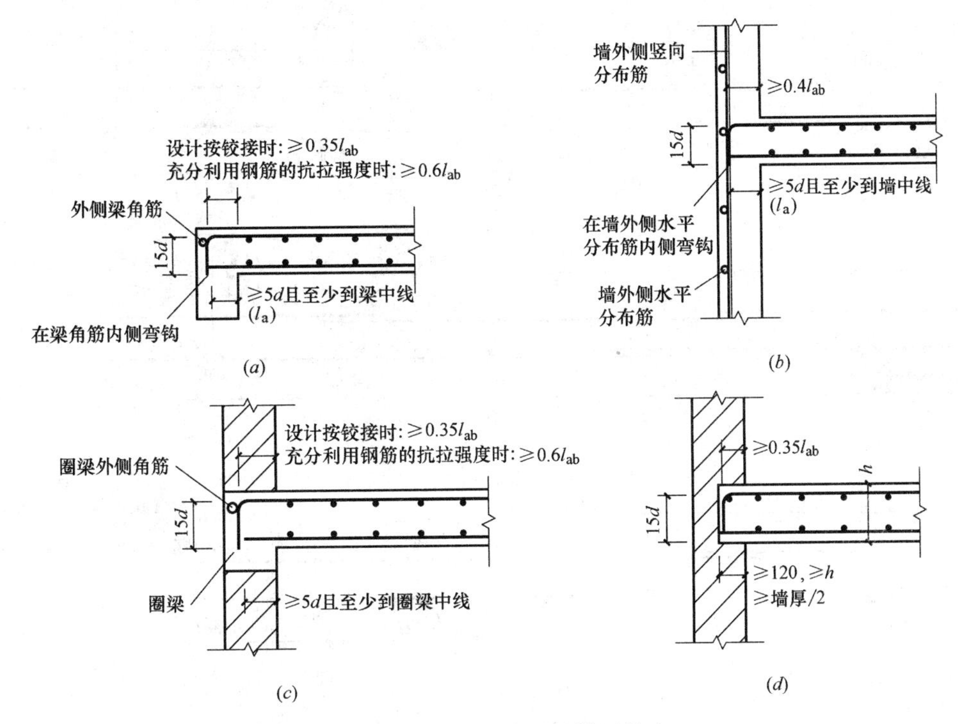

图 6-2 板在端部支座的锚固构造

(a) 端部支座为梁；(b) 端部支座为剪力墙；(c) 端部支座为砌体墙的圈梁；(d) 端部支座为砌体墙

注：括号内的锚固长度 l_a 用于梁板式转换层的板。

求。端支座材料不同，锚固要求是不同的，当端支座为砌体时考虑到对楼板有嵌固作用，上部纵向钢筋伸入支座内要有一定的长度，按简支承计算；当端支座为钢筋混凝土构件(圈梁、混凝土墙、剪力墙）时，由于材料相同，端部要承担负弯矩，因此上部钢筋在支座内应满足锚固的要求，下部钢筋伸入支座 5d 且至少过梁中心线。

2. 有梁楼盖不等跨板上部贯通纵筋连接构造

11G101-1 中作出如下规定（图 6-3）。

分析如下（图 6-3）：

(1) 在中间支座处应贯通，不应在支座处连接和分别锚固，设计上应避免在中间支座两面配筋不一样，如遇两边楼板存在高差，可以采用分别锚固，相当于端支座。

施工时注意：当支座一侧设置了上部贯通纵筋，在支座另一侧设置了上部非贯通纵筋时，如果支座两侧设置的纵筋直径、间距相同，应将二者连通，避免各自在支座上部分别锚固。

施工时注意：板支座上部非贯通筋自支座中线向跨内的伸出长度，注写在线段的下方，两侧长度外伸一样时，只需标注一边表示另一边同长度，两侧不一样长时需两边都标注长度。

实际上施工图大部分都是按支座边向跨内标注伸出长度，这与平法要求的“自支座中

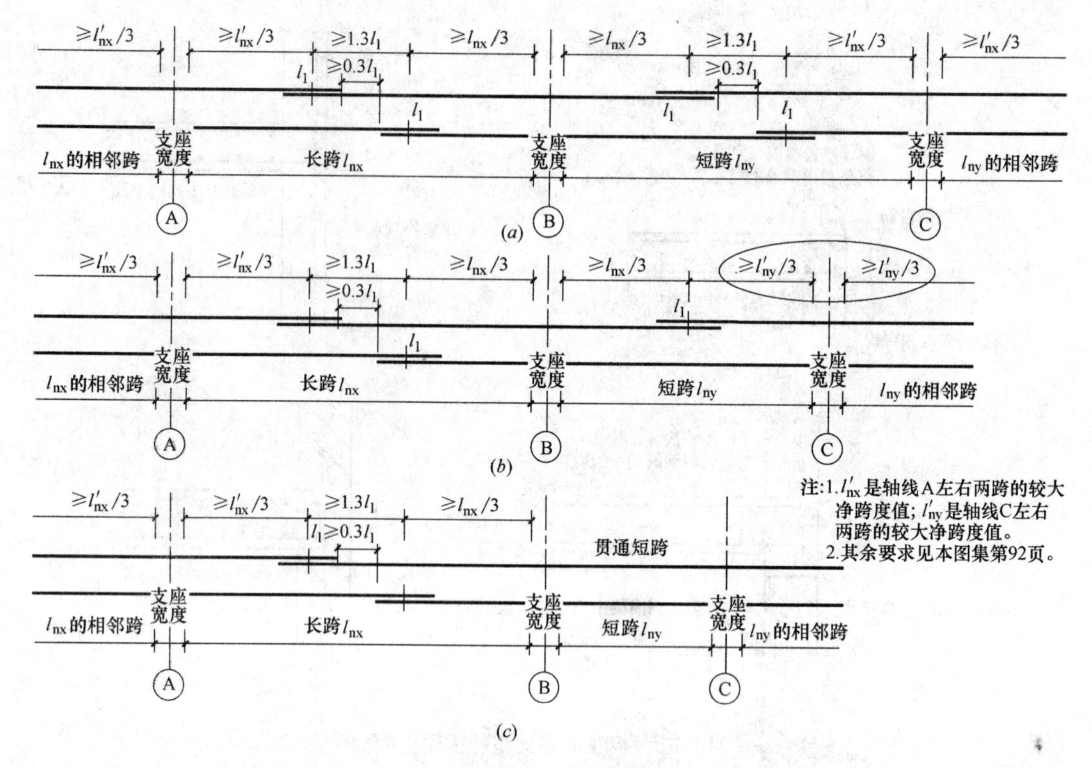

图 6-3　不等跨板上部贯通纵筋连接构造

(*a*) 当钢筋足够长时能通则通；(*b*) 当钢筋足够长时能通则通；(*c*) 当钢筋足够长时能通则通

线向跨内的伸出长度”不符。(要注意平法标注与实际的区别)

(2) 上部钢筋通长配置时，可在相邻两跨任意跨中部位搭接连接，包括构造钢筋、分布钢筋。

(3) 当相邻两跨上部钢筋配置不同时，应将较大配筋伸至相邻跨中部区域连接。(设计应避免)

(4) 相邻不等跨上部钢筋的连接：

1) 相邻跨度相差不大时（不大于 20%）应按较大跨计算截断长度，在较小跨内搭接连接。

2) 相邻跨度相差较大时，较大配筋宜在短跨内拉通设置，也可在短跨内搭接连接。

3) 当对连接有特殊要求时，应在设计文件中注明连接方式和部位等，主要针对机械连接和焊接连接。

3. 悬挑板钢筋构造

11G101-1 中作出如下规定（图 6-4、图 6-5)。

分析如下（图 6-4)：

(1) 跨内外板面同高的延伸悬挑板

由于悬臂支座处的负弯矩对内跨中有影响，会在内跨跨中出现负弯矩，因此：

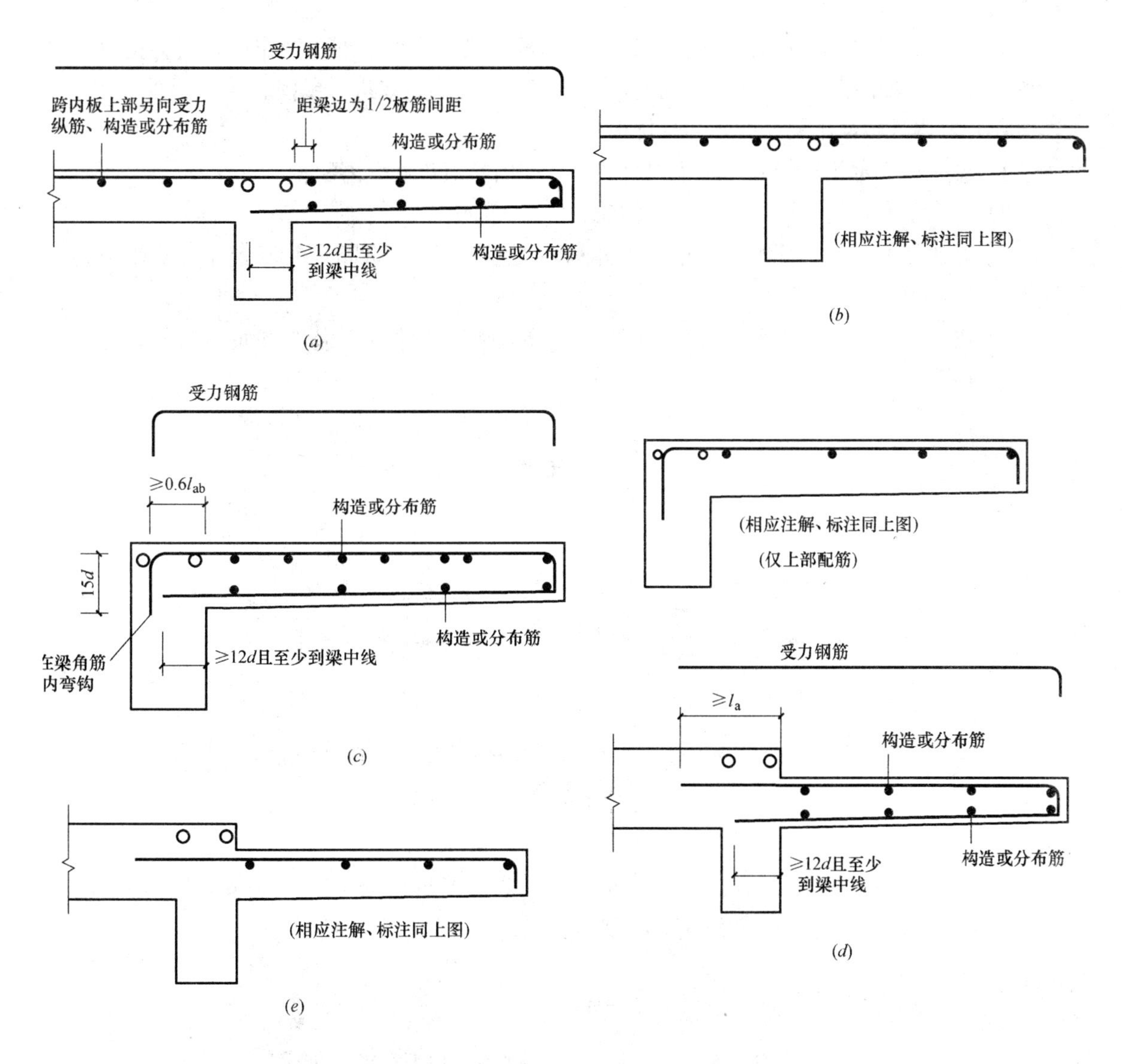

图 6-4　悬挑板 XB 钢筋构造

(a) 构造筋（上、下部均配筋）；(b) 仅上部配筋；(c) 构造筋（上、下部均配筋）；
(d) 构造筋（上、下部均配筋）；(e) 仅上部配筋

1）上部钢筋可与内跨板负筋贯通设置，或伸入支座内锚固 l_a。

2）悬挑较大时，下部配置构造钢筋并锚入支座内不小于 12d，并至少伸至支座中心线处。

(2) 纯悬挑板

1）悬挑板上部是受力钢筋，受力钢筋在支座的锚固，宜采用 90°弯折锚固，伸至梁远端纵筋内侧下弯。

2）悬挑较大时，下部配置构造钢筋并锚入支座内不小于 12d，并至少伸至支座中心

线处。

3）注意支座梁抗扭钢筋的配置：支撑悬挑板的梁，梁筋受到扭矩作用，扭力在最外侧两端最大，梁中纵向钢筋在支座内的锚固长度，按受力钢筋进行锚固。

（3）跨内外板面不同高的延伸悬挑板

1）悬挑板上部钢筋伸入内跨板内直锚 l_a，与内跨板负筋分离配置。

2）不得弯折，连续配置上部受力钢筋。

3）悬挑较大时，下部配置构造钢筋并锚入支座内不小于 12d，并至少伸至支座中心线处。

4）内跨板的上部受力钢筋长度，根据板上的均布活荷载设计值与均布恒荷载设计值的比值确定。

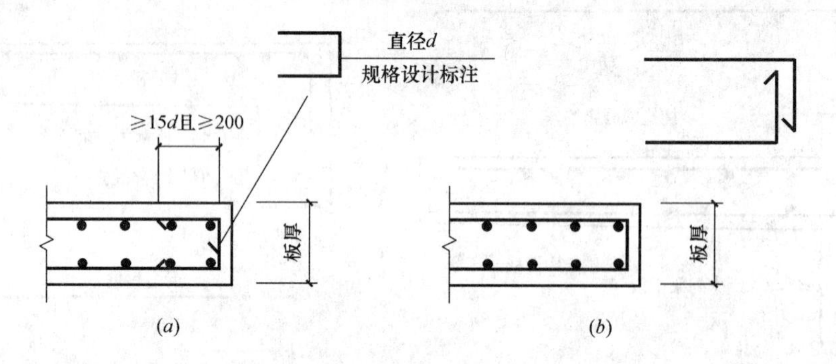

图 6-5 无支撑板端部封边构造

（当板厚≥150 时）

分析如下（图 6-5）：

当悬挑板板端部厚度不小于 150mm 时，设计者应指定板端部封边构造方式，当采用 U 型钢筋封边时，尚应指定 U 型钢筋的规格、直径。

4. 板带钢筋构造

11G101-1 中作出如下规定（图 6-6～图 6-10）。

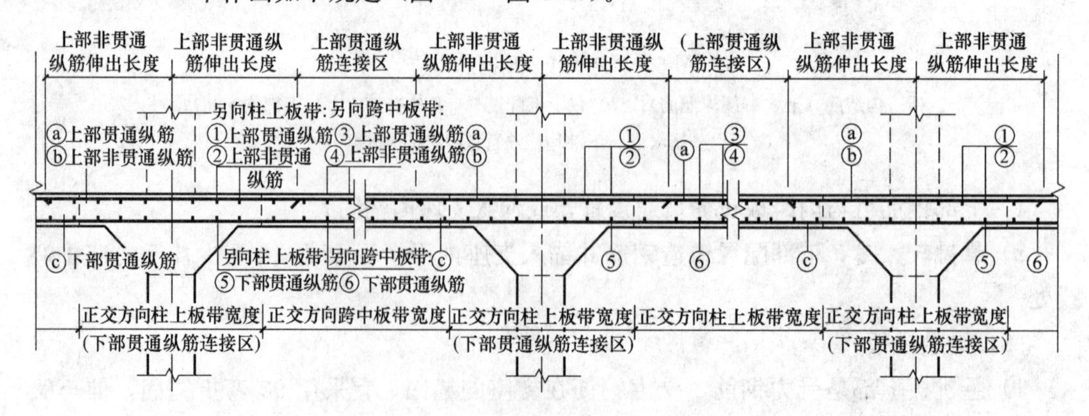

图 6-6 柱上板带 ZSB 纵向钢筋构造

注：板带上部非贯通纵筋向跨内伸出长度按设计标注。

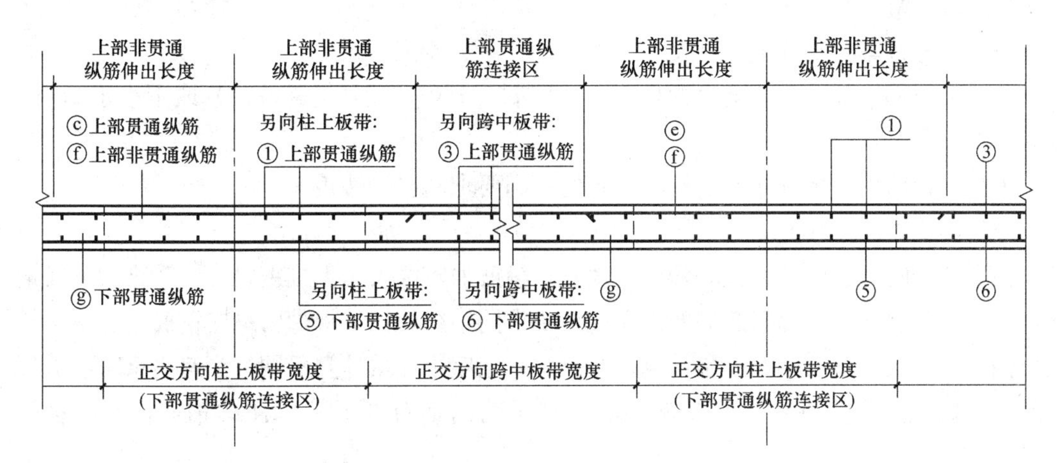

图 6-7 跨中板带 KZB 纵向钢筋构造

注：板带上部非贯通纵筋向跨内伸出长度按设计标注。

分析如下（图 6-6、图 6-7）：

当相邻等跨或不等跨的上部贯通纵筋配置不同时，应将配置较大者越过其标注的跨数终点或起点伸出至相邻的跨中连接区域连接；设计中应明确板位于同一层面的两向交叉纵筋何向在下何向在上；抗震设计时，无梁楼盖柱上板带内贯通纵筋搭接长度为 l_{lE}；无柱帽柱上板带的下部贯通纵筋，宜在距柱面 2 倍板厚以外连接，采用搭接时钢筋端部宜设置垂直于板面的弯钩。

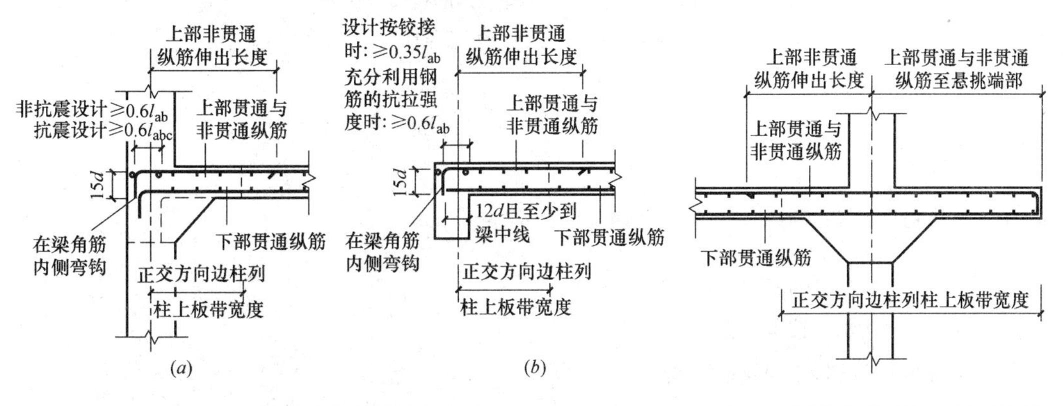

图 6-8 板带端支座纵向钢筋构造

（a）柱上板带；（b）跨中板带

注：板带上部非贯纵筋向跨内伸出长度按设计标注。

图 6-9 板带悬挑端纵向钢筋构造

注：板带上部非贯纵筋向跨内伸出长度按设计标注。

分析如下（图 6-8、图 6-9）：

无梁楼盖的周边应设置圈梁，其截面高度应不小于板厚的 2.5 倍。圈梁除与柱上板带一起承受弯矩外，还需要另设置抗扭的构造钢筋；板带在端支座及悬挑端纵向钢筋构造适用于无柱帽的无梁楼盖，且仅用于中间层，屋面处节点构造由设计者补充。

柱上板带端支座纵筋构造：

(1) 区分抗震与非抗震两种设计。

(2) 上部和下部纵筋伸至边梁角筋内侧且不小于 $0.6l_{abE}$（抗震设计）或不小于 $0.6l_{ab}$（非抗震设计）再弯折 $15d$。

无梁楼盖跨中板带纵向钢筋在端支座的锚固要求同有梁楼盖。

分析如下（图 6-10）：

柱上板带暗梁仅用于无柱帽的无梁楼盖，箍筋加密区仅用于抗震设计；暗梁中纵向钢筋连接、锚固及支座上部纵筋的伸出长度等要求同轴线处柱上板带中纵向钢筋，板带中的纵向钢筋外伸长度是从轴线开始计算，与梁是从支座边开始计算不同；当有暗梁时，板带内的钢筋标注按正常标注，只是施工时，暗梁范围不布置板带标注的钢筋，不需重叠布置。

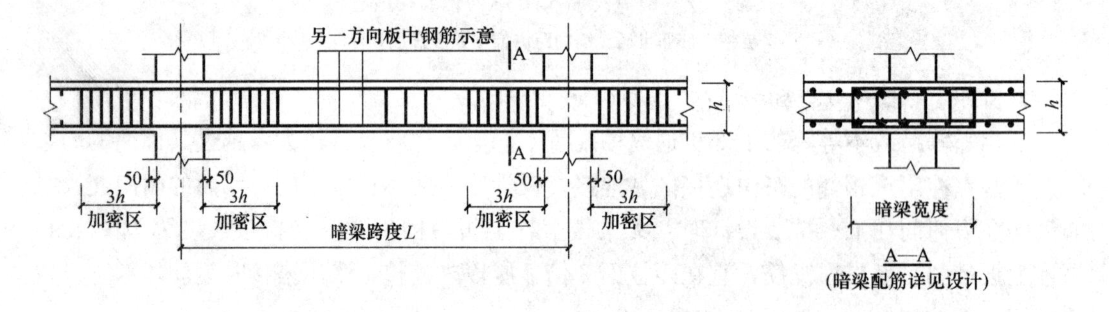

图 6-10 柱上板带暗梁钢筋构造

注：纵向钢筋做法同柱上板带钢筋。

【规范链接】

《混凝土结构设计规范》(GB 50010—2010)

9.1.1 混凝土板按下列原则进行计算：

1 两对边支承的板应按单向板计算；

2 四边支承的板应按下列规定计算：

1) 当长边与短边长度之比不大于 2.00 时，应按双向板计算；

2) 当长边与短边长度之比大于 2.00，但小于 3.00 时，宜按双向板计算；

3) 当长边与短边长度之比不小于 3.00 时，宜按沿短边方向受力的单向板计算，并应沿长边方向布置构造钢筋。

9.1.2 现浇混凝土板的尺寸宜符合下列规定：

1 板的跨厚比：钢筋混凝土单向板不大于 30，双向板不大于 40；无梁支承的有柱帽板不大于 35，无梁支承的无柱帽板不大于 30。预应力板可适当增加；当板的荷载、跨度较大时宜适当减小。

2 现浇钢筋混凝土板的厚度不应小于表 9.1.2 规定的数值。

现浇钢筋混凝土板的最小厚度（mm） **表 9.1.2**

板的类别		最小厚度
单向板	屋面板	60
	民用建筑楼板	60
	工业建筑楼板	70
	行车道下的楼板	80
双向板		80
密肋楼盖	面板	50
	肋高	250
悬臂板(根部)	悬臂长度不大于 500mm	60
	悬臂长度 1200mm	100
无梁楼板		150
现浇空心楼盖		200

9.1.3 板中受力钢筋的间距，当板厚不大于 150mm 时不宜大于 200mm；当板厚大于 150mm 时不宜大于板厚的 1.5 倍，且不宜大于 250mm。

9.1.4 采用分离式配筋的多跨板，板底钢筋宜全部伸入支座；支座负弯矩钢筋向跨内延伸的长度应根据负弯矩图确定，并满足钢筋锚固的要求。

简支板或连续板下部纵向受力钢筋伸入支座的锚固长度不应小于钢筋直径的 5 倍，且宜伸过支座中心线。当连续板内温度、收缩应力较大时，伸入支座的长度宜适当增加。

9.1.5 现浇混凝土空心楼板的体积空心率不宜大于 50%。

采用箱型内孔时，顶板厚度不应小于肋间净距的 1/15 且不应小于 50mm。当底板配置受力钢筋时，其厚度不应小于 50mm。内孔间肋宽与内孔高度比不宜小于 1/4，且肋宽不应小于 60mm，对预应力板不应小于 80mm。

采用管型内孔时，孔顶、孔底板厚均不应小于 40mm，肋宽与内孔径之比不宜小于 1/5，且肋宽不应小于 50mm，对预应力板不应小于 60mm。

9.1.6 按简支边或非受力边设计的现浇混凝土板，当与混凝土梁、墙整体浇筑或嵌固在砌体墙内时，应设置板面构造钢筋，并符合下列要求：

1 钢筋直径不宜小于 8mm，间距不宜大于 200mm，且单位宽度内的配筋面积不宜小于跨中相应方向板底钢筋截面面积的 1/3。与混凝土梁、混凝土墙整体浇筑单向板的非受力方向，钢筋截面面积尚不宜小于受力方向跨中板底钢筋截面面积的 1/3。

2 钢筋从混凝土梁边、柱边、墙边伸入板内的长度不宜小于 $l_0/4$，砌体墙支座处钢筋伸入板边的长度不宜小于 $l_0/7$，其中计算跨度 l_0 对单向板按受力方向考虑，对双向板按短边方向考虑。

3 在楼板角部，宜沿两个方向正交、斜向平行或按放射状布置附加钢筋。

4 钢筋应在梁内、墙内或柱内可靠锚固。

9.1.7 当按单向板设计时，应在垂直于受力的方向布置分布钢筋，单位宽度上的配筋率不宜小于单位宽度上的受力钢筋的 15%，且配筋率不宜小于 0.15%；分布钢筋直径不宜小于 6mm，间距不宜大于 250mm；当集中荷载较大时，分布钢筋的配筋面积尚应增加，且间距不宜大于 200mm。

当有实践经验或可靠措施时，预制单向板的分布钢筋可不受本条的限制。

9.1.8 在温度、收缩应力较大的现浇板区域，应在板的表面双向配置防裂构造钢筋。配筋率均不宜小于0.10%，间距不宜大于200mm。防裂构造钢筋可利用原有钢筋贯通布置，也可另行设置钢筋并与原有钢筋按受拉钢筋的要求搭接或在周边构件中锚固。

楼板平面的瓶颈部位宜适当增加板厚和配筋。沿板的洞边、凹角部位宜加配防裂构造钢筋，并采取可靠的锚固措施。

9.1.9 混凝土厚板及卧置与地基上的基础筏板，当板的厚度大于2m时，除应沿板的上、下表面布置的纵、横方向钢筋外，尚宜在板厚度不超过1m范围内设置与板面平行的构造钢筋网片，网片钢筋直径不宜小于12mm，纵横方向的间距不宜大于300mm。

9.1.10 当混凝土板的厚度不小于150mm时，对板的无支承边的端部，宜设置U形构造钢筋并与板顶、板底的钢筋搭接，搭接长度不宜小于U形构造钢筋直径的15倍且不宜小于200mm；也可采用板面、板底钢筋分别向下、上弯折搭接的形式。

9.1.11 （略，详见1.4 箍筋及拉筋弯钩构造）

9.1.12 板柱节点可采用带柱帽或托板的结构形式。板柱节点的形状、尺寸应包容45°的冲切破坏锥体，并应满足受冲切承载力的要求。

柱帽的高度不应小于板的厚度h；托板的厚度不应小于$h/4$。柱帽或托板在平面两个方向上的尺寸均不宜小于同方向上柱截面宽度b与$4h$的和（图9.1.12）。

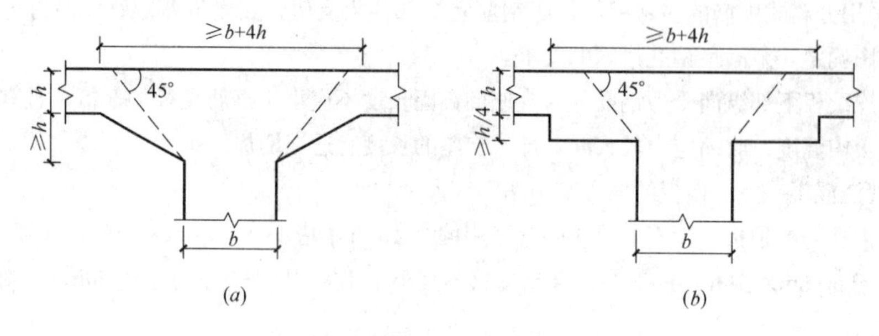

图9.1.12 带柱帽或托板的板柱结构

（a）柱帽；（b）托板

9.6.6 整体性要求较高的装配整体式楼盖、屋盖，应采用预制构件加现浇叠合层的形式；或在预制板侧设置配筋混凝土后浇带，并在板端设置负弯矩钢筋、板的周边沿拼缝设置拉结钢筋与支座连接。

11.9.1 对一、二、三级抗震等级的板柱节点，应按本规范第11.9.3条及附录F进行抗震受冲切承载力验算。

11.9.2 8度设防烈度时宜采用有托板或柱帽的板柱节点，柱帽及托板的外形尺寸应符合本规范第9.1.12条的规定。同时，托板或柱帽根部的厚度（包括板厚）不应小于柱纵向钢筋直径的16倍，且托板或柱帽的边长不应小于4倍板厚与柱截面相应边长之和。

11.9.3 在地震组合下，当考虑板柱节点临界截面上的剪应力传递不平衡弯矩时，其考虑抗震等级的等效集中反力设计值$F_{l,eq}$可按本规范附录F的规定计算，此时，F_l为板柱节点临界截面所承受的竖向力设计值。由地震组合的不平衡弯矩在板柱节点处引起的等效集中反力设计值应乘以增大系数，对一、二、三级抗震等级板柱结构的节点，该增大系数可分别取1.70、1.50、1.30。

11.9.4 在地震组合下，配置箍筋或栓钉的板柱节点，受冲切截面及受冲切承载力应符合下列要求：

1 受冲切截面

$$F_{l,\mathrm{ep}} \leqslant \frac{1}{\gamma_{\mathrm{RE}}}(1.20 f_{\mathrm{t}} \eta u_{\mathrm{m}} h_0) \quad (11.9.4\text{-}1)$$

2 受冲切承载力

$$F_{l,\mathrm{ep}} \leqslant \frac{1}{\gamma_{\mathrm{RE}}}[(0.30 f_{\mathrm{t}} + 0.15\sigma_{\mathrm{pe,m}})\eta u_{\mathrm{m}} h_0 + 0.80 f_{\mathrm{yv}} A_{\mathrm{svu}}] \quad (11.9.4\text{-}2)$$

3 对配置抗冲切钢筋的冲切破坏锥体以外的截面，尚应按下式进行受冲切承载力验算：

$$F_{l,\mathrm{ep}} \leqslant \frac{1}{\gamma_{\mathrm{RE}}}(0.42 f_{\mathrm{t}} + 0.15\sigma_{\mathrm{pe,m}})\eta u_{\mathrm{m}} h_{\mathrm{c}} \quad (11.9.4\text{-}3)$$

式中：u_{m}——临界截面的周长，公式（11.9.4-1）、公式（11.9.4-2）中的 u_{m}，按本规范第 6.5.1 条的规定采用；公式（11.9.4-3）中的 u_{m}，应取最外排抗冲切钢筋周边以外 $0.5h_0$ 处的最不利周长。

11.9.5 （略，详见 1.4 箍筋及拉筋弯钩构造）

11.9.6 沿两个主轴方向贯通节点柱截面的连续预应力筋及板底纵向普通钢筋，应符合下列要求：

1 沿两个主轴方向贯通节点柱截面的连续钢筋的总截面面积，应符合下式要求：

$$f_{\mathrm{py}} A_{\mathrm{p}} + f_{\mathrm{t}} A_{\mathrm{s}} \geqslant N_{\mathrm{G}} \quad (11.9.6)$$

式中：A_{s}——贯通柱截面的板底纵向普通钢筋截面面积；对一端在柱截面对边按受拉弯折锚固的普通钢筋，截面面积按一半计算；

A_{p}——贯通柱截面连续预应力筋截面面积；对一端在柱截面对边锚固的预应力筋，截面面积按一半计算；

f_{py}——预应力筋抗拉强度设计值，对无粘结预应力筋，应按本规范第 10.1.14 条取用无粘结预应力筋的抗拉强度设计值 σ_{pu}；

N_{G}——在本层楼板重力荷载代表值作用下的柱轴向压力设计值。

2 连续预应力筋应布置在板柱节点上部，呈下凹进入板跨中。

3 板底纵向普通钢筋的连接位置，宜在距柱面 l_{aE} 与 2 倍板厚的较大值以外，且应避开板底受拉区范围。

《高层建筑混凝土结构技术规程》(JGJ 3—2010)

10.2.14 厚板设计应符合下列规定：

1 转换厚板的厚度可由抗弯、抗剪、抗冲切截面验算确定。

2 转换厚板可局部做成薄板，薄板与厚板交界处可加腋；转换厚板亦可局部做成夹心板。

3 转换厚板宜按整体计算时所划分的主要交叉梁系的剪力和弯矩设计值进行截面设计并按有限元法分析结果进行配筋校核；受弯纵向钢筋可沿转换板上、下部双层双向配置，每一方向总配筋率不宜小于 0.60%；转换板内暗梁的抗剪箍筋面积配筋率不宜小于 0.45%。

4 厚板外周边宜配置钢筋骨架网。

5 转换厚板上、下部的剪力墙、柱的纵向钢筋均应在转换厚板内可靠锚固。

6 转换厚板上、下一层的楼板应适当加强，楼板厚度不宜小于 150mm。

10.2.23 部分框支剪力墙结构中，框支转换层楼板厚度不宜小于 180mm，应双层双向配筋，且每层每方向的配筋率不宜小于 0.25%，楼板中钢筋应锚固在边梁或墙体内；落地剪力墙和筒体外围的楼板不宜开洞。楼板边缘和较大洞口周边应设置边梁，其宽度不宜小于板厚的 2 倍，全截面纵向钢筋配筋率不应小于 1.00%。与转换层相邻楼层的楼板也应适当加强。

参考文献

［1］ 中国建筑标准设计研究院．11G101—1 混凝土结构施工图平面整体表示方法制图规则和构造详图（现浇混凝土框架、剪力墙、梁、板）［S］．北京：中国计划出版社，2011．

［2］ 中国建筑标准设计研究院．11G101—2 混凝土结构施工图平面整体表示方法制图规则和构造详图（现浇混凝土板式楼梯）［S］．北京：中国计划出版社，2011．

［3］ 中国建筑标准设计研究院．11G101—3 混凝土结构施工图平面整体表示方法制图规则和构造详图（独立基础、条形基础、筏形基础及桩基承台）［S］．北京：中国建筑工业出版社，2011．

［4］ 中国建筑科学研究院．GB 50007—2011 建筑地基基础设计规范［S］．北京：中国建筑工业出版社，2012．

［5］ 中国建筑科学研究院．GB 50010—2010 混凝土结构设计规范［S］．北京：中国建筑工业出版社，2011．

［6］ 中国建筑科学研究院．GB 50011—2010 建筑抗震设计规范［S］．北京：中国建筑工业出版社，2010．

［7］ 中国建筑科学研究院．JGJ 3—2010 高层建筑混凝土结构技术规程［S］．北京：中国建筑工业出版社，2011．

［8］ 中国建筑科学研究院．JGJ 6—2011 高层建筑筏形与箱形基础技术规范［S］．北京：中国建筑工业出版社，2011．

［9］ 中国建筑科学研究院．JGJ 94—2008 建筑桩基技术规范［S］．北京：中国建筑工业出版社，2008．